FASHION
DESIGN
THINKING
TRAINING

于国瑞 编著

服装设计思维训练

清华大学出版社
北京

内 容 简 介

本教材以设计思维训练为主线，将全新的服装设计理念、原理、知识和技能贯穿其中，在开发学生创造潜能的同时，努力让学生学会观察（能从身边的事物中发现美、感受美、分析美）、学会思考（能从普通人思维中超脱出来，进入设计师的思维状态）、学会表现（能驾轻就熟地运用服装设计语言，表达思想和抒发情感）、学会学习（具有主动学习的良好习惯，善于举一反三、触类旁通）。

本教材根据我国高校教学改革和新时代对设计人才培养的需要，对教学内容、教学方法、教材体例、教材结构等方面进行了全方位的改革，积极倡导开展课题教学，以优化教学过程，培养学生的综合能力。本教材具有很强的时代感、可操作性和实效性，教学理念新颖独特、教学内容独树一帜、教学方法科学实用，经过教学实践的检验，教学效果显著。

本教材可作为高等院校、高职院校和中等专业学校服装与服饰设计专业教材，也可供教师、设计师及服装设计爱好者参考阅读。

图书在版编目（CIP）数据

服装设计思维训练 / 于国瑞编著 . — 北京 ：清华大学出版社，2018（2022.10重印）
ISBN 978-7-302-50281-4

Ⅰ．①服… Ⅱ．①于… Ⅲ．服装设计－高等学校－教材 Ⅳ．① TS941.2

中国版本图书馆 CIP 数据核字 (2018) 第 111975 号

责任编辑：王　琳
封面设计：傅瑞学
责任校对：王荣静
责任印制：杨　艳

出版发行：清华大学出版社
　　　　　网　　　址：http://www.tup.com.cn，http://www.wqbook.com
　　　　　地　　　址：北京清华大学学研大厦 A 座　　　邮　　编：100084
　　　　　社 总 机：010-83470000　　　　　　　　　邮　　购：010-62786544
　　　　　投稿与读者服务：010-62776969，c-service@tup.tsinghua.edu.cn
　　　　　质量反馈：010-62772015，zhiliang@tup.tsinghua.edu.cn
印 装 者：小森印刷（北京）有限公司
经　　销：全国新华书店
开　　本：210mm×285mm　　　印　　张：15.75　　　字　　数：452千字
版　　次：2018 年 9 月第 1 版　　　　　　　印　　次：2022 年10月第 3 次印刷
定　　价：58.00 元

产品编号：073833-01

前言

走出服装设计的误区

所谓误区，是认知判断事物的偏差，也是探索真理过程中的思考。人们面对大千世界，认知自然与社会，也认知自己的学习与生活，难免会进入一些思想的误区，既影响或干扰人的认知和判断，也会阻碍人的思考和行为。学习服装设计也不例外，经常会受到几个认知偏差的误导和困扰。

误区一
服装设计是老师教的，
老师不教，
怎么可能学会设计

学习服装设计，与学写作、学作曲具有异曲同工之妙，"学"的作用，大过于"教"。学生如果过分依赖教师的教，就很难学得明白和透彻。

设计、写作、作曲，都与人的创造性思维密切相关，又都是极具个性化情感特征的个体行为。因此，整齐划一地教，不是明智之举，即便是一对一地教，思维也是很难教会的。强调创新和创意的服装设计，一旦能够用语言表述清楚，并形成某些设计原则，就多半变成了教条。而依据教条进行的思维和设计，又何谈创新，更不可能是原创。

服装设计教学，比较恰当的方式是以学生为主体，先做后讲。也就是，整个教学要围绕学生的

"学"而展开，从学生"学"的视角切入，按照学生认知事物的一般规律设计每项训练课题。让学生在完成课题的过程中，自己去探索、去思考，不断发现问题和解决问题。根据学生所遇到的问题，尤其是一些共性问题，教师再进行有针对性的讲解。教师教给学生的大多是分析问题和解决问题的方式，不会是一成不变的解决问题的方案。因为服装设计解决问题的方法常常是法无定法，没有最好，只有更好，并不存在固定的标准答案。

教师在教学中的作用重在引导、启发和解惑，并不在于传授。教师在课堂上讲得再好，如果没有转化为学生自己的认知和解决问题的能力，也是徒劳无功的。学生在教师的帮助下主动学习，可以促进学生自觉地动脑思考，进而学会灵活应变、举一反三和触类旁通。主动学习的关键，就在一个"悟"字。悟，指了解、领会和觉醒，它可以引申为觉悟、感悟、顿悟、领悟、开悟等。其核心意义，就是要学会自己去思考问题、自己去寻求答案。知其然，还要知其所以然，即便是教师讲过的内容，也要多问几个"为什么"。如果自己找不到满意的答案，就与教师或同学去探讨。自己悟得的知识，才是真正学会的、属于自己的知识。

误区二

学习服装设计，
就要时时刻刻想着服装，
观察着服装

服装设计比较忌讳从服装一般模式出发构想服装的思维方式。因为，设计师满脑子都是已有的服装，思维就会先入为主，设计就很难摆脱它们的影响。

人们对事物的思考和判断，往往受到先前经验的影响，尤其是第一印象，常常引导判断的结果。用心理学解释，人的思维有自动简化的倾向，遇到问题会优先运用先前的经验进行判断或是解决问题，弥补当前判断线索的不足，以减轻心智的负担和损耗，这对人的心身健康大有益处。因此，先入为主是一种普遍存在的心理偏向。但就需要创新创意的服装设计来说，已有服装的先入为主几乎等于画地为牢，设计思维会自觉或是不自觉地受到限制和影响。

平时养成观察服装的习惯，是非常必要的专业积累，其目的是掌握服装多样的构成形式和细节特征，把握服装发展的动向。设计师的生活观察，要有更加开阔的视野，服装之外的大千世界，才是取之不尽用之不竭的设计灵感源泉。诗人陆游曾说："汝果欲学诗，功夫在诗外。"这足以证明"诗外功夫"的重要。设计服装，要"忘掉"已有的服装样式，从服装之外的生活当中汲取灵感，这样可以避免已有服装的先入为主，创造具有新鲜感和创新性的服装。

就服装设计思维而言，设计构思应该是一个"先做加法后做减法"的过程。加法，就是强调感性，把所能想到的各种可能都加上，不要有太多限制；减法，就是突出理性，把各种多余的或是可有可无的内容都减掉，使其切合作品创意或是产品规范。在设计理念方面，也要努力摆脱已有服装模式的羁绊，从人体包装的视角重构或是解构服装。

服装设计教学，也应该按照"先放后收"的教学过程对学生进行引导。要先把服装当作一件艺术作品来理解和设计，没有功能、结构、季节等方面的限制。要强调美感，注重形式，倡导创意。其目的在于培养学生的创造力和想象力，发掘创造潜能。随着教学的不断深入，要逐渐加强学生对服装本质的认识，注重功能、结构、实用性等方面的引导。使学生在服装作品和服装产品两个方面，都具有很强的设计应变能力。

误区三

服装设计需要灵感，
没有灵感，
就无法进行设计构思

服装设计的确需要灵感，但灵感不是等来的，而是画出来的。灵感不会惠顾消极等待它的人，灵感是对积极进取行为的特殊奖赏。

灵感，是生活中一种普遍存在的心理状态。当人们全身心投入某项工作或是解决某个问题而遇到困难时，由于偶然因素的触发，突然找到了解决问题的方法，即"灵机一动，计上心来"时的顿悟状态，就是灵感的闪现。从灵感产生的心理机制上看，灵感与人的意识和潜意识都有关联。人们每天都会遇到难以尽数的、各种不同的生活情景，它们的绝大部分都不会被意识到，但这些经历并未从心灵中完全消失，而是被储藏到了潜意识当中。人的意识与潜意识，总是在意识阈限上下相互转化。若思维主体在意识阈限上苦思冥索而又一筹莫展，在思维疲倦和松弛后，意识便会进入一种麻木状态，但潜意识并没有停止活动。某些意识会在不知不觉中深入意识阈限下变成潜意识，并不停地活动着。一旦这些潜意识与某些从不相关的观念串联在一起，便会爆发灵感的火花，冲破意识阈限，唤醒意识，灵感便会产生。

由此可见，灵感的产生与设计师是否全身心地投入关系密切，绝不是消极等待得来的。越是没有灵感越要积极地投入，才能引发灵感。在没有想法时，更加需要多画多看，才有可能尽快地触发灵感。同时，时常地回归自己的设计初心，也是一个可以少走弯路的好方法。设计的潜在冲动与热情，常常源于想要告诉别人一个他们不知道的故事、不了解的观点、未曾想过的想法或做法、未曾有过的经历或感受等。服装设计重在有感而发、以情动人，只要清楚自己想要表现的内容是什么，突出了打动自己的那些因素，其结果也同样会感动其他人。

误区四
服装设计需要天赋，没有天赋的人，就当不了设计师

服装设计当然离不开天赋，但天赋只是前提，不是结果。无论设计师的天赋高低，成功的秘诀都是执着、努力、不断学习，外加天赋和机遇。

我国服装产业发展到今天，社会分工和设计师职业化已经确定。社会分工，是指服装院校负责培养设计师，服装企业负责安排就业；设计师职业化，是指这一职业的标准化、规范化和制度化。一个人适合或不适合从事设计师这一职业，大体会经过三次选择。一是高考时的专业挑选，填报高考志愿时大多比较感性，有人误打误撞地选择了服装设计；二是毕业时的岗位应聘，应聘时大多比较理性，有人因为了解选择了离开，也有人因为了解而选择了留下；三是试用期后的再调整，调整是最后的抉择，服装企业除了设计师还有很多相关岗位可供挑选。经过三次选择，没有天赋的人，怕是所剩无几了。

服装设计教学中，也常常会遇到一种看似难以理解却又不难解释的现象：一些被教师认为极有天赋的学生，最终反而放弃了设计师岗位；一些天赋稍弱的学生，却坚定不移地要做设计师。原因其实也简单，天赋超常的都是天资聪慧且处事灵活的学生，既能把这件事情做好，也能把其他事情做好。就业对他们来说充满了更多的诱惑，避重就轻就成了首选。天赋稍弱的都是勤奋踏实且做事认真的学生，通过自己的努力，在专业学习中找到了价值和自信。他们对设计师职业充满了渴望，喜欢就是选择的最佳理由。

以上解释，或许都不是令人满意的答案，那就需要在本教材的学习过程中自己去寻找。尽管本教材摒弃了传统的教学内容和教学方法，从学生认知事物的视角出发，从设计思维训练角度切入，包含了服装设计教与学的长期思考，融入了服装设计的全新理念和最前沿的教学成果，但本教材作者的感悟和思考，永远替代不了学习者自己的体验和收获。从门外汉到服装设计师，从服装设计师到服装设计大师，并没有捷径可走。只有热爱和不懈追求、坚守和不断学习，外加科学系统的思维训练，才能让学习者走向理想的目标。

于国瑞

2018年1月

目录
CONTENTS

导 论

服装设计解读

一、服装设计与设计过程

（一）服装设计

1. 服装设计的概念

服装设计，是指构想一个制作服装的方案，并借助于材料、裁剪和缝制使构想实物化的过程。

从这个概念可以得知，服装设计就是服装从无到有的创造和制作过程。从理论意义来讲，已经在生活当中存在的服装，无须再去设计。除非这些服装存在一些缺欠或是亟待更新换代的产品，才有必要对其进行再次设计。

在服装设计概念中有两个关键词，一是"构想"，二是"实物化"。构想，是指设计构思，是设计方案在设计师头脑当中想象、思考和孕育的过程。实物化，是指将构想的设计方案用面料制作出来的过程。也就是说，服装设计必须经过"设计构思"和"实物制作"两个环节，既要把它"想出来"，还要把它"做出来"，要把想法变成可以穿用的服装成品，才能完成服装设计的全过程。

但在服装设计教学中，大多只需完成设计构思环节，把设计构想勾画出来即可，并不需要完成实物制作。这是为了节省时间，以便集中精力培养学生的设计构思能力，而将实物制作环节交给立体裁剪、结构设计和缝制工艺等课程来完成。从这个层面去理解，立体裁剪、结构设计和缝制工艺等课程

都是服装设计内容的延续，也是服装设计重要的组成部分。服装效果图，只是设计构思的外化表现形式而已。不要误以为，画出服装效果图，服装设计就大功告成了。因为服装设计不是纸上谈兵，也不是简单地复制现有的服装，而是要创造出新的、美的、具有一定功能属性并能满足人们穿着需要的服装实物。（见图1）

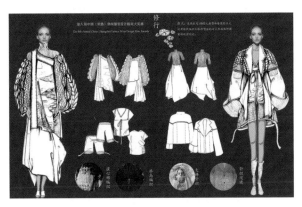

图1 服装设计构想与实物化（作者：翟欢）

服装设计之所以十分注重和强调实物化，是因为服装设计的实物制作，不仅是设计构思的合理性和可行性的验证过程，更是设计构思的进一步修改和完善的过程。设计构思中的服装，包括借助于效果图表现出来的服装构想，与实物制作的成衣效果差异很大，相互不可替代。同样一个服装款式构想，采用不同的面料制作，就会呈现出完全不同的成衣状态，也会暴露出很多最初的设计构思预料不到的问题，这些问题都需要通过实物制作环节得以

解决。因此，有些设计师常常先去寻找面料，等到对这些面料特征深入了解之后再去进行设计构思，或者是直接使用面料进行立体裁剪，就是为了让自己的设计构思与成衣效果有机结合，增加设计构想的准确性，避免出现问题。

2. 服装设计的本质

本质属性是决定事物之所以成为该事物而区别于其他事物的属性。本质属性具有两个特点，一是事物所固有的规定性；二是与其他事物的区别性。如能思维、会说话、能够制造和使用生产工具进行劳动，是"人"的本质属性。服装设计的本质属性，是创造和提供符合人们生活需求的穿着物品，以满足人们参与社会活动的各方面需要。人们对服装的需求是多方面的，既有物质层面的需要，也有精神层面的需要。

（1）物质需要。物质需要主要包括防护功能、储物功能、保健功能、实用功能等。所谓功能，是指物体的有用效能。防护功能，包括御寒、挡风、遮雨、防虫、吸汗、隔尘、阻挡辐射等功效；储物功能，是指服装口袋的设计和用途；保健功能，是指护腿、护膝、护肘、护胸、透气调温、高弹塑形等作用；实用功能，是指便于运动、便于穿脱、便于使用等对人的生活需要有帮助的方面。

（2）精神需要。精神需要主要包括归属需要、尊重需要、审美需要、个性需要等。归属需要，是指服装具有很强的社会身份、阶层、群体的识别和归属特性，通过服装就可以将人进行分类，如军人、乘务员、白领、乞丐等。尊重需要，是指穿着不同的服装可以得到不同的社会认知态度，如穿着时尚的高档服装与穿着过时的廉价服装，就会得到不同的评价和反响。审美需要，是指服装对人具有的美化修饰作用，能满足人的爱美之心。但这种满足大多只是满足一时，不能满足到永远，因为时尚常变常新，人们的审美也在不断变化。人们常说，女人的衣橱里永远缺少一件能让自己满意的衣服，就是这个道理。个性需要，是指服装可以弘扬个性、满足个性化需求。服装是人的"第二层皮肤"，穿着与众不同的有个性的服装，可以让人标新立异而得到自我满足。

服装设计在满足人们生活需要的过程中，非常注重创造和创新，缺少了创造和创新，设计也就缺少了灵魂和存在的意义。服装设计如果仅仅是为了满足人的物质需要，就会变得非常简单，只需做到合理和实用就够了。服装设计难就难在如何满足人的精神层面的需要上。人的精神需要是永无止境的，并随着社会的进步和发展不断变化。因此，服装设计必须不断变化、不断创造和不断推陈出新。设计师所从事的服装设计工作，就如同希腊神话故事当中的西西弗斯（Sisyphus）每天都在努力把巨石推上山顶，但每每到达山顶时，巨石就会滚下山去。于是又要不断重复、永无休止地去做这件事情。不同的是，设计师接受的是时尚不断变化的挑战，每次努力都在为社会发展贡献着力量；而西西弗斯接受的是惩罚，从事的是一项没有效果的事情。

服装设计的创造和创新，一个强调初始性，一个注重新鲜感。合在一起就是，要设计出别人未曾做过、尚不存在的、让人感到新鲜的并能满足人们物质和精神双重需要的服装。其实，客观事物本身并无所谓新与旧。新与旧，只是相对的概念。人们在给事物分类时，常把一直存在的、十分常见的事物称为"旧"；而把尚未存在的、非常少见的事物称为"新"。在服装设计中，既包括可以直观看到的创新，如新形式、新造型、新形态、新结构、新面料、新色彩、新手法、新的穿着方式等，也包括不能被直接看到，却可以被感受到的蕴含在设计师头脑当中的新理念、新主张、新思维、新想法、新创意、新见解等。

服装设计的创造和创新，还要清楚地认识到服装的"新"与"旧"，具有相互转化和相互促进的关系。在设计师眼里，服装是有"生命"的。每一款新服装的诞生，与其他新生事物一样，都要经历孕育、出生、成长、衰老和死亡的过程，只不过有的生命周期长，有的生命周期短而已。服装刚一问世，可以谓之"新"，一旦被人知晓和普遍接受，便具有了一定的"旧"的因素，随着时间的推移，就会被更"新"的服装所取代，逐渐蜕变成过时的或是被时代淘汰的服装。而新生的服装，也不会是凭空想象出来的，或多或少会受到那些沉淀多年的"旧"服装的影响。就是说，"旧"的不断地在影响着"新"的，而"新"的又不断地变成"旧"的，服装设计的创造，就是在这种从"新"到"旧"，又从"旧"到"新"的转化中发展的。当然，这种转化绝不是简单的重复和循环，而是呈现螺旋状上升的状态。就像"每天的太阳都是新的"含义一样，旧事物的再次出现，已被赋予了新的精神和意义。缺少了这一点，社会也就不会进步和发展了。（见图2）

图2　创新是服装设计的本质（作者：张娅旻）

3. 服装设计的发展

与服装悠久的发展历史相比，服装设计的发展历程比较短暂，只有160多年的历史。服装设计能够成为一门专业和一种职业，得益于服装发展史上两件事情的出现：一是缝纫机的发明；二是沃斯时装店的开业。

（1）缝纫机的发明。1790年，英国人托马斯·赛特（Thomas Saint）发明了世界上第一台先打洞、后穿线，缝制皮鞋用的单线链式线迹缝纫机。1841年，法国人B.蒂莫尼亚（Bartfelemy Thmonner）发明和制造了机针带钩子的链式线迹缝纫机。1851年，美国人梅萨特·胜家（Merritt Singer）发明了锁式线迹缝纫机，并成立了胜家公司，专门制造和生产缝纫机向各地销售，缝纫机就此走向了世界。缝纫机的问世和普及，结束了过去全部用手工缝制服装的漫长历史，提高了服装缝制的工作效率和质量，颠覆了服装制作的

传统观念和工作方式。尽管这些缝纫机还都是简陋的手摇式，（见图3）还不足以满足服装批量生产的需要，但已经成为一个转折点，预示着服装工业化生产时代即将到来。1859年，胜家公司发明了脚踏式缝纫机。1889年，胜家公司又发明了电动缝纫机。这些高效率缝纫机的出现，加快了服装工业化生产的步伐，使服装生产进入崭新的阶段。

图3　手摇式缝纫机（品牌：胜家）

（2）沃斯时装店的开业。1858年，英国人查理·弗莱德里克·沃斯（Charles Frederick Worth）在法国巴黎开设了第一家时装店（见图4）。这家自行设计和销售服装的时装店的问世，在标志着服装设计师这一职业诞生的同时，也标志着服装设计摆脱了宫廷沙龙，跨出了乡间裁缝的局限，成为一门反映时尚的独特艺术。沃斯不仅自己设计时装进行销售，还让后来成为他妻子的法国姑娘玛丽·弗内（Mary Fonne）担任模特儿，穿着时装在店内走动展示，吸引顾客和促进销售。由此，沃斯成为全世界第一位服装设计师，他的妻子也成为全世界第一位服装模特儿。

在此之前，从事服装制作并兼顾设计的大有人在，但其工作内容主要是为宫廷里的达官贵族服务或是为乡里乡亲量体定制，是以服务对象为中心，以单件服装制作和设计为主，服装设计的主体意识并不明朗，大多是对已有样式的选择、复制和改进。沃斯的工作方式则是以设计师为中心，以设计师的设计思想主导生产服装产品，使服装生产工业化、商品化，直接用于市场销售。这就为现代服装设计奠定了基础，开创了服装设计工作的基本模式。沃斯也由此成为世界公认的"时装之父"。

图4　时装店的时装设计（作者：沃斯）

服装设计在我国的发展时间更为短暂，是从1980年开始的，以服装设计专业的创建为标志。1980年，中国第一本服装时尚类刊物《时装》正式创刊。1981年，清华大学美术学院（原中央工艺美术学院）率先开设了服装设计专业。随后，全国几乎所有的艺术院校、综合院校和高职院校如雨后春笋般地开办了服装设计专业，国内的服装设计教育从此正式起步。这些院校培养的设计人才，在我国服装产业发展中发挥了不可估量的作用，极大地促进了服装产业的发展。我国服装产业的发展大体经历了卖方市场、买方市场和品牌化运作三个阶段，在其中，设计师都扮演着不同的角色，发挥着不同的作用。

（1）卖方市场阶段。在改革开放前期，我国南方的服装民营企业快速崛起，只用了10多年时间，就迅速完成了企业的原始积累。企业快速发展的原因是，改革开放犹如打开了封闭已久的"火山口"，由10多亿人支撑的巨大的服装市场消费需求瞬时迸发。此时，服装设计和生产都由企业说了算，企业具有绝对的话语权，主导着服装市场的走向。服装产品供不应求，不管企业生产什么样的服装，无论生产多少都能卖得出去，甚至还要凭票限购。与此同时，美国、日本也看好劳动力低廉而又充满活力的中国服装生产企业，大批订单纷至沓来，加剧了我国服装市场需求的饥渴程度。在卖方市场情形下，服装设计并不需要多少创造和创新，设计师的工作主要是收集和查阅资料，寻找符合销售的服装款式，企业老板

具有产品生产的决定权。设计师处于从属地位，没有得到足够的重视。

（2）买方市场阶段。1994年，中国与国际互联网全线贯通，缩小了国与国之间的距离，加快了信息的传递和沟通，改变了中国人的生活方式和消费观念，也加快了服装市场由卖方市场向买方市场的转型升级。此时，服装产品供大于求，凭借管理者营销经验生产的产品，出现了大量的库存积压，企业开始感受到了危机，传统的经营理念逐渐被动摇。1996年，宁波杉杉集团率先高薪聘请设计师加盟，开创了我国服装设计师与服装企业密切合作的新时代，设计师的地位由从属逐渐转变为主导，拥有产品的生产决策权。服装设计的创造和创新也得到了应有的重视，企业的生产方式由单一的大批量生产转为灵活的小批量和多品种。与此同时，一批国际服装品牌相继进入我国服装市场，如皮尔·卡丹、宝姿等。一批本土设计师品牌也相继创建，如江南布衣、例外等。这些服装品牌的涌现，既繁荣了我国服装市场，也加剧了服装市场竞争，促进了服装市场的快速发展和快速成长。

（3）品牌化运作阶段。目前，我国服装企业经过不断地学习、探索和转变，已经逐渐步入品牌化运作的国际化轨道。所谓品牌化运作，是指企业的一切行为都以品牌建设为核心，努力打造个性鲜明、定位准确、品质一流的品牌形象，以增加产品的市场竞争力，满足消费者的消费需求。品牌化的根本就是创造差别而使自己与众不同。品牌化是赋予产品和服务一种品牌所具有的能力，而支撑这种能力的是隐藏在品牌背后的一整套品牌构成体系，包括开发系统、生产系统、形象系统、传播系统、营销系统、服务系统和管理系统等。在服装企业的品牌化运作中，不受市场欢迎的滞销产品很快就会被淘汰。加盟商是否订货，是决定产品是否生产的关键因素，服装市场拥有产品生产的决策权。服装设计在其中扮演的是龙头角色，虽然只是众多环节中的一个环节，却具有引领方向、提升品质、塑造形象的重要作用。设计师和其所从事的服装设计，成为服装企业品牌建设不可或缺的中流砥柱。

（二）设计过程

服装设计目标不同，就有不同的设计要求，也会产生完全不同的设计结果。就市场细分而言，有什么样的服装市场需求，就有什么样的服装设计，如女装设计、童装设计、运动装设计、户外装设计、内衣设计、原创设计等。就服装设计目的而言，又有服装作品设计、服装产品设计的区别。

1. 服装作品的设计过程

服装作品，是指用于设计训练、参赛、展示等，以表现设计师思想为主体的设计习作或作品。此类服装大都不参与销售和生活穿着，只用于表演、展示和学术探究，如设计教学中的学生习作、参赛作品、毕业设计作品、个人服装发布会的设计作品等。服装作品的设计过程，主要包括查阅资料、寻找切入点、构思完善、效果图表现、实物制作等环节。

（1）查阅资料。服装作品的设计，大多是从收集查阅信息资料开始的。查阅资料的过程，既是设计师调整思绪，逐渐进入设计思维状态的过程；也是对相关资料进行分析判断，逐渐明确设计方向的过程。查阅资料的范围和数量，因人、因时间、因条件而定，一般多以图片为主，文字为辅。主要包括服装款式细节、成衣工艺细节、面料再造效果、流行色资料、设计主题、时尚资讯等信息。资料收集的渠道主要有图书资料、网络信息、自拍照片、平时积累等。

查阅资料，最重要的是从中找到自己的"兴奋点"，即找到自己最感兴趣的题材，确定一个或多个设计主题，为设计的深入构思明确方向。设计主题一旦确定，还要围绕这些主题，查阅与主题密切相关的各种信息，使信息的收集变得更加集中、更加准确和更有效用。如设计主题是"自由海洋"，就会涉及海浪、沙滩、礁石、海鲜、海底生物、渔民赶海、海的传说、海的神秘、海的精神等相关信息。（见图5）

（2）寻找切入点。在有目的地进行设计主题的相关信息收集和分析基础上，通过联想和想象，

图5　设计主题的相关资料收集（作者：李如愿）

设计师会在头脑中构筑一个全新的碎片化的设计主题形象。再经过"碎片"之间的相互碰撞，就会浮现若干个形态诱人的形象点，随之构想这些形态延伸的各种可能性，找到设计思维的切入点。

所谓切入点，就是设计思维构想的线索和出发点。一般说来，找到切入点并不难，难点是如何将形态原有的本质属性进行转化，转化为服装的形式语言，创造全新的服装创意形象。这一转化过程，有各种方式方法，如将小的变成大的、将少的变成多的、将硬的变成软的、将立体的变成平面的、将庞杂的变成单纯的、将无生命的变成有情感的等。

（3）构思完善。在设计构思阶段，采用边想、边画、边修改的方法最容易取得实效。要具有"灵感是画出来的"的坚定信念，不要消极地等待灵感的到来，而是要积极地去创造灵感。越是在没有想法的时候，越是要坚持去画，要勾画出所能想到的各种可能。不仅要从设计主题的表层形态去构想其变化，还要从设计主题的深层蕴涵、内在精神、社会意义、情感态度等方面去寻求突破口，完善设计构思。

（4）效果图表现。绘制效果图是服装设计总体效果的全方位立体化的构想过程，在设计构思阶段未曾深入涉及的结构、面料、色彩、配件、服饰品、服装与人体的关系、服装情趣与着装状态等都会呈现出来。服装设计的效果图表现，并不是把设计构思简单地绘制出来了事，而是设计思维不断深入的过程。通过效果图表现，要将已经想过的内容

再深化，将未曾想过的内容想清楚。这就如同在大脑中模拟了一次真实的服装制作过程，将服装按照设计构想"制作"一遍，并把它"穿着"在模特儿身上，借以构想服装设计的总体效果，验证设计构想的可行性和合理性。

（5）实物制作。实物制作是构想变成现实的最后阶段，除了设计教学中的课堂作业不需要制作实物外，其他的服装作品，如毕业设计、参赛作品、发布会作品等都需要通过实物制作完成设计。

实物制作首先遇到的问题就是选料，面料的薄厚、软硬、质地、颜色等方面，都不能出现偏差，应与设计主题所要营造的情调相吻合。然后遇到的问题常常是裁剪，传统的平面裁剪一般很难解决服装作品制作的所有问题。大多要依靠立体裁剪或是部分采用立体裁剪，才能实现较有创意的设计构想。比较稳妥的做法是，先用坯布试样，经过反复修改效果达到满意之后，再用正式面料制作。最后遇到的大多是工艺方面的问题，如缝制工艺、染色工艺、装饰工艺、面料再造工艺等。这样的问题也应该经过一些试验来解决。先用小块面料或是替用料做一些试验，待试验取得理想效果之后，再用在正式制作的服装上。

2. 服装产品的设计过程

服装产品，是指能满足人们生活需要的工业化生产的衣着用品。服装产品既是产品，又是商品和消费品。在工厂叫产品，在商场叫商品，到了消费者手中就是消费品。作为服装产品，大都具有批量化、标准化和市场化三个基本特征。作为设计师也必须具备较强的产品意识，才能胜任服装设计工作。

产品意识具体包括商品意识、用户意识、创新意识和团队意识四个方面。①商品意识。就是要思考这个产品好不好卖。产品不是给自己做的，如果产品卖得不好，就不能借助于产品为公司带来收益，设计师的价值也就难以实现。②用户意识。就是要知道用户是谁、知道用户需要什么、知道用户怎样使用自己的产品。③创新意识，就是要为用户提供品质超群的新产品。产品的创新，未必就是颠覆性的创造，也许只是把一些细节做得更加完美、更具人性化，也许只是把另外一种理念引入产品之中，给用户一种不一样的感受等。④团队意识。就是要依靠团队合作的力量，将恰当的产品在恰当的时机交给用户。产品往往不是设计师一个人完成的，从产品诞生到用户使用，需要经过设计、生产、物流、销售等多个环节。因此，这就需要设计师将自己融入整个企业团队当中，与企业各个部门密切合作，才能顺利完成设计工作。服装产品的设计流程，主要包括产品企划、产品与市场分析、设计构思与表达、样衣制作与确认、产品订货与生产。（见图6）

（1）产品企划。产品企划是指企业为使产品及其构成要素满足目标顾客需求所制定的产品研发规划和过程。在竞争愈加激烈的服装市场，仅仅依靠打折促销等营销手段是远远不够的，只有通过产品企划，才能切实提升产品的市场竞争力。因为，产品企划可以使产品的研发更加贴近消费者需求，使设计和生产变得更加客观、更加科学，避免和减少盲目性。产品企划已经成为衡量一个品牌在经营管理方面是否趋于理性和走向成熟的标志。

产品企划是一项长期的、持续的、动态的相关信息情报收集和研究工作，就像天气预报需要定期监测天气变化一样，企划部门要在密切监控自己的产品销售状态的同时，定期监视竞争品牌的营销状态，收集目标消费者相关信息、行业资讯、时尚热

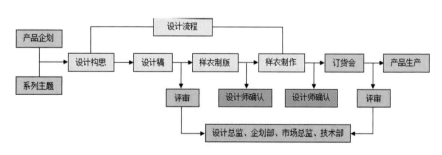

图6 服装产品设计流程

点等情报，并适时更新数据和存档资料。在此基础上，每年要定期研究制订少则两次（春夏和秋冬两大季）、多则四次（春夏秋冬四季）的产品企划方案，以供设计师研发应季新产品。产品企划方案的制订，一般是由企划部负责，由设计部、营销部、采购部等部门人员参与共同讨论完成的。要求既要保持品牌风格的延续，又要根据目标市场的变化，提出下一季产品设计的新主题和新概念。具体包括主题概念、色彩概念、面料概念、元素细节概念、产品架构规划、产品上市时间波段等内容。（见图7、图8）

图7　产品企划主题概念版（作者：吕星）

图8　产品企划色彩概念版（作者：王云帆）

（2）产品与市场分析。在品牌运作的服装企业，产品企划方案一经确定，就成为各个部门必须认真执行的生产计划，产品研发的设计工作也会随之展开。首先，设计师要对现有产品的销售状况进行分析，了解哪些是消费者喜欢的和为什么喜欢；哪些是消费者不喜欢的和为什么不喜

欢。然后，结合企划方案中的设计主题概念，分析和思考"下一个产品"。正在畅销的产品，往往为设计师提供了直观的参考依据，它们常常距离"下一个产品"更近，但它们肯定不是"下一个产品"，"下一个产品"一定要比它们更时尚，更具新鲜感和诱惑力。

设计师的市场分析，要以平时的观察和积累为基础。设计师每年都有市场调研的工作任务，调研的范围也较为宽泛，如市场实地走访、面料市场调查、目标消费者调研、行业学术会议、展销会观摩等，这些活动都是设计师平时所要做的"功课"，是产品设计工作的重要组成部分。产品设计之前的市场分析，会比平时的分析思考内容更加集中、目标更加明确。

（3）设计构思与表达。产品设计的构思并不是等到设计任务下达后才开始的，一般是在平时或是在参与产品企划的过程中，就已经在设计师大脑中酝酿了。设计任务下达时，设计师要做的就是根据产品企划中的各个主题情境，将成熟和尚未成熟的构想勾画出来落实在纸面上。最后挑选出自己满意的设计草图，采用电脑款式图的表现形式，在公司提供的规范的设计图纸中绘制正式的设计稿（见图9）。

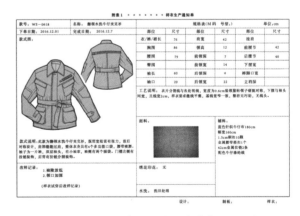

图9　设计图纸中的设计稿（作者：丁云）

服装产品设计的难度在于时间紧、任务重，要在规定的时间里完成整盘货品的设计。服装产品的设计构思，要把握好四个方面：①功能是重点。产品设计十分注重服装产品的功能，即产品"用"的性能，强调适用和实用。要求穿脱简便、行动

方便和使用便利，对穿着者具有美化和修饰作用。②细节是关键。细节是服装产品品质的具体体现，包括衣领、衣袋、衣袖、门襟、图案装饰、结构工艺、染色工艺、色彩搭配、拉链扣子等，都是产品设计不容忽视的地方。产品设计常常是于细微之处见精神，细节决定成败。③内涵是目标。好的产品都是有内涵的，内涵既体现了服装各部分组合的和谐关系，也体现了服装所具有的文化蕴涵及社会意义。服装产品的时代感和时尚感，也是服装内涵的具体表现。④用户是上帝。服装产品的设计，并不单单就是一件服装的设计，它还是设计师与用户之间心灵的一种交流方式。要让用户感受到，这就是为我设计的产品。设计界所倡导的人性化设计，推崇的就是这样的一种人文关怀。

设计稿完成后，必须经过设计总监、企划部、市场总监、技术部等相关部门组成的评审组的审查，才能决定哪些设计稿可以一次通过，哪些设计稿需要部分修改，哪些设计稿将被全盘推翻。一般情况下，一次评审通过的设计稿很少见，多多少少都需要修改和补充，才能进入样衣制作环节。

（4）样衣制作与确认。设计师交给打版师的设计稿，一般是以技术数据完备的样衣生产通知单的形式下达的。样衣生产通知单的内容，包括成衣正面款式图和背面款式图、工艺细节标注、设计说明、产品名称、商品编号、号型规格、面料里料小样、设计师签字、交稿日期等信息。（见图9）

样衣制作是在样衣样板确认之后，采用正式面料试制成衣样品的过程。打版师、样衣工将根据设计图纸中的工艺要求进行打版和样衣实物制作，样衣制作完成后，需要设计师签字确认。倘若样衣成品不符合设计师的设计要求，设计师必须与打版师或是样衣工协商进行修改，直到设计师满意并确认为止。

（5）产品订货与生产。一年两次的产品订货会，是检验设计成果的关键环节。参加产品订货会的主角往往是代理商、经销商、卖场销售主管及销售人员，他们多年与顾客打交道，对顾客的购买心理和需求非常了解，拥有丰富的营销经验，他们的评价常常是比较客观的和非常挑剔的。因为，订购

哪些货品和订购多少都与他们的销售业绩、经济效益息息相关，来不得半点虚假和客套。

产品订货会之后，企业的设计总监、企划部、市场总监、技术部等相关部门组成的评审组，往往还要根据订货会的订货情况进行第二次评审，决定哪些样品先投产，哪些样品修改之后再投产和哪些样品不能投产。也会对第一批生产的产品数量、上市时间等细节问题进行讨论和决策。

3. 服装作品与服装产品

法国服装设计师克里斯汀·拉克鲁瓦（Christian Lacrorx）说过："时装是一种艺术，而成衣才是一种产业；时装是一种文化概念，而成衣是一种商业范畴；时装的意义在于刻画观念和意蕴，成衣则着重销售利润。然而，时装设计的最高境界在于如何使艺术实用化，使概念具体化。"服装作品与服装产品具有不同的本质属性，因此很难将两者混为一谈，但两者之间又具有千丝万缕的内在联系，是同属于服装设计范畴的各有侧重的不同的设计表现方式。服装作品设计与服装产品设计的主要差别是：表现的主体不同、设计的侧重点不同、设计的目的不同。

（1）表现的主体不同。服装作品设计的表现主体是设计师，抒发的是设计师自己的思想、情感和主观意愿，表达的是设计师对生活、对社会、对服装的理解、感受和思考。作为"作品"的服装，已经不是遮身蔽体、保暖防尘的生活用品，服装的性质已经发生了"质"的转变，变成了设计师借以传情达意的物质载体。服装作品中的服装不是用来穿的而是用来看的，是用来观赏的。设计师面对的只是观众，需要的是与观众之间思想和情感的交流。此时，服装是否实用、是否适合季节、穿着是否舒适，都已经不是评价设计质量的标准。人们关注的是：设计有无创意、形象有无美感、结构是否新奇巧妙、细节是否贴切合理、营造的情境是否引人入胜等。这样的服装，就如同是一首诗、一幅画、一支歌。观众从中感受的是震撼、深情和哲理，得到的是愉悦、惊喜和满足。

服装产品设计的表现主体是消费者，满足的是

消费者的生理和心理方面的诉求，传达的是设计师对服装穿着者的人文关怀。作为"产品"的服装，一定是能够满足人们生活需要的品质上乘的生活用品，要让人感到有用、实用和好用，并能满足人们精神方面的多种需要。服装产品的设计，要处处为消费者着想，要在消费者如何穿着、如何使用、如何对穿着者具有帮助等方面思考问题。因此，功能是否实用、穿着是否舒适、穿脱是否便利、效果是否美观、外观是否时尚等，就成为设计质量评价的标准。

（2）设计的侧重点不同。服装作品设计的重点主要表现在原创性、审美性和思想性三个方面。①原创性。强调原创和与众不同，在创新立意、面料再造、色彩搭配、形式表现、方式方法等方面都要具有新鲜感。②审美性。要具有视觉的冲击力、观赏的感染力和审美价值，要好看、耐看，能给人以美的享受。③思想性。要有思想、有情感、有内涵，要以情感人、以理服人，要让人思绪万千、回味无穷。

服装产品设计的重点主要表现在功能性、商品性和时效性三个方面。①功能性。强调产品"用"的效能，要做到品质优良、质量上乘、物有所值。②商品性。必须通过市场的销售渠道，将产品交付给消费者，产品才有价值。购买的决策权在消费者手中，消费者不满意就不是好产品。③时效性。产品具有很强的时效性，错过了适销的时间或是时尚关注的热点，就将被时代所淘汰，产品的品质再好也会被降价处理。

（3）设计的目的不同。服装作品的设计不是为了销售，设计的目的与服装市场无关，不需要将作品变成商品。因此，设计无须考虑市场和穿着者的感受，只要作品能够展示自己的设计才华，打动和感染观众，促进服装的发展也就成功了。

服装产品的设计就是为了销售，设计的目的与服装市场关系密切，必须接受市场的检验。因此，产品设计必须注重市场和满足消费者的需求。只有通过产品销售为企业实现利润的最大化，设计师才有价值和意义。当然，注重市场，并不等于盲目地跟随流行和被动地迎合市场，设计师必须有引领时尚、主导市场、创造流行的责任和担当，才能更好地胜任设计师工作。

尽管服装作品与服装产品之间存在诸多差别，但也存在承上启下的密切关系，服装作品的设计对于服装产品的设计发展具有非常重要的启迪、引领和促进作用。这样的作用主要表现在丰富设计语言、提升衣着品位、开发创造潜能三个方面。

（1）丰富设计语言。服装作品的设计，具有很强的创新性、探索性和试验性。由于服装作品设计可以不受服装的穿着功能、着装状态、制作材料、季节场合的限制，可以更加充分地发挥人的想象力和创造力，可以随心所欲地抒发个人的情感和审美理想，可以自由地探索和尝试服装构成的各种可能性，其结果就会极大地丰富服装的构成形式，不断地为服装注入新的样式和新的活力。而这些创新和创造，必然会对不断寻求创新的服装产品设计，产生直接或是间接的影响。服装作品中的很多新形式、新结构、新手法，都会被产品设计不同程度地采纳、接受或是借鉴。

（2）提升衣着品位。无论是设计师，还是消费者，都需要在时代的发展变化中不断地提升自己的衣着品位，才能不被时代所淘汰。衣着品位，是指人在服装穿着以及衣着鉴赏方面的品质、趣味和修养。人们的衣着品位，需要多观察、多比较、多体会才能逐渐提高。服装作品的展示和发布，在让人们不断地开阔眼界观赏到更新、更美、更富于活力的服装样式的同时，也承担起了传递美的信息、引领时尚生活理念、提升人们衣着品位的社会责任。

（3）开发创造潜能。服装产品的设计，是戴着"枷锁"在跳舞，要受到服装穿着功能和市场销售的层层束缚，设计的创造必然是打折扣的和受到约束的。因此，服装设计的教学和设计师的培养，绝不能一步到位直接进入产品设计教学。如果服装设计教学从产品设计入手，学生的创造想象就会受到产品设计条条框框的限制，创造潜能就得不到发挥。没有见过大川大海，心胸怎么能够开阔。如果服装设计教学从作品设计起步，学生的创造想象就会得到尽情的表现和释放，学生愿意去尝试服装构成的各种新形式、新材料、新手段等，即便是不成功，也能收获经验和教训。最重要的是，学生创新意识和创造精神的培养，可以让学生受益终身。因此，服装作品设计在开发人的创造潜能方面，具有不可替代的意义和作用。

二、服装创意与设计理念

（一）服装创意

1. 服装创意的概念

服装创意，是指服装设计中富于创造性的意念、想法。

创意，是指具有创造性的意念。也可以简单理解为"一个主意"或是"一个想法"。但又不是一般的主意和想法，必须具有鲜明的创造性和创新性，要前所未有、与众不同。创意概念中的"意念"，心理学的解释是，主观对客观事物伴随着想象和情感的反映。就是说，意念反映的虽然是客观的外界事物，但会带有很多主观的因素，会加入思维主体丰富的想象和情感，并借助于语言或形象等表达符号将其传递出来。

1986年，美国著名经济学家保罗·罗默（Paul Romer）曾预言：新创意会衍生出无穷的新产品、新市场和财富创造的新机会，所以新创意才是推动一国经济成长的原动力。20世纪90年代，知识经济逐渐受到世界各国的重视，而创新又是知识经济的灵魂。1997年，英国政府听从了经济学家约翰·霍金斯（John Howkins）的建议，提出了创意产业的新概念并开始扶持这一产业，将广告、建筑、表演艺术、艺术品和古玩、影视音像、软件、出版、电视广播等13个行业确认为创意产业。创意产业在英国得到迅速发展。霍金斯由此被誉为"世界创意产业之父"。与此同时，创意的概念也被引入我国，并迅速得到重视和推广，被广泛用于各行各业的各个领域，成为人们生活当中出现率颇高的热词。随后，以北京798文化创意产业园为代表的形形色色、大大小小的创意园区在中国遍地开花，成为拉动各地经济发展的时尚之举。

将创意用于产业，内涵过于庞大，可以归属为宏观创意。宏观创意对我们所要研究的微观创意有关联也有促进，但不能相互替代。服装设计方面的创意，属于个体创意和应用创意的范畴。个体创意，是指仅限于孤芳自赏的个人的创作行为。强调个人的内心体验，不太在意外在评价，注重自我满足和自我欣赏，是个体创造才能的自我实现，与服装作品设计目的相近。应用创意，是指不限于单纯的个人欣赏而将创意与产业相联系的创作行为。强调创意的产品性能和应用价值，努力使创意走向产业，实现产业化、商品化，具有很强的实用性和功利性，与服装产品设计目的相近。

创意与设计，始终具有千丝万缕的联系，两者之间你中有我、我中有你，难以区分。既没有无设计的创意，也没有无创意的设计，所不同的是创意的含量有多有少、创意与设计的出发点各有不同。服装创意的出发点，往往离不开颠覆传统的理念和提倡打破常规的哲学思考，注重情感与理性的实践，以解构的、叛逆的，甚至是破坏性的想法激发创造的灵感。服装设计的出发点，往往离不开服装服用功能的制约，以满足生活和消费者需求为目标，强调服装内在的品质和外在的精神，希望能把传统、文化、情感、环保等观念一起融入服装里，使之成为人们美好生活及人类文化的一部分。

在我国，服装创意经历了一段由感性认识到理性认识的过程。始于1993年的以创意为主导的"兄弟杯"国际青年服装设计师作品大赛，让服装业内人士眼界大开，开始了解什么是服装创意（见图10）。但人们最初的认识，常常流于表面，以至于在大赛当中出现了一些"戏装化"倾向的创意作品。戏装化，是指过于强调服装表演效果的设计追求及其结果，其状态近似于我国传统京剧中的戏装或是巴西狂欢节中的表演装。如今，人们已经认识到，服装创意肩负的是引导服装发展潮流，探索服装构成的各种可能性，促进服装文化和时尚生活多元化以满足服装不同层次需要的责任，绝不是为了哗众取宠。为此，服装创意可以自由创作，但必须尊重服装的本质属性，必须服从人的衣着需要。服装离开了对人的"包装"，忽视了人的主体地位，改变了人类创造服装的初衷，也就失去了存在的价值和意义。

图10　第二届"兄弟杯"金奖作品《秦俑》（作者：马可）

从服装创意视角创造的服装，也是服装，不是其他物。是服装，就必然是给人穿的，而且一定是给现代人穿的。不管设计灵感或是设计主题源自何方，是古代还是未来，是神话还是宗教，是乡间田野还是大海深处，都要具有功能性、现代感和时尚感，并被现代人所认可、所接受。服装创意的构成元素可以来自方方面面，表现手法可以五花八门，创意主张可以各抒己见，审美标准可以因人而异，但服装的本质属性不能改变，也不应该改变。这既是现代人对服装创意的理性认识，也是服装创意所应遵循的基本原则。

2. 服装创意的应用

（1）服装作品的创意。创意是服装作品的灵魂，有了灵魂，作品才会具有生命和灵性。服装创意并不是简单的设计创新，还需营造一种情境、创设一种氛围，或是讲述一个引人入胜、耐人寻味的童话般的故事。服装作品的展示，之所以大都采用系列设计的形式出现，并伴随着主题、主题音乐和主题说明等构成元素，就是为了将观众带入一个特定的情境当中。真实的故事通常是由人物、情节、环境等要素构成的，而服装作品讲述的故事不可能那般详尽，常常是把人物、环境等要素模糊化，重点阐释故事情节发展的某一状态。其他方面，则需要观众凭借自己的理解、联想和想象去弥补。

创意在服装作品设计中的应用，主要有先破坏后建立、先感性后理性、先细节后整体三种方式。①先破坏后建立。不破不立，不打破常规，思维就很难具有创造性。破坏，也就是颠覆和否定。可以从否定现有服装的结构形式、构成状态和设计观念等方面入手，对传统的服装进行质疑、解构或破坏，再构建一个全新意义的服装形象，创意也就生成了。②先感性后理性。设计师若想让设计作品感动别人，就要先感动自己。生活是设计灵感的源泉，在服装以外的世界当中汲取灵感，也是激发创意最常用的方式。面对生活的丰富多彩，设计师一定会被其中的某些事物所感动，并想把这一份感动运用到自己的作品当中，成为作品设计的原动力。设计创作需要激情，但只有激情和感性还远远不够，在设计构思的后期，必须有理性的参与，才能使设计更加深入并得到完善。③先细节后整体。服装细节是设计师最为看重的，轻视细节的人永远不能成为优秀的设计师。因为，服装是由各部分细节构成的，细节设计代表着设计的深入度、完成度和服装的内涵含量。无论是多么好的创意构思，缺少了细节，也就变成了飘浮在创意表层的浮云，必然是昙花一现。很多服装创意都是从对细节的研究开始的，再经过想法的延伸和拓展，进入单套或是系列服装的整体，最后回到细节，进一步充实和完善细节内容，创意才会真正地完成。

（2）服装产品的创意。以电脑网络为特征的信息化社会改变了人们的生活方式，也改变了服装产品设计的内容和方法，产品设计的形式和内涵都在发生变化。在现代社会，不管是设计师还是消费者，都不再把设计简单理解为只是制作一件对生活有用的服装。人们在购买一件服装产品时，还希望得到一些时尚以及全新生活方式方面的信息，借此改变自己的生活状态，提高自己的生活质量。因此，设计师也不会把服装设计看作是一件衣服的以新换旧，而是要在提供给消费者一件有用的产品的时候，也希望能够在其中表达自己的创造性和个性，并以全新的观念、方法和形式创造全新的服装形象，引导和刺激消费。

服装产品创意，一般很少出现过于浮夸的款式形态和不方便肢体活动的服装造型，尽管这样的创意是原创、很有气势，但这样的服装往往缺少应有的内涵，很难经受时间的检验，需要消费者具有足够的勇气去选择它和穿着它。因此，服装产品的创意一般不会是惊世骇俗的大举措，而是细微之处见精神，往往体现在结构、工艺、部件、装饰等细节的巧思妙想上。（见图11）

图11 服装产品的创意细节

创意在服装产品设计中的应用，主要体现在三个方面：①创意是一种思维方式。创意是设计师必须具备的基本素养，设计师必须习惯以创意的思维方式解决设计所遇到的各种问题。不守旧，不保守，不具有偏见，愿意接受新事物，愿意尝试各种可能。②创意是一种设计精神。在服装产品设计中，如果缺少了创意的思维和创新的理念，就会缺少好奇失去率真，所设计的产品必然是平淡无奇、老气横秋的，久而久之就会被淹没在服装产品的汪洋里。当然，创意一定要适度、适当、适合品牌风格，不能为所欲为。③创意是一种设计主张。国外服装设计大师通常都是借助于服装作品的发布，带动其品牌产品的销售，其作品发布与产品销售相互促进、相得益彰。我国的服装企业也会在每一季服装产品上市之前，推出少量的品牌形象款，用于发布或展示。这些形象款不是为了赚钱，只是为了突显自己的品牌个性和设计主张，成为展示品牌实力、突出产品卖点的宣传媒介。

3. 服装创意的原创

原创，是指初始的前所未有的创意。

原创从本意上讲，包含着首创和引领两层内涵，既是新的创造，又具有开启未来、影响未来的潜力和可能性。原创一经出现，就意味着它是一个新的起点、新的开端，已经脱离了现有的传统，并创建了一种全新的理念、物态和样式，成为后者学习、延续和发展的原型。原创的作品或是产品，一定要启迪后来者，被世人所接受所认可，才能具有其原创价值和社会意义。

就服装创意而言，创意与原创的共性是都具有创造性，原创是创意的一种极端表现形式，强调创造的原发性，而创意则侧重创造意念的表现。一般说来，真正意义的原创较为罕见。原因就是原创必须满足前所未有、被人认可、影响未来三个基本条件。①前所未有，是服装原创的前提条件和本质属性，比较容易做到，在服装大赛作品中经常可以见到。②被人认可，是服装创意的社会属性所决定的，因为服装创意的目的，要么是促进服装的发展，要么是给人们的生活提供着装，很少有完全脱离人类社会的原创。即便是有，也与我们所探讨的原创本意大相径庭。原创既然不能离开社会而存在，就需要得到世人的接受和认可，不被认可的原创，也就不会具有久远的生命力。③影响未来。能影响服装发展的未来，是服装原创的最高境界和终极目标。尽管在原创的当时，人们未必知晓对未来是否有影响，难以马上做出判断。历史通常是由后人进行检验和评说的，能沉淀下来并不被人们所遗忘的才会是真正的原创经典。（见图12）

20世纪90年代初期，我国服装市场出现了一种奇怪的现象：服装企业常常为了产品的供大于求发愁，而消费者却又常常感到买衣难。究其原因，就是服装企业生产的都是风格相近、档次相同的大众化产品，而消费者的需求已经发生了变化。过去人们为了追随流行穿着相同的款式，叫"时髦"，会让人感到荣耀；后来看见穿着相同的服装，叫"撞衫"，会让人感到尴尬。于是，我国一些有志向的设计师从中看到了商机，他们根据市场细分理

图12 影响服装发展未来的原创作品（作者：三宅一生）

论，将服装市场划分为大众市场和小众市场，将目光和产品定位在小众消费群体，利用自己的设计优势，为小众目标消费群提供富于原创物态的个性化服装，并逐渐站稳了市场。其中，代表品牌有江南布衣（JNBY），1994年成立于杭州，设计师李琳（见图13）；天意（TANGY），1994年成立于深圳，设计师梁子；例外（EXCEPTION），1996年成立于广州，设计师马可；言（EIN），2002年成立于深圳，设计师叶琳；达衣岩（Donoratico），2002年成立于广州，设计师丁勇；谜底（miidii），2003年成立于广州，设计师刘星；速写（croquis），2005年成立于杭州，设计师郑孟琳。

图13 原创设计师实体品牌服装产品（品牌：江南布衣）

客观地说，这些本土服装品牌立足于原创，数年坚守自己独特的产品风格，坚持去做自己喜欢的设计非常不容易。因为，目标市场的大小也客观决定了这个品牌的未来发展空间，越是原创和个性鲜明的设计，就意味着它的受众群体越狭小。然而，

市场的大与小是相对的，以10多亿人口为基础的小众市场，做好了也会变成一个大市场。原创，贵在坚持，贵在持久，贵在不断接受市场的检验和不断在检验中完善自己。在服装市场的竞争中，也常有一些原创品牌耐不住寂寞，经不住眼前利益的诱惑而做出让步，要么减少原创的棱角，要么在原创当中混搭一些非原创等，结果就是慢慢淡出了原创品牌队伍。坚持还是不坚持原创，是一个原则问题，会直接影响目标消费群对品牌的忠诚度。原创的设计理念一旦动摇，弄不好不仅拓宽的市场站不稳，已经占领的市场也会被丢掉。原创的产品设计，需要市场的不断磨合和改进，但改进的应该是增强功能和提升质量，而不是动摇原创这个根基。在原创品牌的实践探索和不断被市场改造的过程中，人们对服装产品原创的理解也在悄然发生着变化，逐渐形成了具有商业内涵的产品"原创"新概念，即设计师首创的、非抄袭模仿的、内容和形式都具有独特个性的设计。其中的"首创"，通常也不是指向全部，而是指服装构成的某些部分。只要服装构成的某些元素运用是前所未有、独具匠心的，人们也会接受这样的原创。

2005年，PPG（上海批批吉服饰有限公司）作为中国服装B2C（商家对客户）营销的先行者，在没有一家实体门店的情形下，通过网络直销男衬衫，依靠广告的投放和客服的拉动迅速崛起。经过一年多的运作，每天可以卖出1万件衬衫，在不到两年的时间里，就达到销售额2亿元的规模，创造了商业神话。这一网络营销模式惊人的成长速度给服装企业带来了极大震动。尽管PPG由于过快的扩张、过高的广告投入以及售后服务不完备等原因而失败，但PPG在中国服装产业中率先实践了一种轻公司和网络直销的经营模式。它前期的成功，对服装B2C行业的发展具有启示意义，让中国人了解、接纳和快速普及了这种简单、便捷、实惠的网络营销模式。

随后，网络营销吸引了越来越多的实体品牌进驻到B2C网络平台，它们力求通过实体店和网店两条腿走路的经营方式，实现企业的信息化升级和快速发展。同时，网络营销也催生了原创设计师虚拟

品牌的异军突起。由于成立网店的门槛较低，只需设计部、技术部、市场部、客服部即可，是名副其实的"轻公司"。很多刚刚毕业的大学生、海外留学生因此成就了创业梦想，一些原创设计师虚拟品牌如雨后春笋般成长起来。其中，代表品牌有：裂帛（LIEBO），2006年成立于北京，同年在淘宝开业，设计师大风、小风；妖精的口袋，2006年成立于南京，同年在京东开店，由设计师团队设计（见图14）。芥末（RECLUSE），2009年成立于北京，2010年在淘宝开业，设计师大芥、老末；有耳（U ARE），2010年成立于广州，同年在淘宝开业，设计师聂郁蓉；非鱼（nononfish），2013年成立于深圳，在淘宝、天猫均有旗舰店，由设计师团队设计。

图14 原创设计师虚拟品牌服装产品（品牌：妖精的口袋）

随着原创设计师虚拟品牌的迅猛发展，"原创设计""原创设计师"和"原创设计师品牌"等广告用语也遍布网络，成为吸引消费者眼球的主要"卖点"之一。应该说，在为数众多的自称是"原创"的网店当中，有真实的兢兢业业做原创的设计师和产品，也有很多虚假的只把原创当招牌的设计师和网店。真实的原创设计网店，定位目标也是小众市场，主要面对的是低端消费群体，与本土原创设计师实体品牌占据的中高端小众市场并不在一个层面上，存在一定的错位，抢占的是低端大众市场的份额。但由于面对的都是小众消费者，原创设计网店对中高端小众市场产生的影响也不可小觑，一部分中高端小众消费者也大有向低端网店转移的倾向，只要原创设计网店的产

品款式新颖、品质可靠，就会具有诱惑力和吸引力。因为，网购所具有的便捷、低价和送货上门等优势，是实体店所不能及的。然而，网店的原创也存在一些问题，如原创成本过高与产品售价过低的矛盾、产品批量过小与质量要求过高的矛盾、面料花色过少与顾客需求过多的矛盾等。

不管原创设计师实体品牌和原创设计师虚拟品牌在发展过程中遇到了怎样的问题，本土设计师的原创已经呈现出它的独特魅力和商业价值，并已经在我国广大消费者的心中生根、开花和结果。只要解决好原创在发展中遇到的问题，相信本土服装设计师的原创，一定会走出国门，享誉世界。

（二）设计理念

1. 设计理念的概念

设计理念，是指蕴含在设计师头脑中的设计观念和信念。

理念，是指人们对某种事物的观点、看法和信念。在大多数情况下，理念和观念都是可以互用的，理念和观念都是意识的产物。观念是人们在长期的生活和社会实践中，形成的对事物的总体认识。它既反映了客观事物的不同属性，又带有强烈的主观色彩。理念与观念的区别就在于，理念是通过理性思维得到的，是对观念的一种再认识，是从观念之中提取出来的理性观念。

在服装设计过程中，设计理念是蕴含在设计师头脑中对服装设计的总体认识和理解，尽管看不见、摸不到，却时时刻刻在发挥着导向标的作用，对设计思维和设计结果影响重大。中国有句古语，叫"相由心生"。意思是说，一个人心里怎么想，他眼里的世界就是什么样。设计师有着什么样的设计理念，就会朝着什么样的方向努力。设计师认为服装应该是怎样的，就会设计出怎样的服装。人们常说：文如其人。设计师创作的服装设计作品，也同样是他的设计观、价值观和生活观在某一阶段的具体反映。（见图15）

然而，设计师的设计理念并不是固定不变的，否则服装设计的教学也就没有了意义。设计理念

图15 "移动的建筑"设计理念的服装创意
（作者：皮尔·卡丹）

是随着设计师对服装设计认识的提高而不断变化的，又会随着时代的进步而发展。设计理念的变化和形成，有一个先快后慢、从无主见到有主见的过程。初学服装设计，设计理念通常是模糊的和概念化的。通过学习，就会加深对服装设计的理解和认识，设计理念也会随之发生巨大变化，从而颠覆最初的粗浅认知，逐渐形成较为清楚的和具有独特见解的设计理念。设计师这种设计理念一旦形成，再去转变它，就会变得缓慢而艰难。

对一个成熟的设计师而言，适时更新自己的设计理念尽管很难，但又是必须努力的事情。否则，就很难胜任服装设计师工作。服装行业是时尚产业，要不断受到人们时尚生活方式变化的冲击，而设计师就应该是生活时尚的领头羊，要时时感知和及时捕捉时尚的变化信息，更新自己的设计理念，创造具有时尚感的服装产品。人们时尚生活方式的发展和变化，又常常是整个社会发展的一个缩影，需要收集大量的社会信息，再根据分析辨别或是直觉判断才能得出具体的结论。促使设计师设计理念更新的社会信息，主要源自设计思潮、时尚生活和科技进步三个方面。

（1）设计思潮的影响。思潮，是指在一定历史时期和一定地域内形成的，与社会经济变革和人们的精神需求相适应的，反映一些人共同愿望的思想潮流。思潮要比思想宽泛得多，它不是个别人的想法，而是许多人的思想倾向。它往往通过各种各样的方式，自觉地实践某种共同的纲领，形成一种

遍及全社会的思想特征。设计思潮，是指在设计领域出现的群体思想倾向。设计思潮形成的最主要因素，就是社会经济形态的变化和由此产生的新的生活主张。新的设计思潮的出现，就会产生新的设计思想和设计主张，形成新的设计理念。

（2）时尚生活的感召。时尚的生活方式，往往代表了某一群人在某一阶段的一种来自内心的认同与处世态度，常常具有很强的吸引力和归属感。以喝咖啡为例，小资群体由喝可口可乐改为喝茶，又由喝茶改为喝咖啡，这在过去是一种时尚，但不是现在的时尚。当下的时尚是"坐在星巴克里喝咖啡"。星巴克总裁霍华德·舒尔茨(Howard Schultz)的一句话道出了玄机："星巴克出售的不是咖啡，而是对于咖啡的体验。"坐在星巴克里喝咖啡，喝的不是咖啡，而是体验，这种体验是坐在家里体验不到的。认同了这些消费者的群体特征，设计师的设计理念也会随之得到提升。

（3）科技进步的促发。现代科学技术的发展日新月异，每年都会出现很多新技术、新材料和新产品，都会促进全新的设计理念的生成。尤其是"互联网+"的快速发展，对设计师和每一个现代人的影响，都是惊心动魄和刻骨铭心的。与服装设计最直接相关的有新面料的问世、旧面料的更新换代、面料后处理技术的提高、染色工艺的改进、缝纫技术的升级和特种设备的多样化等；与服装设计间接相关的有新建筑、新家电、新电影、新广告、新游戏、新玩具、新食品、新饮料等。前者对人们的生活乃至对服装的需求产生直接影响，后者产生间接影响。

2. 设计理念的取向

设计理念形成或更新变化之后，还须落实在具体的设计行为当中，成为引导设计的正能量，如此才能体现其价值和意义。设计理念反映在服装设计之中，具有不同的价值取向。价值取向，是指一定主体基于自己的价值观，在面对或处理各种矛盾关系时所持的立场、态度以及所表现出来的基本倾向。服装设计理念，主要有功能、情感和社会三种不同的价值取向。

（1）功能价值取向。功能价值取向是指注重发现和表现服装功能价值的设计倾向。注重功能的作品设计，经常是把服装对人的有用的效能作为创意的重点，认为人才是服装表现的主体，服装不能脱离穿着它的人而单独存在，只有"衣人合一"，才能构成一个完整的形神兼备的服装形象。因此，即便是强调创意的作品，也绝不能削足适履，同样要注重功能方面的表现。

注重功能的产品设计，经常是从款式、面料、性能、质量等方面突出个性，并把这些个性作为独特的卖点吸引顾客。产品的卖点，大多出自产品功能的与众不同，是产品营销的一个非常重要的概念，是给消费者一个购买产品的理由，并以此突显自己产品与竞争产品的差异性。服装产品形成独特的卖点，一般要具备三个条件：①卖点是特征鲜明的或是独有的；②卖点是竞争品牌没有的或是没有提出的；③卖点是可以持续的或是品质有保证的。

（2）情感价值取向。情感价值取向是指注重能使受众产生某种情绪或是情感体验的设计倾向。注重情感的作品设计，大多源自设计师对生活的某种情感体验，借助于服装的表现形式抒情达意，达到以情感人、情感共享的目的。设计师的情感体验与诗人的触景生情十分相像，都有一个先感动自己再去感动别人的过程，同时，还都迫切地需要能够有人去欣赏和接受，以使自己心理的紧张情绪得以释放并获得平衡。

注重情感的产品设计，常常体现在设计师将对消费者的关心倾注在产品设计的细节里，除了要满足服装的基本功能以外，还要多一分细心，多一点温情。如一粒扣子的恰到好处、一个开口的合理布局、冬装口袋里温暖的绒布、夏装腋下的透气网孔、顽皮幽默的卡通图案、产品的一个有趣名称、标签上的一个浪漫故事等，都能让消费者体验到关怀和感动。尽管服装产品的情感表达比较隐蔽和含蓄，但它永远是设计师所要追寻的目标。产品为消费者带来的情感体验，是产品取得消费者认同、获得顾客忠诚度的主要驱动力，可以直接影响一个品牌的销售或是左右一个品牌的生死存亡。

（3）社会价值取向。社会价值取向是指注重发掘和宣扬服装社会价值的设计倾向。注重社会价值的作品设计，看重的是服装所蕴含的社会影响力，并力求以此展示自己的设计思想和创作主张。因为服装不仅能够直观地标明穿着者的身份、地位、群体、职业、性格爱好、经济条件等社会属性，还能间接地传达设计师的生活态度、生活方式、设计主张、社会道德、社会责任等隐性信息。服装设计作品与其他形式的艺术作品一样，可以让受众得到真、善、美的熏陶和感染，从而潜移默化地引起思想感情、人生态度、价值观念等方面的变化。同时，每一件服装作品都会表明设计师积极或是消极的人生态度，都会不同程度地影响人们的生活态度和价值观。

注重社会价值的产品设计，倡导的是透过现象看到本质，主张不要被产品设计和产品应用的表面现象所迷惑，要把目光放在更深层次的人们购买服装的本源思考上，找到影响产品销售的社会根源和本质原因。如人们购买服装不只是为了保暖护体，本质是对自己的关心、关爱和寻求美好；购买运动装不只是为了方便运动，本质是对年轻、活力、健康的追求；购买休闲装不只是为了休闲，本质是对舒适、随性、无拘无束的向往。各种产品购买行为的背后，都隐藏着更深层的本质目的。因此，设计师应该努力发掘产品背后所能代表的社会价值意义，破解隐藏在产品销售背后的消费者行为"密码"，将产品设计与产品所蕴含的内在社会价值联系起来，设计能满足消费者生理和心理双重需要的服装产品。

3. 设计理念的更新

每个设计师，在每个不同的设计阶段都会有不同的设计理念，这是不以个人意志转移的客观存在。设计理念既有新与旧之分，也有超前与滞后之别。有些设计理念，也许设计师自己觉得是新的甚至是超前的，但在别人眼里却是旧的是滞后的。因此，就出现了一个问题，究竟是由谁来评定设计师的设计理念的新与旧。答案显而易见，要由作品或是产品的受众说了算。课堂作业，要由任课教师来评判；参赛作品，要由评委来评判；发布会作品，要由业内同行或是观众来评判；服装产品，要由市场和消费者来评判。

常变常新和顺应时代发展的设计理念，大多是不循规蹈矩、不安于现状的学习和思想的结果。21世纪，环保设计与绿色设计、以人为本与人性化设计、时尚创造与个性化设计、设计文化与设计艺术等设计主张，都在冲击着服装设计的发展。服装设计经过了后现代社会思潮的洗礼，已经进入一个多元化的时代。在提倡多元化、多样化和个性化的今天，设计理念已经不再有统一的标准和固定的原则，而逐渐呈现一种开放包容的、各种风格并存的、各种知识交汇融合的全新状态。同时，服装设计已经成为人们生活方式的重要组成部分，人们在欣赏一件服装作品时，不再会为它奇形怪状的华丽外表而惊奇，会更关注它的内在品质、精神和文化方面的蕴涵，更希望看到设计师的精湛技艺和哲学思考。消费者购买一件服装的动机也许不是"我需要"，而是"我喜欢"，就像他们选择自己的生活方式和爱好一样。（见图16）

图16　以"人体雕塑"为设计理念的服装创意
（作者：川久保玲）

三、服装企业与设计师

（一）服装企业

1. 服装企业的特征

服装企业与其他企业有所不同，这种不同主要取决于服装是人们生活的必需品，与每个人的日常生活息息相关，并占据了人们衣、食、住、行的首位。我国有13亿多人口，这是一个潜力巨大的市场。不仅如此，服装还是每年每季都要更新的消费品，人们对于服装的需求绝不是一劳永逸，而是一个永无休止的热点话题。然而，有需求也并非就意味着服装企业具有多么大的优势，服装企业常有"吃不肥、饿不死"之说。原因就是，生产每件服装的利润相对较低，新产品的研发又很辛苦，不可能凭借几款新颖服装的生产就能致富，但又由于人们对服装的需求是刚性需求，服装这一行业也不会被社会所抛弃。因此，服装企业与其他企业相比具有以下基本特征。

（1）投资较少，见效较快，风险巨大。与其他产品相比，服装企业由于技术门槛较低，需要的资金投入较少，产品的生产周期也较短，是一个投资少、见效快、市场大的项目。这样的项目，必然会吸引很多投资者的目光，其中有跃跃欲试的服装行业外的投资人，也有刚刚毕业的服装专业毕业生，还包括拥有服装生产经验的外贸加工企业等。

服装业外投资人，大多具有很好的企业管理经验、品牌理念或是营销资源。他们转行到服装企业看中的是服装市场的潜力，认为服装市场商机无限而管理决定成败。服装专业的毕业生，大多具有很好的专业素养、设计能力或是创业精神。服装网店和网购的蓬勃发展，为他们提供了实现创业梦想的契机。他们依托网络销售平台，以自己独有的产品特色和独特的网店风情，开拓着属于年轻人自己的生存空间，认为只要有活力、热情和拼搏精神，就一定会赢得同样年轻的消费者的青睐。外贸加工企业，大多已在服装加工中淘到了第一桶金，拥有了一定的服装生产技术。由外贸加工转向品牌经营，既有企业发展转型的主观意愿，也有外贸加工遇到阻碍的无奈。他们认为近水楼台先得月，产品的品质是赢得市场的关键，自己所拥有的服装技术和生产管理经验都会在企业的转型当中占有优势。然而，商机与风险是并存的，参与服装市场的竞争，不仅需要热情和决心，更需要具有抵御风险的能力和勇气。只有立足于优良的产品品质、长远的发展目标、准确的市场定位，并能扬长避短、合作共赢，才能走上一条可持续发展之路。

（2）品牌众多，成分复杂，竞争激烈。20世纪90年代中期，我国的服装产业进入品牌时代。经过20多年的品牌运作和快速发展，我国的服装产业已经进入一个较为繁荣的发展时期。目前，我国大大小小的服装品牌多得数不清，发展已经形成规模，但在产品的档次方面，大多还偏向于中端和低端市场。大部分高端市场和奢侈品市场被法国、意大利、美国等欧美品牌所占有。中端市场也有一大部分的市场份额被中国香港、中国台湾以及韩国品牌所抢占。而且，品牌的构成成分也非常复杂，有国际品牌、国外品牌、本土品牌、合资品牌、设计师品牌、挂着国外品牌商标的国产品牌等。有这样众多的服装品牌的国内服装市场，竞争的激烈程度可想而知。由此，也就造成了每年都有新品牌在进入，同时也有很多老品牌在退出或是被淘汰的服装市场常态。

（3）季节性强，生产周期短，劳动强度大。服装产品是季节性很强的应季商品，一年当中春夏秋冬四季都要变换新的品种。因此，整个服装品牌的设计、生产和营销都要根据季节的变化进行运作，每个企业都有自己的产品设计、上市计划和生产时间表，每个季节的产品生产都必须按照上市计划规定的时间严格执行，既不能提前也不能拖后。因为，服装的销售时不待我，产品如果不能赶在季节变化之前上架，就错过了产品销售的最佳时机。那么，再好的产品也会成为过季产品，很难再有良好的销售业绩。除了每个季节要变换服装品种之外，每年的同类产品，也绝不能存放到第二年再去销售。过季的服装属于过时产品，已经缺少了应有的时尚感和新鲜感，只能降价销售或是以低于成本的价格甩卖，以利于企业的资金流动和资源利用。因此，若想使自己的产品具有持久的生命力和市场竞争力，就必须不断地研发新产品以避免产品的老化。另外，随着市场多样化需求的不断增加，产品生产的批量越来越小，服装的生产周期越来越短，新产品的研发时间越来越紧，工作的强度也就越来越大。

（4）时尚性强，市场变化大，产品过时快。在服装产品设计中，不能满足服装功能的设计，是最

不成功的设计。然而，仅仅满足于服装功能的设计，肯定又是愚蠢的设计，因为，人们缺少的常常是具有时尚感和新鲜感的服装。时尚是服装产品设计的风向标，服装产品设计要最大限度地满足消费者在功能、审美、情感上的需求，才能抓住消费者的购买欲求，走在市场变化的前沿。

2006年，以快时尚著称的西班牙服装品牌ZARA进驻我国，它以快速反应、低廉价格、买手模式而闻名世界。截至2015年1月，ZARA在中国已经拥有147个连锁店（见图17）。ZARA的进驻，很快出现了"鲶鱼效应"，快时尚的经营模式引领我国服装企业进入经营节奏的快车道，从而加快了服装产业的快速发展。其中最具代表性的是太平鸟女装，已经可以做到每天生产10余款新产品，并最快可以48小时内上货架，一年内可以有5000款新款产品面市。从设计师萌生创意到服装穿在消费者身上，只需短短的20天时间。目前，服装这样的设计生产速度，不仅太平鸟能做到，大多数的服装网店也都能做到。过去是每季有新款，现在是每周都有新款。服装的设计生产提速了，服装市场的变化也必然会随之加大和变快。

图17　快时尚运作模式的服装产品（品牌：ZARA）

2. 服装企业的现状

我国的服装企业，也包括全世界的传统服装企业，都面临被冲击、被颠覆和被迫升级改造的境地，这个冲击波就来自网络购物和网店的迅猛发展。服装网店对实体店的冲击主要有三个特点：一是来势迅猛，波及面广。网络购物的冲击针对的不

是某一个品牌，而是整个传统的服装产业和传统的营销方式，是每个服装品牌都不可回避的挑战。二是旷日持久，愈演愈烈。这个冲击不是暂时的，而是长期的、持久的，并且是强度不断加大的。三是伤筋动骨，动摇根基。这是一次需要重新洗牌和重新建立秩序的发展变革，整个传统的服装产业布局和服装市场格局正在重新划分。网店对实体店的冲击之所以具有如此大的破坏力，就因为它颠覆了传统的服装经营理念，动摇了传统实体店的根基，目标顾客大量流失，实体店经营所拥有的经济实力、营销经验以及品牌影响力等方面的优势已经不复存在。

服装网店之所以能够对实体店构成冲击，是因为它具有实体店难以比拟的多方优势，这些优势主要体现在价格成本、时间成本、空间成本、个性化服务和信息透明五个方面。

（1）价格成本优势。服装网店采用的是B2C电子商务营销模式，这是一种借助于网络开展的在线销售活动，是企业直接面向消费者销售产品和提供服务。这种厂家对客户的产品直销模式，可以减少实体店的经营成本和营销中间环节，降低销售成本。所以，网店可以用更低的销售价格与实体店竞争，并能保证自己的利润额。同样的服装产品，网购模式的销售，可以将实体店经营和中间环节的成本全部让利给消费者，同时还可以保障自己的利润；实体店模式的销售，实体店经营和中间环节的成本都是固定的支出，如果向消费者让利，就只能削减产品生产企业的利润，这是实体店经营企业难以接受和承受的客观事实。

（2）时间成本优势。在网络营销情形下，网店可以全天24小时服务并进行不间断的交易，这种连续的工作状态是实体店无法做到的。消费者还可以在任何需要购物的时间和地点，通过手机接触卖家提供的商品信息进行交流和交易。在快节奏的现代生活中，消费者悠闲漫步在实体店之间的购物时间会变得越来越少，时间就是成本、时间就是金钱的观念，也会逐步加深并得以蔓延。网购的省时、高效、便捷，恰好迎合了上班族消费者的普遍心理，她们可以把购物节省的闲暇时间用在睡觉、健身、交友、吃饭和看电影等方面。

（3）空间成本优势。随着网络购物空间的不断扩展，人们借助于网购足不出户就可以随意挑选千里之外，甚至是国门之外的任何商品。这一购物方式打破了传统商品交易的地域和空间限制，可以自由选购任何地点、任何国家的商品。在网购交易中，商品信息在网络中快速传播着，极大地拉近了厂家和顾客之间的心理距离。消费者可以在世界各地通过网络进行交流，讨论和发表自己的购物心得，或是进行款式及价格的对比，或是进行付款交易。如果买到了自己不称心的商品，还可以享受7天之内无理由退货的待遇。同时，消费者还拥有给予网店评价的消费者权益。

（4）个性化服务优势。网店可以随意布置展示和随时更换店铺的商品信息，厂家可以充分利用数字网络技术，对网店进行独具匠心的设计，突显自己商品的个性化和卖点。网店通过客服一对一的语音服务，可以随时解答消费者的提问，提供贴心的个性化服务。同时，随着网络数字化技术的发展和不断完善，网店还可以随时记录、收集、存储消费者的购买意向、交易数量、售后反馈等信息，利用云技术进行统计和分析，以使自己的产品设计更准确、售后服务更贴心。此外，网店还可以提供符合消费者特殊需求的个体定制、网络虚拟试穿展示、新款式的小批量预订、VIP会员聚会等个性化服务，真正实现以消费者为主导的营销理念，在更大程度上满足消费者多元化的消费需求。（见图18）

图18　具有竞争优势的服装网店网页（品牌：芥末）

（5）信息透明优势。传统的实体店经营，企业与消费者各自拥有的产品信息是不对称的，消费者无法知晓产品的生产成本、销售状态和其他买家的评价等信息。而网络购物，利用平台提供的文字和图片搜索功能，消费者可以十分便捷地搜索到产品相关的各种信息，包括不同卖家的销售价格，以及同款服装的销量和买家反馈评价等，还包括一定时间段里商品价格的变动情况，从而选择最合理的价格和购买时机。这样，企业的产品信息基本是公开透明的，消费者可以做到明明白白地购物、清清楚楚地消费。

3. 服装企业的发展

服装网店网络营销的优势，常常就是实体店经营参与市场竞争的劣势。然而，网店经营模式并未改变服装企业经营的实质，即以消费需求为核心，以产品质量取胜。网络营销模式下，企业也要及时了解市场行情，注重产品质量的提高，不断研发适销对路的产品，并根据需要进行市场分析，把握市场的未来需求，将消费者的需求转化为具体的产品。此外，网店经营同样需要进行品牌形象建设、品牌文化建设、设计团队建设、网络技术升级、店铺更新维护等。

传统的实体店经营尽管面临快速发展的网店的挑战，但也拥有网店不可替代的一些优势。首先，实体店可以提供实地试衣的购物体验。一边逛街一边购物，既是一种传统的生活方式，也是一种网络购物不可取代的生活体验。如果时间充裕，不管是老年人还是年轻人仍然不愿意放弃逛街购物的乐趣。其次，在实体店购物可以马上拿到称心的商品。尽管网购可以在很短的时间里送货上门，但毕竟还需要等待一两天或是更长的时间，倘若出现了尺寸、颜色或是质量等问题，需要换货或退货，等待的时间则会更长。在实体店，第一时间就能体验到商品的价值，即便是换货，也会十分简单和便利。最后，实体店购物可以为消费者提供安全的交易环境。对于年龄偏大的消费者来说，在实体店购买商品更加具有安全感，面对面交易要比网络支付风险更小。从网店经营和实体经营的优势对比中，人们不难判断服装行业未来的发展走向。

（1）实体店与网店由冲突发展为互补。传统的实体店在网店的猛烈冲击下，已经失去了往日的

辉煌，变得摇摇欲坠。于是，也就出现了实体店是否能够继续存在的担忧。这种担心也不是杞人忧天，如果实体店不转变传统的观念，继续抱残守缺以僵化不变的态度去经营，必然会被时代所淘汰。然而，如果实体店经营能够与时俱进，及时地转变经营理念，同样可以扬长避短杀出一条血路。这就如同现代人的生活方式正在逐渐变化一样，当电脑网络进入人们生活并成为办公、写作、绘图的得力工具时，人们也同样担心传统的生活方式会被冲刷掉。但经过20多年的社会实践，人们发现完全可以同时拥有两个世界，可以同时生活在现实和虚拟两个空间里。现实和虚拟两个世界也完全可以做到和平共存与相互弥补。

（2）服装企业开始"两条腿"走路。就服装行业现状而言，服装企业必须放下架子，克服畏难心理，尝试和参与网络营销，努力在竞争中学会竞争，在大海里学会游泳。用实体店和网店"两条腿"走路，才能让自己在时代发展中站稳脚跟。现在已经有很多敢于探索的服装企业"弄潮儿"，在参与网络营销中抢占了先机，尝到了甜头。以太平鸟为例，太平鸟公司2007年组建了电子商务部，2008年成立了负责电商的魔法风尚公司。电子商务由三个部分构成：一是独立官方网站，以品牌宣传为中心，提供相关服务；二是自营体系，如天猫商城的官方旗舰店、淘宝的女装官方集市店和男装官方店，负责产品的销售运营；三是加盟体系，在国内知名的C2C平台上，拥有很多分销组织。依托自身的品牌效应和近20年的实体店营销经验，在2015年"双十一"当天，旗下的五大品牌就突破3.83亿元的销售额。

（3）差异化是企业发展的主流。服装行业再经几年的发展，传统的实体店经营模式必将会被全新的实体店经营模式所取代。与此同时，网购平台的空间也终将会被划分完毕，新的实体店与网店共存互补的经营态势就会逐渐形成。此时，传统的木桶"短板原理"不再成立。以前服装企业总在弥补自己的短板，认为自己的短板限制了企业的综合水平，致使企业的包袱越来越重，变成名副其实的"重"公司。此后，服装企业将会不断延展自己的

长处，因为企业的长处代表了企业真正的水平。服装企业需要将自己擅长的方面发挥到极致，不擅长的方面可以通过协作来解决，使自己越做越轻，变成真正意义的"轻"公司，这便是"长板原理"。倘若将来的服装企业都去发展自己的特长，就会拉大服装企业之间的产品差距，服装行业也就会呈现差异化发展的势头，品牌之间错位竞争，产品多样化，设计以人为本，消费者的多样需求会得到更大程度的满足，市场竞争也将是有秩序的、多层次的和多方位的竞争。

（4）电子商务进化为电子商业。在服装电子商务发展的初期，曾经遇到过很多困难和问题，如退货过多，企业负担过重；批量过少，制作成本增加；消费者差评过于偏激；网络支付缺少安全性等。经过发展和进步，这些问题都得到了解决，电子商务在解决问题的同时自身也得到了进化和成长。此后，随着网络技术的发展和企业经营理念的提升，电子商务将会进化为电子商业，成为商品营销的又一道风景。在服装企业，设计师有可能由原来的企业员工转化为一种自由职业，一个相对的独立体；由传统的"公司+员工"的从属关系，变成"企业+平台+个人"的三角形协作关系。工作的程序是"创意—表达—展示—订单—生产—客户"，即设计师有了创意后，可以先用设计稿或是样衣将其表达出来，然后放在公司的销售平台上展示，吸引喜欢的人去下单，拿到订单后再由企业负责生产，最后送交到消费者手中。这样，设计师与企业之间就变成了一种协作关系，借助于网络平台进行运作，销售的利润按比例分成。有能力的设计师可以同时签约几个企业，企业也无须为设计师的培养和卖不出去的设计买单。可以预言，今后的服装企业一定是精准化和定制化的小批量生产。随着设计师雇佣时代的结束，设计师必须主动思考和解决问题，并竭力发挥自己的特长为社会和他人创造价值。同时，服装品牌的影响力和号召力也会被动摇，将会出现设计师的"核心粉丝"竞争，企业的话语权开始裂变，普通消费者开始具有决策权。服装企业将会真正地按照消费者需求进行生产，或者是根据消费情形再生产。

（二）服装设计师

1. 设计师与设计工作

作为服装设计师，对自己要有一个清醒的认知，就是设计师并不是艺术家，绝不可以恣意妄为、我行我素。设计师的职责所在，就是设计畅销的服装产品，为企业创造利润，从而实现自己的价值。尽管在服装院校的教学或是服装设计大赛中，都十分注重设计师的个性表现和服装作品的创意表达，但在服装企业，设计必须创造价值。设计工作的性质、目的、状态等都已经发生变化，设计工作的内容和形式也就完全不同了。

在服装企业，设计师的身份首先是一名员工，是员工就要服从公司的管理，遵守公司的规章制度，也包括要服从于品牌定位的产品风格。设计师的创造才华，是在既定的品牌风格定位的框架内，提升其品质和设计特色。倘若设计师发现自己的设计主张和创作思想与品牌格格不入，解决问题的方法只有三种：一是改变企业，与企业主管协商，允许按照自己的想法进行试探性的产品生产和销售；二是改变自己，根据企业的需要调整自己的设计理念，服从企业发展的大局；三是另觅他处，再次寻找适合自己发展的企业或是自己创业。

当然，在服装企业，设计师工作也的确具有一些不同于一般员工的特殊性。这种特殊性在于，设计师不可能整天坐在设计室里闭门造车。因为，服装产品并不是可以简单复制的一成不变的产品，要随着时代的发展常变常新，才能满足消费者的需求。怎样变化和如何创新，又取决于设计师具有怎样的眼界和思考方式。设计师若想设计出适销对路的服装产品，就需要去做大量的收集信息、走访市场、联系面料厂商并参与产品企划、产品订货会等前期工作，成为一个闲不住的特殊人物。在设计师的内心深处，又肩负了企业发展的巨大责任和压力。

由此可见，胜任设计师这一职业的人，一定是热爱这一职业，并具有一定专业能力、肯吃苦、爱学习和有责任心的人。设计师在学校期间，就要掌握好款式设计、结构设计和工艺设计等基本技能；

来到企业之后，还要通过自学或是培训，补足相关业务知识，如面料资讯、营销方式、品牌运作、跟单管理等。与此同时，设计师还要逐渐培养四种综合能力：①学会学习的能力。能够最迅速、最有效地获取信息、处理信息和运用信息。②学会做事的能力。懂得处理人际关系和解决矛盾，具有敢于承担风险的精神。③学会共处的能力。善于在合作中竞争，在竞争中合作。④学会发展的能力。可以适应环境以求生存，改造环境以求发展。因此，服装院校的毕业生到企业工作，都先从助理设计师做起是有其道理的。

2. 设计师的工作职责

在大型服装企业，服装设计师一般有设计总监或首席设计师（为整个企业把关定向）、设计主管（为某一品牌的发展掌舵）、设计师（负责组织新产品的研发）和助理设计师（协助设计师工作，提供产品设计样稿）等不同职位。设计总监或首席设计师大多由具有10年以上设计工作经验的设计师担任；设计主管要具有5年以上产品设计或营销工作经验；设计师一般由2～3年以上设计工作经验的助理设计师担任；助理设计师也要由本科或专科服装与服饰设计专业毕业生担任。在中小型服装企业，服装设计师的分工一般没有这样细化，应届毕业生可以直接被聘任为设计师，但设计主管一定要由具有3年以上设计或营销工作经验的人担任。

不管是哪种职位的服装设计师，其工作职责内容主要有以下八个方面。

（1）借助各种媒体和参加博览会收集时尚流行信息，包括时装发布会、服装博览会、服装流行色会议、服装论坛等。

（2）有针对性地进行区域市场调查、商场调查、专卖店调查、目标品牌调查、目标消费群调查，并提交图文并茂的市场调查报告。

（3）有计划地联系相关面料经销商，参加面料辅料展会，收集流行面料色卡、辅料样品，熟悉和掌握面料成分、价格、供货时间和批量等信息。

（4）结合市场调查结果和流行信息，与企划部门共同商定产品开发主题，制订产品企划方案，

确定设计师个人负责项目的产品开发时间表和计划书。

（5）根据产品企划方案明确设计任务，设计构想下一季度服装款式，并确定面料和辅料，接受设计总监（设计主管）的总体调控和修改建议。

（6）与打版师、样衣工交流设计想法，沟通解决技术难题，把控样衣版型、工艺效果和样衣质量，对样衣制作提出修改意见，完善样衣制作效果。

（7）在服装产品订货会上，向订货商介绍样衣的设计主题及设计思路，虚心接受订货商的提问和建议。

（8）根据服装产品订货会收集的建议，进一步调整、修改和完善样衣，为产品批量生产提供准确的技术数据，填报各种相关数据表格，以便统计数据和存档。

3. 设计师的职业化

随着我国服装产业的快速发展，服装设计师的职业化已经形成，它标志着由服装院校培养的设计师已经与服装企业并轨并形成了合力。设计师业已成为服装企业品牌建设的有生力量，在服装企业的发展中发挥着不可或缺的巨大作用。

（1）服装设计师职业化。服装设计师职业化是指这一职业工作状态的标准化、规范化和制度化，具体包括职业化素养、职业化行为和职业化技能三部分内容。职业化素养，是职业化最根本的内容，包含了设计师的职业道德、职业意识和职业心态等；职业化行为，是职业化的显著标志，包含了设计师的职业操守、职业观念和职业规范等；职业化技能，是胜任这一职业的专业技术要求，包含了设计师的职业技术、职业标准和职业能力等。

职业化的核心就是要求设计师具有职业操守，爱岗敬业，时时处处能以企业大局为重，能按照行业标准和企业文化进行自我管理、自我约束，不因个人情感影响工作，把工作当作自己的事情来做，以高度的责任感对待工作。在服装企业，设计师就是一个职业人，自身要具备较强的专业知识、技能和素质，能够通过为社会创造物质财富和精神财富

而获得合理的报酬，在满足自我精神需求和物质需求的同时，实现自我价值的最大化。

（2）职业化的发展进程。我国服装设计师职业化的进程，并非是一蹴而就的。在改革开放之初，设计师与企业是分离的，设计师都不愿意到企业去工作，即便是去了也难以得到企业应给予的重视。设计师与企业的密切合作起始于1996年，杉杉公司以每人年薪100万元聘请张肇达、王新元担任设计师，这一举措在服装行业一石掀起千层浪。随后，雅戈尔、七匹狼等众多服装企业纷纷效仿，一大批设计师也快速加盟，1996年和1997年成了设计师与企业的签约年。但随之又不断传出设计师快速离开的消息，两三年以后，能坚持与企业长期合作的设计师已是凤毛麟角。

当时，导致设计师离开企业的原因主要有三点：一是高薪。设计师年薪过百万，就是在今天也是一个很高的数目，更何况又是在20多年前。因此难免会让企业的其他员工出现心理不平衡，进而百般挑剔，让设计师的自尊很受伤害。二是放不下架子。当时的设计师大多将自己定位为艺术家，强调艺术多于技术，十分注重自己的个性，这样就很难与企业同舟共济、步调一致。三是市场不成熟。服装市场的不成熟、不健全和不规范，为设计师设计的产品销售带来阻碍，难免会出现产品滞销的现象。形成这样结果的原因是多方面的，却常常需要设计师个人承担责任，因此会让设计师感到委屈。尽管设计师与企业的这次密切合作，大多以失败告终，但通过这次设计师与企业零距离的接触和磨合，促使设计师与企业双方都进行了深刻的反思，并提高了认识，极大地促进了我国服装设计师职业化发展的进程。

（3）职业化更需要坚守。当初服装企业高薪聘请设计师，多是出于感性，表明了企业对设计师的渴盼心情，而设计师进入职业化时代之后，无论是企业还是设计师，都会更加理性地思考问题。高薪是设计师的期盼，但也是一把双刃剑，高薪也意味着高付出、高压力和高风险。职业化后的设计师薪金大多是公平的、合理的和透明的。就目前状态而言，刚毕业的大学生实习期间月薪一般在2000～3000元；一年之后转为助理设计师月薪会在4000元左右；到了3年以上，转为可以独当一面的设计师，薪金一般会增加到1万元左右，外加年底红包；倘若积累了5年以上工作经验，并能操控某一品牌产品企划与设计管理，成为企业的技术骨干，薪金则会成倍增长。当然，全国各地的工资标准并不均衡，但设计师职业由于具有一定的技术含量，同等条件下工资待遇大都会高于一般员工。由此可见，职业化之后的设计师待遇，已经变得更加理性，更需要设计师对职业的热爱和坚守。

在现代服装企业，服装设计师这一岗位，既是企业品牌运作的龙头，也是专业技术人才培养的摇篮。经过几年服装设计工作的实践和锻炼，有些人成长为能够独当一面的设计主管或设计师，承担一个品牌或是某一品类产品的研发任务；有些人成长为业务主管，负责企业某一部门或是某一方面的运作和管理。还有很多相关的职位可供选择，如企划师、打版师、产品陈列师、橱窗陈列师、销售主管、买手、跟单等，这些岗位都需要具备一定的设计知识和能力，也同样可以成就事业，实现理想。

关键词：服装　衣服　成衣　款式　造型　功能　B2C

服装： 是人们衣着装束的总称。服装是一个较大的概念，它不仅包括了上装和下装、内衣和外衣，还包括了鞋、帽、包、手套、袜子等可以随身佩戴和携带的服饰品。狭义的服装概念，常常不包括服饰品，与衣服同义。

衣服： 是指附着人体的遮蔽物。衣服的概念要比服装小，它不包括任何服饰品，仅指上装和下装，如内衣、衬衣、马甲、风衣、大衣、裙子、裤子等。

成衣： 是指按服装行业标准，批量生产的服装。有别于单件手工制作的服装。

款式： 是指格式、样式。服装款式，是指构成一件服装形象特征的具体组合形式。

造型： 是指占有一定空间的、立体的物体形象，或是创造立体形象的过程。有动词和名词两种词性，作为动词是指创造的过程，作为名词是指创造的结果。

功能： 是指服装的效能。服装的功能，主要有遮羞保暖、防风挡雨等实用功能；修饰、美化等审美功能；表明身份、地位、职业等社会功能。

B2C： 是商家对客户（或用户、消费者），是指企业借助于网络直接面向消费者销售产品和提供服务。其中的"B"是英文business（商家）的首字母；"C"是consumer（客户）的首字母；"2"要按英文发音，代表"to"。因此，要按照英文的读音"B-to-C"来阅读。

课题一
设计思维能力

思维，是服装设计创造活动的核心和根本，是服装设计行为的内在驱动力。思维是每个人与生俱来的一种基本能力，但并不是具备了一般的思维能力，就能够胜任服装设计工作。设计师就应该独具一双"慧眼"，具备一些普通人所不具备的特殊思维能力，才能创造出超出常人想象的设计佳作。

一、设计思维的特征

思维，心理学的解释是，人脑对客观事物的间接、概括的反映，是人的认识过程的高级阶段。

心理学的解释有些晦涩难懂，但若慢慢地品味，也能知晓其中的一些道理。对客观事物的"间接反映"，是指人凭借已有的知识、经验或其他媒介，间接地推知事物过去的进程，认识事物现实的本质，预知事物未来的发展。如通过一个人的衣着装扮，可以大体判断出她的职业、性格以及经济状况；看到天空乌云密布，便能预知天要下雨了等。对客观事物的"概括反映"，就是把同一类事物共同的本质特征或事物之间规律性的联系，抽取出来加以概括，以求解决所遇到的问题。一般来说，人们思维大多是为了解决问题，问题解决是思维的目标状态。因此，有的心理学家曾把"思维"定义为解决问题。

思维之所以能够解决问题，是由于思维是人的心理行为，可以摆脱客观事物的束缚，能够超越时间和空间的限制，不但可以了解现在是什么，还可以推测过去是什么，预知将来是什么。

思维的基本构成形式分为两类：抽象思维和形象思维。①抽象思维，是指运用概念进行判断和推理的思维形式。概念，是对事物本质属性的反映，是在感觉和知觉基础上产生的对事物的概括性认识。这是《中国大百科全书》（心理学卷）对概念的注释，也可以理解为，把所感知的事物的共同本质特点抽象出来加以概括，就成为概念。概念具体的表现就是语言文字当中的词汇、数字等，只要知道了这些词汇指称的事物，就能明白这些概念的含义。概念又分具象和抽象两类，如山、水、服装、飞机等是具象的概念，动、静、思想、学习等是抽象的概念。抽象思维是人们日常生活中运用最多的思维方式，如想到学习，大脑就会出现上课、教室、老师、同学等概念，并由这些概念联想到其他的概念，构成思维的意识流。②形象思维，是指运用形象进行判断和推理的思维形式。形象是形象思维的基础，通常是由眼睛所看到的或是大脑里浮现的事物形象（清晰的、模糊的或是稍纵即逝的）引发的，联想到其他相关的事物形象，构成思维的意象流。

抽象思维和形象思维，是每个人都具备的两种思维形式。科学研究表明：人的左脑和右脑在处理信息时各有分工。左脑主要处理文字、数据等抽象信息，具有理解、分析、判断等抽象思维功能，有理性和逻辑性强的特点，所以被称为"文字脑""理性脑"；右脑主要处理声音、图像等具体信息，具有想象、创意、灵感等形象思维功能，有感性和直观的特点，所以被称为"图像脑""感性脑"。（见图1-1）

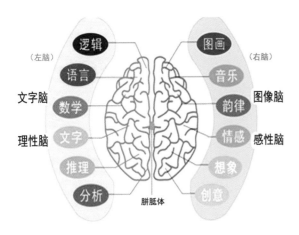

图1-1　左脑和右脑的不同思维功能图解

人们在日常生活中用得最多的是左脑，左脑具有语言功能，擅长逻辑推理，主要储存人出生以后所获取的信息；右脑具有形象思维能力，但不具有语言功能。右脑的信息来源：一是人出生后凭直观感受直接摄取的；二是经过左脑反复强化的信息转存的。生活中的普通人，使用左脑的频率远远大于右脑，一般只有在左脑的兴奋镇静下来后，右脑才有表现的机会。

右脑是通过图像进行思考的半球，即形象思维，侧重于处理随意的、想象的、直觉的以及多感观的影像。右脑不仅能够将语言变成图像，还能把数字变成图像，把气味变成图像。右脑能将所看到、听到和想到的事物，全部转化为图像进行思考和记忆。当右脑分析一个"鱼"的词汇时，会自动在右脑的影像库中搜寻关于"鱼"的形象，然后将"鱼"这个词与它的形象、感觉、状态关联在一起。在分析一句话，如"鱼儿在水中游"时头脑中就会映现出一条鱼儿在鱼缸里或是在河流中欢快游动的图像。

人的思维尽管分为抽象思维和形象思维两种不同的形式，但在思维进行中，抽象思维和形象思维并非是机械分开的，而是相辅相成、相互补充的。通常是以一种形式为主、另一种形式为辅的状态进行着，也常常有两种形式瞬时变换、交替进行，或是同时发挥作用的状况出现。

服装设计思维与普通人思维的不同，主要体现在形象性、创造性和意向性三个方面。

（一）设计思维的形象性

形象性，是指服装设计思维需要借助于形象进行思考。形象，是服装设计构思最基本的表现语言，随手勾画出的再简略的服装草图，也要比运用文字语言描述的服装样式更加直观和准确。这些形象包括：点、线、面等形态的构成形式，面料、款式、色彩、肌理、图案等内容的构成状态，服装部件、服饰整体、人体与服装等体态的构成关系，所采用的缝制工艺、装饰手段、面料再造等技术的手法及效果等。也就是说，服装设计思维是一种以形象思维为主的思维形式，不仅思维构想的内容是与服装构成相关的形象，就是设计灵感也大多来源于生活中形形色色事物形象的启迪。（见图1-2）

图1-2　来源于生活中植物形象的设计灵感

国内设计师大多采用一边构思、一边勾画草图的思维方式，其优点在于灵活、简便，可以在翻阅图书资料的同时，及时捕捉和记录自己的所思所想；西方设计师通常采用一边构思、一边在人台披挂面料的思维方式，其优点在于直观、准确，可以通过真实的面料感觉和立体的衣着状态，直接感受服装形象的变化效果。这两种设计构思方式，目前已经成为人们的共识，被全世界的设计师所接受并被普遍运用（见图1-3）。这样的设计构思方式之所以行之有效，是因为形象思维中的形象在大脑当中浮现的状态并不稳定，具有飘忽不定、稍纵即逝的特点。因此，设计师需要相关形象的不断刺激和诱发，才能促使自己的形象思维保持稳定性和连续性。只有时时看着形象、想着形象，才会紧紧地捕捉到大脑中的形象，使其不断浮现而避免其他因素干扰自己的设计构思。当然，也不排除一些设计经验丰富的设计师，既不看资料也不使用人台，就能进入自由畅想的设计思维状态之中，仅凭大脑的想象也能成竹在胸。

图1-3　勾画草图和人台披挂是设计构思的两种基本方式

尽管设计思维有其特殊性，但设计师也与普通人一样，需要有一个相对安静的环境和一种平和的心态，外加一定的压力（来自外界或是自己施加的压力）才能集中自己的注意力，大脑中出现的服装形象才能保持清晰和稳定，才有可能进行更加细致的思考。服装形象在大脑中的稳定，并非是形象的永久停留，而是指所构想的服装形象经常可以浮现在大脑当中的状态。倘若大脑中总是空空如也，或是出现的服装形象稍纵即逝，就说明自己还没有进入设计思维状态之中。

（二）设计思维的创造性

创造性，是指服装设计思维必须具有创造的特质。创造是服装设计的本质，如果设计师大脑中出现的服装形象只是生活中已有服装的再现，这样的思维结果也就失去了设计思维的初衷和意义。在设计构思过程中，设计师大脑当中出现的形象要时

时伴随着具有创造性的思考，要按照设计师自己的主观意愿对形象进行变形、转化、分解、重组、衍生等方面的改变。按照"眼前没有完美，完美永远是下一个"的设计理念，进行各种可能性的变化尝试，构想各种变化后的结果，直到找到令自己满意的答案。这样的创造努力和思考，常常要伴随设计构思的始终和涉及形象的方方面面，如形态、状态、构成形式、表现方式、技术手段等方面的变化构想。（见图1-4）

图1-4　服装各种可能性的变化构想和创造尝试

然而，服装设计的创造与其他艺术形式的创造活动又存在本质区别，这个"本质区别"主要有三个方面：①服装设计的创造离不开服装的功能。服装从它诞生之日起，就被赋予了为人御寒保暖、遮风挡雨的基本功能，这也是服装的本质属性。倘若服装失去了它的基本功能属性，也就不能称之为"服装"了。即便是用于T台展示的服装设计作品，也同样不能忽视功能的存在，区别只是在于功能含量的或多或少而已。②服装设计的创造离不开人体这个衣着主体。服装是为人的穿着服务的，服装的构成形式和状态倘若不适合人去穿，而只能是挂在墙上或是放在地上，也就不能成为真正意义的服装了。因此，人永远是服装的穿着主体，服装创造不能忽视服装与人体相互依存的密切关系（见图1-5）。③服装设计的创造离不开服装制作技术。服装设计是创造"物品"的过程，服装不是"画"出来的，而是用材料"做"出来的。这就如同建筑图纸永远不能等同于建筑物一样，服装画也不是真正的服装。真正意义的服装离不开制作它的材料，

也离不开把材料变成服装的制作技术。因此，服装设计创造无论如何发展，都离不开功能、人体穿着和制作技术等方面的限制。

图1-5 服装设计创造离不开人体这个衣着主体

人们常把设计师的创造比作"戴着枷锁跳舞"，服装设计的创造也不例外。"枷锁"是指限制，"跳舞"是指创造。设计创造的确存在很多外在因素的限制，但对设计师来说，设计创造的最大障碍不是来自外部，而是来自自己的内心，常常是自己在限制自己。如在设计构思开始时，有人常常是先勾画服装的外形，再去构想衣领什么样、门襟什么样等。这样的思维肯定不会具有创造性，因为随手勾画的服装外形是对已有服装的概念化认知，先把它们确定下来就等于画地为牢，只能在划定的条框里面打转转。正确的思路是：先找到一个思维构想的切入点，就如同埋下一粒思维构想的种子，然后让构想逐渐变化发展，经过一个生根、发芽、开花、结果的过程，最后才去决定适合做什么款式，或是既像上衣又像裙子的新样式，或是什么都不像的新样式。创造的结果就应该是未知的，如果一切都是已知的，离创造就会越来越远。

（三）设计思维的意向性

意向性，是指服装设计思维要按照意图不断地调整和把控方向。服装设计构想是一种较为特殊的思维状态，进入这种设计思维状态之中，大脑里满满的都是与服装设计相关的信息，即便是睡觉，梦到的也是服装设计的各种可能和各种设想。若想尽快地进入和长久地保持这样的设计思维状态，一般要有三个条件：一是在自己的主观意愿上，要有"我要设计"的创作欲望和冲动，并要具有一定的紧迫感和压力；二是要努力排除各种干扰，不断地屏蔽各种与设计无关的信息，修正自己的思维方向；三是大量接受与设计相关图片信息的刺激，让图片或是勾画的草图时刻提醒自己进行有意识的思考。

如果设计师已经进入设计思维状态之中，就能感到此时此刻比平时更有效率。这是因为，人的大脑正处在创作激情的亢奋当中，大脑机能得到了充分优化，对设计是否有用的信息识别会变得格外敏感，无关的信息就会被排斥。此时，见到什么事物或接触到什么信息，都能自觉地与自己的设计构思进行联想，进而对信息进行搜索、取舍、变化和加工，努力探索能被利用的可能性。（见图1-6）

图1-6 "手"的形象和抓握状态被利用到设计构想当中

然而，进入设计思维的状态，也并不等于一下子就能找到设计构想的结果。凡事都有一个循序渐进的发展过程，人的思维发展也同样，越急于求成越会觉得茫然无措。当出现自己想不出来的情况时，一定不要失去信心，因为只要认真思考了，大脑就不可能空空如也。更多的情形是想出来很多，但都不够理想，最好的解决办法就是，把想法全部勾画出来。在勾画每个想法时，先不要急于否定它们的价值，也不必追求每个想法的完整，而是应该求多、求异，勾画的想法越多越好。想法越多，思维就会在勾画的过程中越深入，距离理想目标也就会越近。有一则寓言，讲的就是这个道理：一天，有个饿汉一口气吃了五张大饼，还没吃饱，接着又吃了一张，这才感到吃饱了。于是，饿汉有些后悔了，自言自语道："早知道第六张大饼就能吃饱，前面那五张就不用吃了。"饿汉的哲学，就是忽视了前五张饼的重要作用，没有前面的铺垫，就不会出现后面的成效。服装设计思维也不可能一步到位，它一定是一个不断尝试、不断探索、不断改进，甚至是不断接受失败的思维逐渐深化的过程。只有这样，才能获得一个更具创新、更有新意的设计结果。（见图1-7）

图1-8　发散思维是从一个目标出发，进行多方面思考

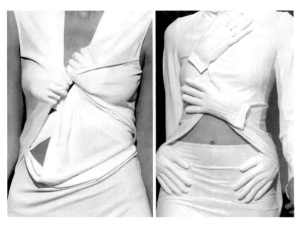

图1-7　"手"的形象和动态被进一步延伸、发展与利用

二、设计思维的形式

人们思维形式多种多样，在日常生活当中无须计较自己的思维究竟应该归属什么形式，只要能够解决生活中出现的问题，方便自己的生活，采用何种思维形式并不重要。但就设计思维而言，强调不同思维形式的作用，非常有利于在设计思维的不同阶段提高思维的效率和强化思维的效果。服装设计经常运用的思维形式有以下四种。

（一）发散思维

发散思维，就是从已经明确或被限定的某些因素出发，进行各个方向、各个角度的思考，设想出多种不同方案的思维方式。由于这一思维方式呈现散射状态，又称"多向思维"。（见图1-8）

人们平时运用最多的思维方式，通常是从生活的某一点出发，进而联想到第二点，再从第二点联想到第三点、第四点，呈现点与点相连接的曲折发展状态。思维结束的点与出发的原点之间经常会相差甚远，一般不会也没有必要去探究或是回归到原点。但发散思维的方式与人们惯常的思维形式有所不同，它要求设计师在思维构想之时，要经常回归到思维出发的原点。当第一个想法略有结果或是这一想法停顿、终止时，就要把这个想法放一放，不再去深究它。采取"打一枪，换一个方向"的做法，即时常回归到原点，调整一下思路，更换一个方向或角度重新构想。第二个想法出现后，再回到原点，构想第三个、第四个，并一直这样构想，让思维逐渐展开，从而形成了以原点为中心的思维发散状态。但这只是发散思维第一阶段，这个原点只是一级发散点。当第一阶段的各种构想竭尽所能之后，再进入发散思维第二阶段，即以其中几个具有发展价值的想法为二级发散点，运用相同的做法继续进行发散构想。由于有了第一阶段发散构想的思维积累，第二阶段的发散构想无论是效率还是效果，都会得到明显的提升。

初次运用发散思维，会感到很机械也会很不适应，但在服装设计构思的初期，最忌讳的就是思维构想"一条路走到黑"，这样很容易走进死胡同。而运用发散思维的构想形式，可以避免思维的僵化。久而久之，就能养成从事物的多个方面去思考问题的思维习惯。

运用发散思维有两个关键点：一是寻找发散点。一般是从那些被限定的因素或是预定的目标中寻找，还可以从所掌握的材料或是感兴趣的事物中发掘。如参赛主题、灵感形态、某一种状态、某一表现手法、某一结构形式、某一装饰手段、某一系结方式等，都有可能成为引发联想的发散点。二是变化思维方向。由发散点产生的想法，一定要把它随手勾画记录下来，可以潦草和不求完整，只画出一个意向即可。然后，回归原点，转换思路，去构想其他解决方案的可能性，如在形状、大小、层次、数量、功能、结构、材料、工艺等方面，都可以尝试着变化一下，以产生另外一种或是多种设想和方案。

发散思维主要用于设计构思的初期，是展开思路、发挥想象，寻求尽可能多的设计想法的有效手段。发散思维十分注重想法的数量，想法越多越好。发散思维的运用，可以按照灵活、跳跃和不求完整的原则进行。"灵活"就是要寻求变化，不钻牛角尖，不在一个思路上走到底；"跳跃"就是要寻求差异和不同，要让想法与想法之间有差异感，差异的幅度越大越好；"不求完整"就是对每个想法都不过早地予以否定，不管想法行不行，先想出来、画出来再说。

（二）聚合思维

聚合思维，就是在掌握了一定材料和信息的基础上，对其进行资源整合，朝着一个目标深入思考，以使方案更加完善的思维方式。由于这一思维方式呈现聚敛状态，又称"集中思维"。（见图1-9）

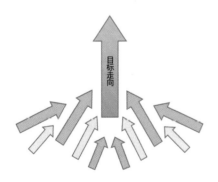

图1-9　聚合思维要整合所有资源，朝着一个目标思考

聚合思维与发散思维的思维状态恰好相反，一个注重理性，思维要求"收拢"；一个强调感性，思维要求"放开"。就服装设计思维而言，理性和感性

两者都不可或缺，但理性的出现要把握好时机，不宜过早地使用。如果在思维构想的初期，就运用理性去分析和评判，就会出现这个想法不行、那个想法不对的处处否定的判断，创作的热情就会随时熄灭。因此，在思维构想之初，一定要强调感性丢掉理性，要把思维放开，要"跟着感觉，努力抓住梦的手"。但这样构想出来的想法，毕竟是不完善的，因此就需要经过聚合思维的深入构想，通过理性的分析和判断，甚至要经过试验的验证，才能把构想做到尽善尽美。

理性的参与，主要体现在通过冷静地分析提出问题，然后去思考和解决问题。如功能是否合理、比例是否适当、穿着是否方便、面料是否合适、技术是否能实现、想法是否具有独特性等。在理性的参与和控制下，聚合思维具有很好的整合作用，可以让思维不断得到深化，并逐步趋于完善。聚合思维一方面调动了设计师存储的所有生活经历、设计经验和创造潜能；另一方面也利用了与此相关的所有知识、信息和制作技术。

运用聚合思维有两个关键点：一是否定。要以一个旁观者的视角，否定现有想法的所有方面，尤其是过去一直认为没有问题的地方，都要努力找出问题；二是否定之否定。发现问题并不是目的，目的是解决存在的问题，通过解决问题，去否定之前的否定，去完善自己的构想。聚合思维一直会被延续到服装的制作阶段，在制作阶段，同样会出现这样或那样问题，所有问题得到解决，聚合思维才会宣告结束。

聚合思维主要用于设计构思的中后期，是深入思考、完善构想，使设计尽善尽美的必要过程和手段。如果说，发散思维反映了一个人的灵性、悟性和想象力的话，聚合思维则体现了设计师的艺术造诣、审美情趣和设计经验。聚合思维的运用，可以按照否定、肯定、他人参与的原则进行。"否定"就是利用人体体态、裁剪技术、结构工艺等方面的知识去验证和改善设计；"肯定"就是不回避问题，要找到解决问题的方法或是回答问题的理由，自己要说服自己；"他人参与"就是发挥旁观者清的作用，倾听他人意见或是从他人的视角审视自己的设计构想，以便摆脱自己的思维局限。

（三）侧向思维

侧向思维，就是利用服装之外的信息，从其他领域或是其他事物中得到启示而产生新思路、新设想和新创意的思维方式。由于这一思维方式的灵感诱因并非来自服装，而是来自服装以外的事物，又称"横向思维"。（见图1-10）

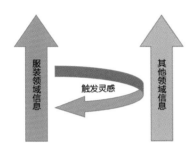

图1-10 侧向思维是从其他事物中得到启示而产生新思路

生活是艺术创作取之不尽用之不竭的灵感来源，服装设计也不例外，很多设计灵感都源于生活、源于大自然、源于设计师对生活的体验和感悟。侧向思维就是这样的思维方式，它是以来自生活的山石、植物、动物等自然形态或是器皿、建筑、雕塑等人造形态为灵感，诱发服装设计的创作意念，创造独具匠心的服装设计作品。

从宽泛的意义来讲，生活中任何美好的事物，都能给人以美好的想象和启迪，也都能转化为服装设计的形式语言，表达服装设计的思想。但就具体的创作方式而言，若想运用侧向思维进行服装创意，设计师自己首先要被生活的"美"所感动、被生活的"情"所感染，由此才能有感而发、情不自禁。有感于生活的情形大体有两种：一是直接被事物的形象或是细节所感动，很想把它用于服装设计创作。思维创意的方法是，首先要把这些形象进行陌生化处理，忽视它们现有的内容，不去管它的内容是什么，而只是注重它的外在形式，并对其进行联想和再创造。要从服装构成的需要出发，寻求事物形态利用的多种可能性。既可以对形态进行夸张变形加工处理，也可把形态打散分解重新组合。二是被事物内在的气质或精神所感染，涌现出创作的

情绪和冲动。思维创意的方法是，首先要将对事物的感受具体化、形象化，把抽象的情感借助于直观的形象去表达，如"美得像是一朵玫瑰花""纯洁得像是一个小天使"等类比运用。具体的形象也可在与事物相关的物品当中去寻找，细节当中见精神，从而以小见大，进行符号化的传情达意，如佛教故事代表佛教精神、龙凤形象代表中国传统文化、卡通形象代表天真烂漫、货币符号代表社会经济状况等。

运用侧向思维有两个关键点：一是要善于发现美。设计师要善于发现生活之美，这种美的发现，在于平时的细心观察和积累，而不是现用现学。生活之美，重在细节，重在联想，重在巧妙运用。二是要有质的改变。物就是物，服装就是服装，若想把生活当中的其他物品应用在服装上，一定要有一个再创造再加工的质的转化过程，如传统建筑是美的，但若是简单地将它安放在人的身上，就不会是创造。只有让原有的事物改变属性，且不能还原，才有可能转变为服装的形式语言，变成服装构成的组成部分。

侧向思维的运用，要按照提炼、质变、拉开距离的原则进行。"提炼"就是对原有形象进行简化处理，使其符合服装构成的需要；"质变"就是使其原有属性发生变化，转变为服装的构成元素和形式语言；"拉开距离"就是服装创意并不是某一事物的直白解释或是某些元素的简单相加，而是按照设计师情感抒发的需要、创意主题的需要、审美表现的需要，重构另一个世界，设计要源于生活而高于生活，要与生活本身拉开距离，要给观众留有想象的空间。

（四）逆向思维

逆向思维，就是按照人们习惯的思维走向进行逆向思考，从而打破思维定式的束缚，构想一些出乎人们意料的新方案的思维方式。由于这一思维与一般思维的方向恰好相反，又称"反向思维"。（见图1-11）

图1-11 逆向思维是从人们习惯的思维走向进行逆向思考

德国著名服装设计大师卡尔·拉格菲尔（Karl Lagerfeld）说过："我想要随时得到各种信息，知道所有的事情，看见所有的东西，读到所有的资料。你把这一切都综合在一起，然后完全忘记它们，用你自己的方式设计。"生活的日积月累，会使每个人形成自己独有的知识结构、生活经验和思维习惯，从而形成认知事物的固定倾向，并直接影响对问题的分析和判断，这就是通常所说的思维定式。思维定式对人们的生活具有非常重要的积极意义，它能使人凭借以往的经验和运用已掌握的方法，快速解决所遇到的新问题。但在设计构思过程中，思维定式的作用常常是消极的，思维定式的惯性经常会把人的构想不知不觉地导入陈旧的套路当中，让人总是摆脱不了已有条框的束缚。

生活中的每个人，其实都生活在一个无形的被各种限制束缚的圈子里，各种各样的不行、不允许和不可能时刻环绕在脑海里，既有外界限制，也有自我约束。现实生活中，这样的约束并非坏事，可以让人减少很多伤害，但在设计构想中，必须挣脱这样的约束，要敢于尝试一些不合常理的"坏想法"。逆向思维倡导的就是这种叛逆精神和做法，要敢于逆流而上，人们都这样想，我偏不去这样想；其他人都走大路，我偏要走小路。运用逆向思维，就要敢于质疑一切，包括服装已有的样式、状态、功能、材料、穿着方式、设计理念、审美标准等，凡是被人们认为理所当然或是习以为常的各个方面，都可以作为逆向思维的依据和线索。同时，还要以变化的眼光看待与服装有关的一切事物，服装构成中的一切都不是固定的，都是可以变化的。要多提出一些假设并进行尝试，要经常变换几种角度去思考问题。

运用逆向思维有两个关键点：一是要有反叛精神。逆向思维是勇敢者的"游戏"，既要勇于面对挑战，又要敢于面对失败。运用逆向思维，各种新奇、独特、别具一格和不落俗套的想法会被释放出来，新想法的数量肯定会增加，但质量也一定会下降，如果不去坚持和完善自己的想法，就很容易导致失败。二是要能自圆其说。要努力解决所遇到的所有问题，要为自己的创新创意找到令人信服的证据，要用事实来证明自己的想法同样是可行的。在有些方面，也可适当地吸纳常规元素、常规构成方式的优点，对创意进行改进和完善，以使服装具有更加宽泛的适应性。

逆向思维的运用，要按照新奇、合理、重建秩序的原则进行。"新奇"就是想法一定要具备新鲜感，要见人所未见，思人所未思，想法一定要有创造的价值，不能是为了创新而创新；"合理"就是要把想法落在实处，内容要丰富，要使服装各个部分的存在都具有合理性或是具有关联性；"重建秩序"就是要颠覆一个旧世界，还要建设一个新世界。要创建全新世界的新形式、新秩序和新面貌。

三、设计思维的能力

设计思维能力，并不是单一的某一种能力，而几乎涵盖了与人的智力相关的各种能力，是多种能力的有机结合共同发挥作用的一种综合能力。人的设计思维能力和水平，与平时的观察力、联想力、想象力和创造力的关系最为密切。

（一）观察力

观察力，是一种有意识、有目的、有计划的知觉能力。它是在一般的知觉能力基础上，根据一定的目的观察和研究某一事物的外在特征、内在本质及其构成规律的能力。

法国艺术大师罗丹（Auguste Rodin）说过："所谓大师，就是这样的人：他们用自己的眼睛去看别人见过的东西，在别人司空见惯的东西上能够发现出美来。"任何思维创造活动，都是从观察开始的。观察是智力活动的大门，是开启思维的钥匙。观察，是每个人都具备的基本能力，但又不是每个人都能做到像艺术家一样去观察生活。因为，普通人的观察，大都仅仅限于"观看"，而艺术家的观察，则是既要"观看"，还要"洞察"，要在观察中寻找到对自己的艺术创作有所帮助的内容，也就是要在生活当中"发现出美来"。（见图1-12）

图 1-13　设计师的观察注重的是事物的细节，目的在于应用

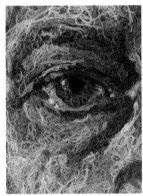

图 1-12　既要观看还要洞察，要在观察生活中发现出美来

艺术家或是设计师的观察与普通人的观察，的确存在很多不同。一是观察的对象不同。设计师关注的对象主要有四个方面：①美的事物。自然形态的美、人造物态的美、艺术作品的美。②新的事物。新鲜独特的形式、新潮时尚的方式、新颖别致的行为等。③有文化底蕴的事物。传统老物件、陈旧老房子、民间手工艺等。④能触动内心情感的事物。一山一水、一草一木、一砖一石、一缕阳光、一滴海水、一个眼神等。二是观察的方式不同。设计师观察的重点主要是事物的细节，也称"细节观察"。不仅要观察，还常常需要进行记录和积累，要么用画笔写生，要么用相机或手机拍照。三是观察的目的不同。设计师观察生活带有很强的目的性，是为了积累设计创作的素材。细节观察，是为了发现构成事物美感的本真所在，也是为了捕捉能够表现事物美感的形象特征。就是说，设计师在观察事物细节的同时，也在思考这一形象具有怎样的意义，能传达什么样的情感内涵，以及如何将其转化为服装设计语言应用到自己的设计当中。（见图1-13）

人的观察力的形成，有先天因素，但主要在于平时的自我培养。自我培养的本源来自三个方面：

一是对服装设计的浓厚兴趣。人的观察与兴趣密切相关，对什么东西感兴趣就会格外地关注什么，大脑也会一直处于警觉状态，与兴趣有关的事物一旦进入视野，就会引发神经细胞的兴奋，引起有意注意。只要保持对服装设计的兴趣，并具备一种好奇心，久而久之就会形成一种职业敏感。二是他人的创作经验。要向有经验的设计师学习，既要收集大量的优秀的服装设计作品，还要深入研究这些设计作品，努力还原和解析他们的设计心路历程，学会他们的观察方式和如何将观察应用于设计的经验，可以少走很多弯路。三是专业学习和训练。专业学习的过程是一个设计经验的快速积累过程，通过不断地学习和实践，观察力也会得到迅速提升。

（二）联想力

联想力，是人脑中的记忆表象之间迅速建立起联系的能力。联想，是由某人或某种事物而想起其他相关的人或事物，由某一概念而想到其他相关概念的思想过程。

联想，是每个人都具有的基本能力，否则就难以进行日常的思维活动。生活中的联想，基本分为自由联想和限制联想两种形式：①自由联想。是一种缺少主观意识控制和约束的联想形式，所想到的事物常常是自由放任并时常变化方向的。②限制联想。是一种有目的、有意向，并在主观意识控制之下进行的联想形式，是一种有意识的、自觉的心理行为。意识与无意识理论，源于奥地利精神分析

学家弗洛伊德（Sigmund Freud）的精神分析学说，他把人的心理分为意识与潜意识两个层面。这两个层面就像一座冰山，浮在水面上的是意识，潜在水下的是潜意识。潜意识的上面与意识相连的部分叫前意识。在这三个层级中，意识，是同外界接触所能直接觉知到的心理部分；前意识，是潜意识中经过努力即可变成意识的经验；潜意识，是被压抑的无从知觉的本能和欲望。（见图1-14）

图1-14 源自弗洛伊德的意识与潜意识"冰山假说"模型

根据"冰山假说"理论，人的意识与潜意识的比例约为1∶9，意识运用的信息，只是每个人拥有信息的很小部分，并多被社会法规、伦理道德等所束缚；潜意识蕴含的信息，较为庞大也更具创造的潜能，但常常缺少社会规范。其中，潜意识浅层中的前意识，更接近生活规范，蕴含的信息常常最具被利用的潜质，需要倍加关注和深入发掘；潜意识深层由于过于接近人的本能和欲望，蕴含的信息的应用价值大多偏低，需要对其选择利用。如果在服装设计构想之时，让人放任地进行自由联想，大多会出现两种结果：一是被局限在常规的意识里面打转，产生一些惯常无奇的联想；二是在潜意识当中放任自流，如梦境般自由联想，想法常常缺少应用的价值。因此，设计师就需要在自己的大脑当中设置一个"交通警察"，对联想进行有目的的调控和引导，让自己的意识和潜意识共同发挥效用，以提高联想的数量和质量。同时，还需要掌握联想的一般规律，才能使联想更具效率。

目前，人们将联想细分为接近联想、类似联想、对比联想和因果联想四种。①接近联想，是指由某一事物或现象想到与它相似的其他事物或现象，进而产生某种新设想。如由尖角状的玻璃、树叶及图案，联想到尖角状的衣领或是服装其他部分的形态。②类似联想，是指根据事物之间在空间或时间上的彼此接近进行联想，进而产生某种新设想的思维方式。如由人的负重姿态，联想到鞋跟的承重状态（见图1-15）。③对比联想，是指对性质或特点相反的事物产生的联想。如由沙漠想到森林、由黑暗想到光明、由沉重想到轻松等。④因果联想，是指在逻辑上有因果关系的事物产生的联想。如看到衣服湿了，联想到是否下过雨；看到裤子破损了，联想到穿裤子的人刚刚跌倒过等。

图1-15 事物之间在空间或时间上的彼此接近进行类似联想

有意识地进行限制联想，对提高联想效率大有益处。高效率联想的标志是使用时间较短、联想到的事物数量较多；高质量联想的标志是想法各不相同、大多具有可行性。因此，作为设计师，在思考和解决问题时，就要努力摆脱思维定式的约束，有意识地释放和发掘自己大脑当中的潜意识，做出不同视角、不同内容、不同形式的联想，强化和提升自己的联想力，这对服装设计具有非常重要的意义。

（三）想象力

想象力，是人脑对已有表象进行整合、加工和改造的能力，是思维的一种特殊形式。想象，之所以特殊，是因为它并非像联想那样只是想到已知的事物，而是能够构想和创造出未曾知觉过的甚至是未曾存在过的事物形象，是一种创造新事物、产生新形象的心理过程。

德国哲学家康德（Immanuel Kant）说过："想象力作为一种创造性的认识能力，是一种强大的创造力量，它能从实际自然所提供的材料中，创造出第二个自然。"人们借助于想象，可以如临其境般地把别人讲述的或是文学作品中的故事浮现在眼前；还可以把某些事物的发展或是自己的未来，按照自己的主观愿望和美好理想去描绘。人的想象，可以不受时间、地点和空间的限制，不受客观事实是否存在的限制，不受人类现实能力是否能够实现的限制；可以上天入地、天马行空、自由翱翔。心有多大，想象的世界就有多大。

想象力，也是每个人都具有的基本能力。想象力的存在，会使人们的生活变得更加丰富多彩，但并不是所有的想象，都能够成为有价值的想象。想象基本分为无意想象和有意想象两类。无意想象，是指无特殊目的、不自觉的想象，如走神、做梦、精神病人的胡思乱想等；有意想象，是指有目的性和自觉性的想象。有意想象才是有助于人们创造活动的想象方式，这样的想象又与三个因素密切相关：一是生活积累。想象是人对自己头脑中已有的记忆表象进行加工改造而生成的，它的源头是大脑储存的记忆表象，而人的记忆又离不开生活的积累。因此，一个人如果缺少了生活的积累，想象力也就成为无源之水、无本之木。二是想象诱因。人们常说"日有所思，夜有所梦"，想象需要一个起点，也就是需要有个诱因，起到引发和诱导作用。三是主观意愿。有意想象中的"意"，就是人的潜在的主观意愿，起到想象的推波助澜和调控导引的作用。

设计师若想将自己的想象力付诸设计创作，需要具备三个基本条件：一是要积累丰富的知识和形象，要拥有一定的设计经验，这是想象立足的基础；二是要具有好奇心和打破常规的冒险精神，要敢想敢为敢于挑战权威（见图1-16）；三是要善于捕捉有创意的念头，能够及时地对其加工改造，使之能够具体落实并变成有价值的成果。

图1-16　设计师的想象要持有好奇心和打破常规的冒险精神

目前，人们总结出想象有联想式、顺承式、逆向式、补充式、扩展式和借义式六种方式。①联想式。就是由正在感知的某一事物而回忆起有关的另一事物，或是由想起的某一事物而又联想起有关的另一事物，然后再把两者相加，创造出另外一个新事物的想象方式。②顺承式。就是运用想法的发展趋向，顺应着想法的意向对各种可能出现的结果进行判断的想象方式。通过判断可以提前预知结果，并构想改进方案。③逆向式。就是运用想法的发展趋向，进行逆向思考（反着想），从而对各种结果和各种可能进行判断的想象方式。通过逆向判断，或许可以想到更好的设计方案，或许可以验证原有想法的正确性。④补充式。就是将现有的想法再加完善、再加发掘、再加入更多的功能和内容的想象方式。⑤扩展式。就是将现有的想法再加拓宽、再向外延展、再加入更多的情境和意义的想象方式。⑥借义式。就是进入想法的深层，发掘其内在蕴涵，使形与景同叠、让景与情相融，进而创造出另一种新形象的想象方式。

就想象的灵活性和自由性而言，儿童的想象力往往要强于成年人，这是由于儿童的想象很少受到外界束缚所致。如果成年人能够经常有意识地摆脱思维定式和理性的约束，想象的灵活度、自由度则会大大超过儿童，原因在于成年人拥有儿童所不具备的生活经验和阅历的优势。作为设计师，就更应该不断地解放自己的思想，把一切熟悉的、已知的、自然的或是人造的形象随意调度，不管是移花接木也好，偷梁换柱也罢，利用变形、夸张、黏合等手段打破常规，化腐朽为神奇，变有限为无限，使无形变有形，从而情景交融，借物抒情，创造丰富多彩的服装形象。（见图1-17）

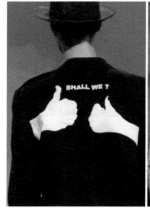

图1-17　两手相对替代交流和两手交握替代扣子的偷梁换柱设计想象

（四）创造力

创造力，是指运用一切已有信息，创造出某种新颖、独特、具有社会或是具有个人价值的产品（作品）的能力。它是一种心理现象，是人脑对客观现实的一种特定反映方式。

从创造力的概念可以得知，创造具有两个基本特征：一是要有新颖性和独特性。人类的创造活动，可以涉及生活的各个方面，如产生一个新想法、新观点、新观念等，或是创造一种新形态、新产品、新工具、新方法、新理论、新模式等。这些新的事物，只要具有新颖性和独特性，也就具有了创造性质。因此，新颖性和独特性，就成为区别创造和非创造的一个显著标志。二是要有价值。任何一项创造或是创作，要在其相关领域内是适宜的或是适用的，要对社会或是个人具有价值意义。缺少了价值，创造就会失去意义，也就不会被人所接受。

美国心理学家泰勒（K.Taylor）根据创造的内容和复杂程度，将创造分为由低到高共五个层次。①即兴式创造，具有即兴而发，因境而生，随性而为等特点。如胡思乱想、胡涂乱抹、胡编乱造等，都不具有适用价值，但却是各种创造想象的基础。②技术式创造，具有技术性、实用性、精

密性等特点。能够解决实际问题，生产完善的产品。如各种产品的设计等。③发明式创造，具有用新眼光看待旧问题，创造的产品具有创新性和社会应用价值等特点。如电灯、电话、电脑的发明等。④革新式创造，具有能发现已有理论、原理、概念背后真理的特点。能对现有理论、产品、观念等赋予新的内容和意义。如设计的解构主义主张、艺术与科技融合的现代装置艺术等。⑤深奥的创造，是最高境界的创造，只有少数专家才能完成。需要处理各种复杂的信息资料，并要形成全新的原理或学说，如量子论、相对论的发现等。

从以上理论可以得知，服装设计属于一种技术式创造活动，只要具有创新意义，能为社会提供解决实际问题的尽善尽美的产品即可。具有原创意蕴的设计是发明式的创造活动，可以用新眼光对待旧问题，但要具备一定的发明性质，要有一定的技术突破并要产生广泛的社会影响，对人们有启迪作用（见图1-18）。在设计理念上具有全新的设计主张，则属于革新式创造活动，如解构主义设计思潮，不仅颠覆了服装设计的传统理念，也影响了建筑、文学、电影等诸多领域。三种不同的创造活动，呈现由低向高的发展态势，创造的难度逐渐上升，对设计师的要求也随之加大。

图1-18　原创设计要具备一定的发明性质，要对人们有启迪作用

服装设计创造，首先，需要倾注自己的情感，没有情感的动力，想象的双翼就无法伸展。强烈的创作激情犹如热能，可以让想象中的事物按照情感

的需要演化成各种形态。其次，要学会化无形为有形，即把抽象的概念或无形的情感转化为具体可感的形象。形象经过转化，已经不再是纯客观的事物，已经升华为应用于设计创作的各种原材料。最后，设计师要努力将头脑中储存的所有形象打散打乱，提取其中有用的部分进行改造、加工和重组，赋予它们一种"有意味的形式"，最终创造出一个或是多个全新的服装形象。（见图1-19）

图1-19　设计师要将所有表象重组，赋予它们一种"有意味的形式"

心理学家克尼洛（Kneller）对富于创造性的人进行了分析，提出创造性人格包括12个特征：①智力属于中等。并不一定超常。②观察力。对周围事物的感受很敏锐，能发现常人所不注意的现象。③流畅性。思路通畅，新观念、新思想不断出现。④变通性。能一叶知秋、举一反三、机智应变。⑤独创性。常常发表超出常人的见解，能用特异方法解决问题、用新奇的方式处理事件，成果别具一格。⑥精致。凡提出设想，就力求实现，经常深思熟虑，争取精益求精。⑦怀疑。对世事持怀疑态度，能超脱世俗。⑧持久性。不怕困难，坚持始终。⑨游戏性。童心不泯，表现出与年龄不一致的率真与顽皮。⑩幽默感。能自得其乐，幽默成性。⑪独立性。敢于标新立异、自行其是，不随便顺从别人意见。⑫自信心。遇到障碍，不改初衷，不达目的不罢休。由此可见，若想胜任服装设计这一工作，就需要在平时不断完善自己的创造性人格，努力培养自己的创造意识和创造能力，以满足设计师的职业要求。

关键词：意象　形态　概念化　思维定式　服装设计思维

意象：就是客观物象经过创作主体独特的情感活动而创造出来的一种艺术形象。简单地说，意象就是寓"意"之"象"，是指用来寄托主观情思的客观物象。

形态：是事物内在本质在一定条件下的表现形式，包括形象和状态两个方面。如点形态，是指较小的形象状态；线形态，是指具有长度感的形象状态；面形态，是指比点感觉大、比线感觉宽的形象状态。

概念化：是对人和事物做简单化的理解，用抽象的概念代替对象的个性和特殊性。概念化的作品不能揭示社会本质，缺乏具体的形象特征和应有的感染力。

思维定式：也称惯性思维，是由先前的活动而造成的一种对活动的特殊心理准备状态。

服装设计思维：也称服装设计构思，是指构想、计划或实施一个制作服装方案的分析、综合、想象的过程。

课题名称：思维能力训练

训练项目：（1）观察与想象
　　　　　（2）形态与变化
　　　　　（3）分析与发现
　　　　　（4）联想与创造

教学要求：

（1）*观察与想象*（课堂训练）

观察生活并提取某一形象，进行形象延伸变化的创意想象。在一张纸上绘制1个原型和5个变化形象的手稿。

方法：观察生活可以从身边开始，并由室内逐渐向室外拓展。要努力发现那些有特点、有美感和特征鲜明的形象，如人头、手脚、发型、眼镜、文具、书包、鞋、桌椅、灯具、饮料瓶、瓜果、蔬菜等。自然形态或人造形态均可。采用手机拍照的方式进行收集，收集的内容和数量越多越好。要改变过去一扫而过的"观看"方式，要观察对象的细节特征。

将手机拍照的形象进行筛选，找到一个最有感觉的形象作为原型。先将原型画在纸面的左上角，对其进行形象延伸变化的创意构想，绘制1个原型和5个变化形象。变化形象既可以是一种形态元素的变化，也可以是两种形态元素的组合。要采用同一表现手法表现，注重形象的形式美感和完整性。形象表现既不能完全写实，也不能变成图案，要介于写实与图案两种画法之间。采用钢笔淡彩的表现形式，先用铅笔打草稿，再用黑色中性笔勾画边线，最后用彩色铅笔涂着颜色，即钢笔淡彩的表现形式。纸张规格：A3纸。（图1-20～图1-31）

（2）*形态与变化*（课堂训练）

以一个可以自由伸展的环形为原型，进行形态延伸变化想象。要在一张纸上绘制尽可能多的变化形态。

方法：先在纸面中央画出双线构成的环形原型，在其四周勾画自己构想的变化形态，要努力构想出尽可能多的不同环绕状态，直到把纸面画满为止。可把原型看作一个富于弹性的可以自由伸缩的物体，利用它的弯曲、拉伸、扭转、缠绕、叠压、穿插等变化创造全新的形态。抽象形、具象形不限，要注意新形态构成的美观和巧妙。采用钢笔淡彩的表现形式，用同一表现手法表现。纸张规格：A3纸。（图1-32～图1-37）

（3）*分析与发现*（课后作业）

对一种水果或蔬菜实物进行分解剖析，进行形态的深入观察和分析。在一张纸上绘制1个原型和多个局部形象的手稿，并用文字记录自己的分析结果。

方法：在市场找来一种自己感兴趣的水果或蔬菜实物，先将这一实物原型画在纸面一角。再把实物进行分解剖析，将分解后的各个形象勾画下来，并用文字记录分析结果。整个观察和分析的过程，既要符合对象的基本特征，又不能被看到的形象所局限，要善于发现对象各个部分的美感特征。分解形象数量为5～7个，分解实物要尽量用手掰开，不要用刀去切割，要保留形态的自然美感。采用钢笔淡彩的表现形式，用同一表现手法表现。纸张规格：A3纸。（图1-38～图1-43）

（4）*联想与创造*（课后作业）

以一种水果或蔬菜形象为原型，进行形态的联想和创造。在一张纸上绘制1个原型和5个变化形象的手稿。

方法：在上一次水果或蔬菜实物分析的基础上，以这一实物形象为原型，根据原型的某些局部形态特征，进行全新构成形式的自由联想与创造。构想出的5个形态各异的变化形象，相互之间不需要有关联，但都要以原型的局部形态为依据。要注意每个变化形象的美感和完整性，要充满联想、想象和创造，每个变化形象要生动、活泼，具有艺术感染力和表现力。形象表现仍然要介于写实与图案两种画法之间。采用钢笔淡彩的表现形式，用同一表现手法表现。纸张规格：A3纸。（图1-44～图1-49）

图1-20 观察与想象 林心悦

图1-21 观察与想象 梁振兴

图1-22 观察与想象 张萌

图 1-23　观察与想象　刘佳悦

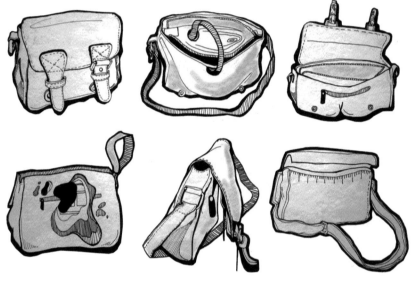

图 1-24　观察与想象　姜文惠

图 1-25　观察与想象　龚萍

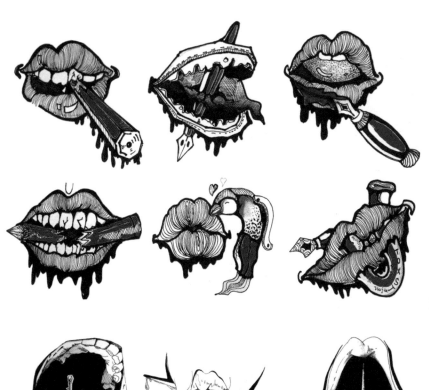

图 1-26 观察与想象 刘佳悦

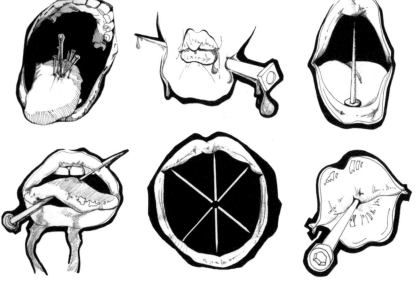

图 1-27 观察与想象 姜文惠

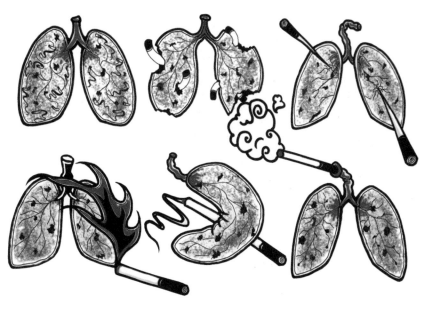

图 1-28 观察与想象 詹琰欣

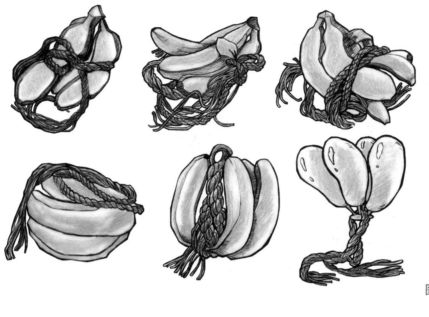

图 1-29　观察与想象　关曼玉

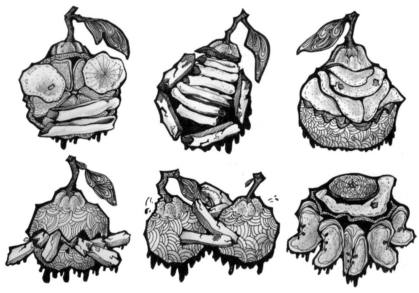

图 1-30　观察与想象　刘佳悦

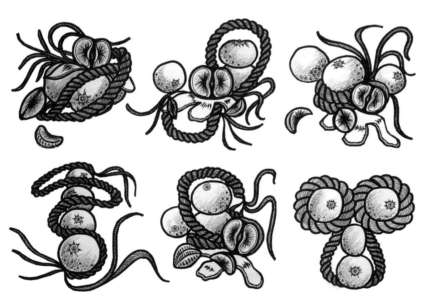

图 1-31　观察与想象　詹琰欣

图1-32　形态与变化　陈豆

图1-33　形态与变化　丁艺

图1-34　形态与变化　王丽娜

图1-35　形态与变化　杨文玉

图1-36　形态与变化　王潇雪

图1-37　形态与变化　杨诗怡

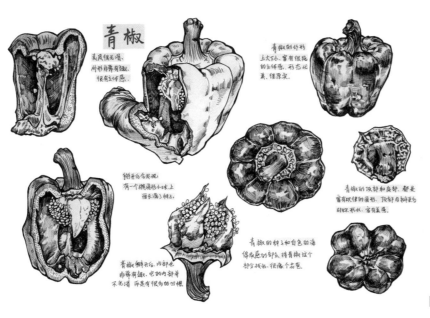

图1-38 分析与发现 刘佳悦

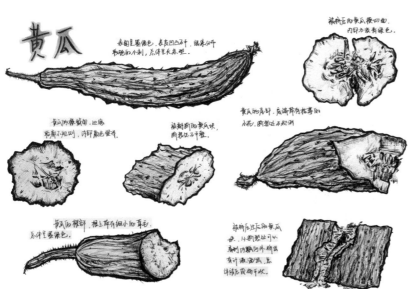

图1-39 分析与发现 周圆

图1-40 分析与发现 阮明月

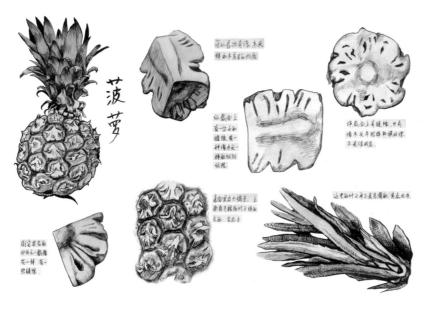

图1-41　分析与发现　关曼玉

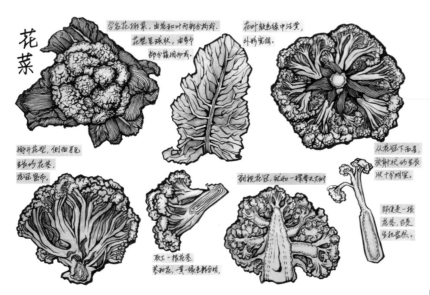

图1-42　分析与发现　沈依娜

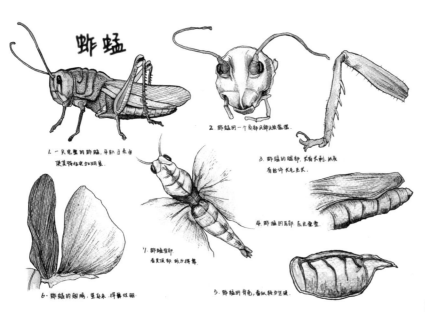

图1-43　分析与发现　许琳

图 1-44　联想与创造　刘佳悦

图 1-45　联想与创造　周圆

图 1-46　联想与创造　阮明月

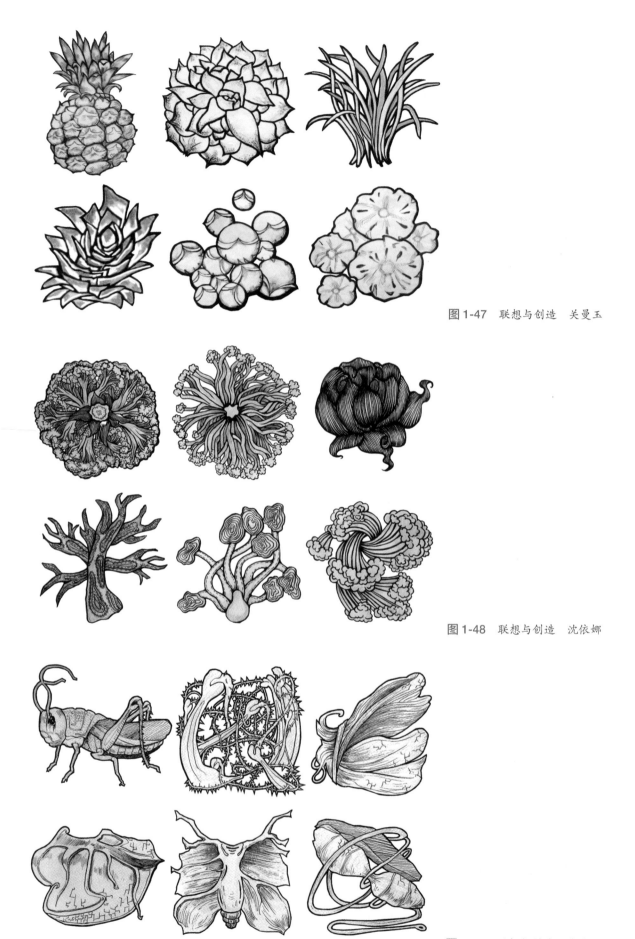

图1-47　联想与创造　关曼玉

图1-48　联想与创造　沈依娜

图1-49　联想与创造　许琳

课题二
设计思维技法

思维技法，也称创新技法，是创造学家根据创造思维的发展规律总结出来的一些原理、技巧和方法。思维技法的应用，既可以直接产生创新创造的成果，也可以发掘人的创造潜能，启发人的创新思维，提高人的创造力和思维效率。服装设计是服装的从无到有的创造活动，将思维技法应用于设计思维的开发和训练，同样可以帮助人们解决在设计过程中所遇到的问题。目前，人们总结出的思维技法有很多，如头脑风暴法、5W2H设问法、类比创造发明法等，但比较适合服装设计思维训练的思维技法，首推思维导图与和田思维。

一、思维导图训练

思维导图，是英国学者托尼·巴赞（T.Buzan）倾数年心血发明的帮助人有效思考的工具。20世纪80年代，他的《思维导图——放射性思维》一书出版之后，便迅速普及，成为人脑思维研究的经典著作。借助于思维导图，人们可以进行更加有效的思考，其方法适用于生活的各个方面和各个领域。在服装设计过程中，尤其是在设计师感到思维枯竭无助之时，思维导图便是最为便捷的可以提供帮助的有效工具。

（一）大脑思维机制

托尼·巴赞在研究中发现：人的大脑，就是一台庞大的、分枝联想的超级生物电脑。一个大脑估计有一万多亿个脑细胞（也称神经元），每个脑细胞实际上只有针尖大小，样子看起来像是超级章鱼，中间有个身体，带有成百或是上千根触须。如果把它放在显微镜下放大了去看，每根触须都像是树干，从细胞体向四周形成发散状，因此这些触须被称为树突。脑细胞的功能就是传递、储存和加工信息。（见图2-1）

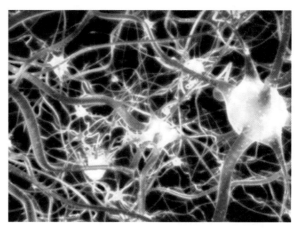

图 2-1　显微镜下被放大的大脑神经细胞的构成状态

在光学显微镜下观察，可以看到每个脑细胞由细胞体和众多的树突两部分构成。其中有根特别大而且长的分枝，名叫轴突，它是信息传递的主要出口。每个轴突末梢都会有多个分支，最后每一小支的末端膨大呈蘑菇状，叫作突触小体。这些突触小体可以与多个脑细胞的细胞体或树突相接触，形成突触。每个突触当中都包含一些化学物质，当一个脑细胞与另一个脑细胞连接起来，大脑电脉冲（电信号）通过时，化学物质便会"嵌入"接收表面，通过两者之间微小的、充满液体的空间传递着信息。脑细胞每秒钟能从相连的点上接收到成百上千个进入脉冲的信息，它的作用就像是一台巨大的电话交换机，以微秒为单位，快速地计算着所有进入的信息数据，然后将它们导入合适的通道。（见图2-2）

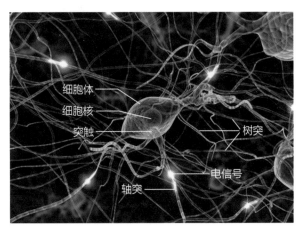

图 2-2　电脑模拟绘制的大脑神经细胞的工作状态

当人的大脑进入思维状态中，大脑这台生物电脑就开始了以某一内容为意向的高速运转，与这一内容无关的脑细胞的接触就相对地受到抑制；与内容有关的信息就容易被激活。脑细胞会不断地进行各种连接的尝试，不断地刺激接收的信息与沉淀的信息之间的碰撞、变化和组合，以寻求新信息的再生和新想法的出现。值得注意的是，这些尝试的过程，常常具有先难后易的特征。就好像是在丛林之中清理出一条小路来，第一次需要清除一些杂草缠藤，必然要费力一些；第二次走过就变得顺畅容易了。经过的次数越多，遇到的阻力就会越小，再次返回的可能性就会越大，这条小路就会越变越宽，思维也就会变得越流畅。另外，这些尝试的过程，大都是一闪而过或是在潜意识当中进行的，被意识调控和觉察到的只是其中的一小部分。就是这些

部分，也大多是零散的和飘忽不定的，且在不断变化的。只有有意识地、及时地发现它、捕捉它，并不断地刺激它，思维才能变得更加明了和富于条理。

人的意识的状态是流动的，人们称之为意识流或思想流。在意识流的流动状态中，意识与潜意识不断转换，形成复杂、丰富的内心世界。人的意识的这种流动，决定了人的思维也是多变的、浮动的，它永远不会滞留在一个固定的层面上。因此，在思维构想中，就需要及时地运用文字或是形象，把所思所想记录下来，否则它们就会很快地流逝过去。及时地记录大脑萌生的想法，不仅可以强化脑细胞之间的联系，拓展联想，同时还可以制约意识的自由流动，为思维把关定向，提高构想的速度和效率。

（二）思维导图的构成

托尼·巴赞认为：人的大脑神经细胞的生态结构与大自然中众多的植物生态结构类似，呈现放射性生物结构，就像树木的枝干状态一样，是从一点出发向四周发散生长的。（见图2-3）

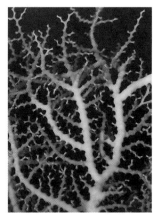

图 2-3　大自然中众多的植物生态结构类似，都呈现放射状态

同时，他还发现伟大的艺术家达·芬奇（Leonardo Da Vinci）在笔记中使用了许多词、符号、顺序和形态（见图2-4）。他意识到，这正是达·芬奇拥有超级头脑的秘密所在。在此基础上，经过多年的研究和实践检验，他发明了思维导图这一风靡世界的思维工具。

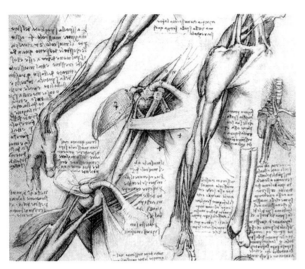

图2-4 运用词和绘画来分析思考的人体解剖手稿
（作者：达·芬奇）

思维导图的基本构架，就是仿照人的脑细胞以及树木生长的发散结构状态，进行主题的放射联想，以顺应大自然客观规律，提高思维构想的效率。思维导图的制作方法非常简便，只有以下三个环节。

1. 确定主题词

在一张横向摆放的纸中央写出或画出主题，根据主题的内容进行快速的放射联想，并向四周画出多条弯曲而粗壮的主干枝条。然后，分别在每一条主干上用文字标注由主题联想到的关键词或图形（第一层联想）。

主题文字或图形一定要醒目突出。粗壮的主干线条最好使用彩色笔涂着颜色，用一种颜色表现思维的一个方面内容。关键词是由主题联想到的与主题相关的内容，只能用字、词或图形标注，尽量不要用句子。

2. 添加枝干和关键词

对所有关键词进行放射联想，在每个主干线条上画出三四条放射状的枝干线条，并分别在每个枝干上填写由关键词联想到的新关键词（第二层联想）。

要注意，思维导图纸面的上下方向是固定的，不能转动或改变方向。关键词仍然不能用句子。

3. 添加分支和关键词

在第二层的每条枝干线条上，再画出三四条放射状的分支线条，并用相同方法在每个分支上标注新的关键词（第三层联想）。

在勾画主干、枝干和分支线条时，可以想象着：每一个主干就像是一棵正在生长的小树，或是正在欢快流淌并不断分流的涓涓小河。只要脉络清晰、思路顺畅，勾画和联想的顺序并没有严格的规定。既可以一次完成一个主干上的所有枝干和分支，再去逐次勾画其他的主干；也可以同时向外发展，按照第一层、第二层、第三层的顺序，一层一层地逐步完成。

以上由主干、枝干和分支构成的三个联想层次，是思维导图结构构成的基本框架。整个思维导图的图形态势呈现出由粗到细、由少到多的枝繁叶茂的生长状态（见图2-5）。就一般情况而言，勾画到第三层就可以满足一般的解决问题的需要了。如果问题还是没有得到解决，可以更换一个新主题，勾画另一张思维导图（见图2-6）。如果是为了思维训练，还可以按照相同方法，让思维继续"生长"，画到第四个或第五个层次，直到把纸面画满为止。

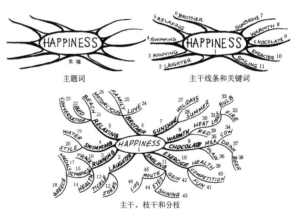

（1.幸福 2.大笑 3.跑动 4.微笑 5.放松 6.兄弟 7.阳光 8.温暖 9.巧克力 10.练习 11.微笑 12.玩笑 13.逗笑 14.健康 15.奥林匹克 16.跑道 17.奖章 18.希腊 19.水 20.风格 21.海滩 22.床 23.对话 24.爱 25.家庭 26.摩托车 27.假日 28.夏天 29.红色 30.热 31.光 32.火 33.灯泡 34.母牛 35.牛奶 36.朴素 37.喝 38.啤酒 39.健康 40.竞争 41.好玩 42.咧嘴一笑 43.闪耀 44.眼睛 45.嘴 46.嘴唇）

图2-5 以"幸福"为主题的思维导图（作者：托尼·巴赞）

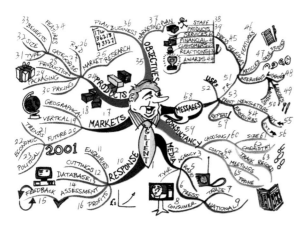

（1.客户 2.媒体 3.代理机构 4.电视 5.无线电台 6.报纸 7.贸易 8.消费者 9.全国 10.反馈 11.咨询 12.裁剪 13.数据库 14.库 15反馈 16.简介 17.市场 18.地理的 19.垂直 20.未来 21.潮流 22.经济的 23.政治的 24.产品 25.市场研究 26.研究及发展 27.分类 28.生产 29.包装 30.定价 31.类型 32.尺寸 33.利益 34.特性 35.目标 36.计划业务 37.营销计划 38.员工 39.产品 40.服务 41.财务 42.客户 43.反应 44.奖励 45.新闻发布会 46.电视节目 47.个案研究 48.采访 49.午餐 50.发动 51.P.R. 52.USPS 53.印刷简报 54.产品简介 55.内部的 56.外部的 57.重复 58.信息 59.咨询 60.选择 61.大小 62.化学 63.跟踪记录 64.接触会议 65.电话）

图2-6 以"客户"为主题的思维导图（作者：托尼·巴赞）

（三）思维导图的应用

思维导图是一种激发大脑快速联想、快速思考和快速提取信息的有效工具，它就如同一把开启思维之门的钥匙，在它的引导和帮助下，可以让人在极短时间内获得与主题内容相关的大量词语或图形，以获得多种解决问题方案的可能性和基本材料。进而打破大脑空空如也、思维停止不前的僵局，为思维的进一步深化，准备好有利条件。

思维导图的应用，要按照"快速联想、不做评价、自由勾画"的原则进行：①快速联想。就是联想到什么就记录什么，之后马上联想下一个。快速联想可以让人的意识流马上流动起来，这样可以在很短的时间内让大脑开始高速运作，并进入无障碍思考状态。快速联想还可以集中人的注意力，将存储在大脑里的信息，尤其是潜意识当中的信息迅速地捕捉和提取。②不做评价。就是不要过早地去做评价，不必探究联想到的词语是否有用，只要是与主题相关的词语，不管有没有价值都可以使用。最好能把联想到的事物形象也一同简略地（符号化）

勾画出来，以充分调动人的左右脑机能，激活整个大脑的创造潜能。③自由勾画。思维导图在具体的表现方式上，并没有严格的范式要求，注重的只是思维的效率和结果。只要按照思维导图的由中央向四周发散生长的基本构架进行联想，具体采用直线还是曲线、每一层次联想几个、勾画到几个层次等都是灵活自由的。当然，在思维训练当中，画面的形式美感和均衡布局还是需要考虑的。但在实际应用当中，需要的只是联想的脉络和结果。

思维导图在服装设计中的应用，主要包括概念思维导图、图形思维导图和问题思维导图三种形式。

1. 概念思维导图应用

以某一概念为主题的思维导图，主要有三方面用途：①用于服装设计大赛的参赛。可以借助于思维导图对参赛命题进行深入的分析，以寻找设计方向和确定参赛作品的主题。②用于服装企业的产品企划。借助于思维导图，可以确定新产品的设计主题，以及对目标消费群的生活方式、生活诉求、产品需要等做出分析和判断。③用于服装设计思维训练。通过思维导图的教学和训练，可以强化学生的联想能力，开发学生的创造潜能，增强专业学习的兴趣和自信。（见图2-7）

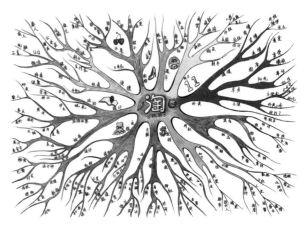

图2-7 以"淘宝网购"为主题的概念思维导图
（作者：张娅旻）

思维导图完成之后，若想让这些思维联想进一步发挥效用，最好的方法就是通过编造故事激活每一个概念，以使自己的思维进一步深化并萌生创意。具体的做法包括串联概念、编造故事、构想情境三个环节：①串联概念。在思维导图产生的众多概念当中，挑选自己认为有用或是感兴趣的五个以上的概念，并将其随意进行连接和组合尝试，找到有兴奋感的组合。②编造故事。根据自己的兴奋点，按照不同的思路线索，编造几个不同寻常的有新鲜感的小故事。故事不求完整，但一定要充满想象力并具有新奇感。③构想情境。进一步构想每个故事的情境，包括涉及的人物、衣着、服饰品、道具、场景、环境等，还有故事的发展及结局等。经过这样的联想和想象，思维导图所产生的概念，就会被再次激活，成为服装设计的创意诱因和创作构想的原始材料。

2. 图形思维导图应用

从人的视觉心理角度讲，图形要比文字更加直观，更能吸引人的注意力，更容易引发人的形象思维和诱发人的创造力。以某一图形为主题的思维导图，主要有三方面用途：①用于辅助服装设计的构思。边构想、边勾画设计草图，有助于服装设计构思速度的提升，这是所有设计师的共识。如果再穿插一些以某一形态变化、某一表现手法或某一构成方式为主题的思维导图，则会大大拓展思维的宽度，提升构想的质量。②用于服装部件或服饰品的设计。服装各个部件的构成，具有相对的独立性和完整性，且服装各个部件的体量都较小。因此，特别适合应用图形思维导图引发联想，萌生创意（参见本教材课题六中"衣领创意构想"学生作业）。同时，服饰品的设计，也是服装设计的重要组成部分。尤其是在参赛服装系列作品的设计中，服饰品就是烘托创意氛围、营造主题情境和充实服装内容的不可或缺的设计思想的外延。应用图形思维导图进行服饰品的设计，同样可以获得显著的成效。③用于形态延伸构想的训练。形态的变化、构想和表现的造型能力，是学习服装设计必须掌握的基本能力。简简单单的"一张纸的变化"，就会拥有千人千面、无穷无尽的变化结果。如果具备了这样灵活多变的造型能力，服装设计也就尽在不言中（见图2-8）。如果"一张纸的变化"还不够，还可以进行"两张纸的变化""纸在人台上的变化"等深入训练。

图2-8 以"纸的变化"为主题的图形思维导图
（作者：张娅旻）

以某一图形或是形象为主题的思维导图，构想出的结果都是图形或形象。这些图形或形象与服装设计中的服装形象，具有异质同构性，存在的只是构想的"纸面"与构想的"面料"之间的细微差别而已。其中较为生动的图形或形象，可以唤起设计师潜在的审美经验，完全可以将其直接或是再加工改造应用在服装设计当中。图形思维导图，并不需要勾画出联想的脉络，只要标注第一层联想的关键词即可。但每一区域里图形的变化手法必须相同，要按照关键词的引导进行延伸。

3. 问题思维导图应用

在服装设计过程中，会遇到各种各样的问题。以某一问题为主题的思维导图，其主要用途就是解决在设计构思中所遇到的问题，如形态与人体的关系、款式与造型的关系、结构与服装状态的结合、多种面料材质的组合等。遇到类似这样的一时难以理清思路的问题，就可以借助于问题思维导图寻找解决问题的方法（见图2-9）。然后，在构想出的各种解决方法中，选取一种方案直接应用或是几种想法再经综合，就可以得到最佳的解决方案。

在思维导图的应用中，有人会觉得勾画思维导图的过程比较麻烦，构想出的概念或是形象，也未必就能直接应用在设计当中，因而有些为难情绪。其实，思维导图的实际应用非常简便，重在实用和实效。随意地勾勾画画即可，并不需要顾及画面的美感。再就是要清楚"磨刀不误砍柴工"的道理，尤其是在参赛作品设计、毕业设计等需要成衣制作

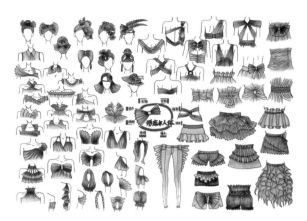

图 2-9 以"形态与人体"为主题的问题思维导图
（作者：刘凯燕）

的设计过程中，思维导图是最便捷可靠的工具，它总能在你感到困惑的时候，帮助你找到解决问题的方法。

二、和田思维训练

和田思维法，也称"十二个一和田思维训练法"，是我国学者许立言、张福奎在上海市和田路小学指导学生创造发明时，在美国创造学家亚历克斯·奥斯本（Alex Faickney Osborn）"检核表法"的研究基础上提炼和总结出来的，并因和田路小学而得名。和田思维法是一种简便实用、通俗易懂的用于发明创造的思维技法，对于新产品的开发设计非常具有帮助，将该方法用于服装设计，也具有非常显著的实效，可以帮助设计师开阔视野，拓宽思路，提高思维效率。

（一）"创造之母"的启示

"检核表法"的基本概念是：检，是检查；核，是核对；整体上是指根据需要研究的对象特点列出有关问题，形成一个检查明细表，再按检查明细逐项核对，从而发掘出解决问题、增加设想的思维技法。

人们创新创造的最大敌人，就是思维的惰性。人的思维总是自觉或不自觉地沿着长期形成的思维模式去看待事物，对问题不敏感，也不爱动脑筋。即使看出了事物的不足，也懒于思考，因而难以

有创新。奥斯本发明的检核表法，就是想用多条提示，引导人们去主动地发散思考。检核表法中有九大类问题，就好像有9个人从9个角度去劝导你去思考一样，突破了人们不愿提问或不善提问的心理障碍。在进行逐项检核时，强迫人们拓展思维，突破旧的思维框架，开拓创新的思路。奥斯本在研究了大量现代科学发现、发明和创造事例的基础上，归纳制定的检核表，对于任何领域的创造性地解决问题都具有适用性。人们运用这种思维技法，产生了大量的发明创造，这一技法由此被誉为"创造之母"。

检核表法的核心关键词是改进，通过变化来改进。它主要用于新产品创造发明和研制开发。检核表法共分九大类大约75个问题。（见图2-10）

	检核项目	内　容
1	能否他用	现有的事物有无其他的用途、保持不变能否扩大用途；稍加改变有无增加用途
2	能否借用	能否引入其他的创造性设想，能否模仿别的东西；能否从其他领域、产品、方案中引入新的元素、材料、造型、原理、工艺、思路
3	能否改变	现有事物能否做些改变？如颜色 声音、味道、式样、花色、音响、品种、意义、制造方法；改变后效果如何
4	能否扩大	现有事物可否扩大适用范围；能否增加使用功能；能否添加零部件，延长使用寿命，增加长度、厚度、强度、频率、速度、数量、价值
5	能否缩小	现有事物能否体积变小、长度变短、重量变轻、厚度变薄以及拆分或省略某些部分；能否简单化、浓缩化、省力化、方便化、短路化
6	能否替代	现有事物能否用其他材料、元件、结构、力、设备力、方法、符号、声音等代替
7	能否调整	现有事物能否变换排列顺序、位置、时间、速度、计划、型号；内部元件可否交换
8	能否颠倒	现有的事物能否从里外、上下、左右、前后、横竖、主次、正负、因果等相反的角度颠倒过来用
9	能否组合	能否进行原理组合、材料组合、部件组合、形状组合、功能组合、目的组合

图 2-10　奥斯本检核表法包括九大类大约 75 个问题

检核表法的基本操作方法：先选定一个有待改进的对象（一个要改进的旧产品或是一个新方案），面对这个产品或方案，利用检核表各个项目内容的每一个问题的思路，一个一个地去核对和寻找答案，并由此产生大量的新想法。最后，再对这些新

想法进行筛选和进一步思考，完善新想法，形成新的解决问题的方案。

在创新创造过程中，善于提出问题对于设计发明非常重要，因为提问本身就是一种思维的突破和创造，奥斯本的检核表法的重要意义正如此。它不仅设定了一个正确的导向，使人们求解问题的角度变得具体化和便捷化，还能利用检核表所带有的强制性思考的过程，让人们不自觉地突破不愿意提问和不愿意思考的心理障碍。外加这一技法突出的实效性，才使它能够在众多的思维技法中脱颖而出、声名显赫。但它也有明显的缺欠，就是检核表的内容过于繁杂，不利于记忆，使用时有机械呆板之感，缺少应有的创造激情和活力。

（二）"十二个一"的内容

和田思维法，是"洋为中用"的一个较好的典范。在上海市和田路小学利用奥斯本的检核表法指导中小学生开展创造发明的过程中，该检核表存在的过于烦琐和不易记忆等缺欠更加鲜明地暴露出来，和田思维法也随着对检核表存在问题的不断改进应运而生。

和田思维法将奥斯本的检核表中的九大类75个问题进行了高度浓缩，提炼出了方便记忆和使用的"十二个一"，即"加一加、减一减、扩一扩、缩一缩、改一改、变一变、学一学、代一代、联一联、搬一搬、反一反、定一定（本书改为组一组）"。同时，也将12个项目的内容进行了具有中国特色的优化和简化，可以将使用者直接带入思考问题阶段，节省了许多中间环节，提高了思维效率。由于和田思维法既保持了奥斯本检核表法的高效率和能把问题具体化等长处，又具有记忆方便、使用便捷等优点，所以这一思维技法得以广泛流传，成为思维技法中的又一经典。也可以说，这一技法本身，就是采用"十二个一"创造的成果。（见图2-11）

和田思维法在服装设计思维训练中应用的构成形式和操作方法如下。

（1）先把一张A3大小的纸张横向摆放，再选

项　目	内　容
1	加一加	加高、加长、加厚、加多、附加、增加等
2	减一减	减轻、减少、削减、压缩、省略等
3	扩一扩	放大、扩大、夸大、加倍、提高功效等
4	缩一缩	压缩、缩小、收缩、缩短、变窄、分割、减轻、密集、微型化等
5	改一改	改进、完善、改掉缺点、改变不便或不足之处
6	变一变	变革、变形、变色、变味、互换、重组、改变方向、改变位置、改变次序、改变状态等
7	学一学	模仿形状、结构、方式、方法，学习先进
8	代一代	用别的材料代替，用别的方法代替，用别的形态代替
9	搬一搬	换个地区、换个行业、换个领域，移作他用
10	联一联	原因和结果有何联系，把某些似乎不相干的东西联系起来
11	反一反	颠倒、反转，能否把次序、步骤、层次颠倒一下
12	组一组	组合、重组，打散重组、部件互换

图2-11　和田思维法的思维一览表，内容便于记忆和使用

定一个有待改进的对象，作为思维构想的原型，并把它简略地勾画在纸面中间。

（2）将纸面横向或是纵向进行划分，画出12个等大的区域。将本书中的和田思维法思维一览表放在旁边，面对这个"有待改进的对象"，利用思维一览表中"十二个一"的提示，逐一思考和构想原型变化后的形象，并将由此产生的多个不同的新形象勾画记录下来。

（3）对这些构想出的新形象进行比对和筛选，将其直接或是进一步思考和完善后用于自己的设计。

（三）和田思维法的应用

和田思维法是帮助人们进行深入思考的工具，它的"十二个一"就如同12个方向标，可以让人带着问题进行思考，朝着目标进行探求，不断开拓着思维想象的空间，将人的思维逐渐引向深入。和田思维法的应用，要按照"快想快画、改来改去、活学活用"的原则进行：①快想快画。"十二个一"实际上就是12条思维线索，在"加一加""减一减"这样目标明确具体的关键词的引导下，构想的思路会变得非常清晰，有助于形象思维的快速思考。快想快画，排除杂念，更有利于摆脱理性约束，发挥感性优势。②改来改去。改进，不断改进，不断地通过变化来改进，从而构想能让原型发

生变化的各种可能，这也正是和田思维法的核心主张。要不断地改，不厌其烦地改，改过来再改过去。一个方面修改完了，再去修改其他方面。③活学活用。向原型之外的其他事物学习，将其他事物的特征或是优点引入，也是和田思维法惯常的做法。在学习、挪用、代替和联结当中，活学巧用、灵活巧妙，就是出奇制胜的法宝。

和田思维法的最主要特色，就是方便使用。"十二个一"不仅内容非常容易记忆，用过一两次即可烂熟于心，而且，在适用性方面也具有很好的广泛性。它既适用于所有产品的创新设计，也适合于中后期的设计构思，可以促使设计构想不断深入和达到完善。和田思维法在服装设计中的应用，主要有服饰品、服装部件和服装整体三方面用途。

1. 服饰品和田思维应用

以某一服饰品形象为原型进行和田思维训练，可以选择的原型主要包括鞋、包、帽子、手套、腰带等（见图2-12～图2-14）。服饰品的设计训练，重在开发人的想象力和创造力，可以不受服饰品实用功能的限制，但要考虑新颖性、完整性和美感。反过来说，新颖性、完整性和美感，是评价思维质量的三项重要标准。同时，构想出的结果，不能有相同或相近的形象存在。服饰品的设计训练，不仅有利于服饰品的设计构想，而且对开发服装设计思维也大有帮助。它可以让人从服饰品的构想中，联想到服装设计，大大增加服装设计的自信心，并可从中获得很多启迪。

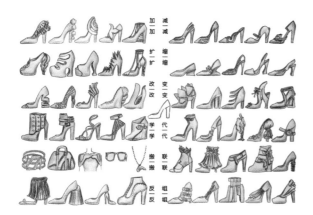

图2-12　以鞋为原型的和田思维训练（作者：胡问渠）

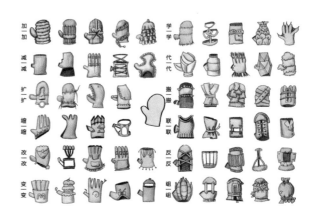

图2-13　以手套为原型的和田思维训练（作者：蔡璐妤）

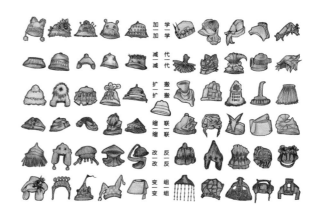

图2-14　以帽子为原型的和田思维训练（作者：麻旭迅）

2. 服装部件和田思维应用

以服装某一部件为原型的和田思维训练，可以选择服装的任何部件或是任何局部形态作为思维构想的原型，如衣领、衣袋、袖子、袖口、门襟、裤腰、裙带、图案、结构、工艺、扣合方式、表现手法、装饰手段、某一局部形态等，只要能够构成一个相对完整的形象，就可以成为和田思维构想的原型。以服装某一部件为原型的和田思维训练，既可以作为单一部件的拓展训练内容，也可以作为服装设计的切入点。通过衣领、衣袋或是某一局部形态的构想，可以将其延伸到服装的其他部分，进而完成服装整体形象的设计构思。

3. 服装整体和田思维应用

以服装某一款式的整体形象为原型进行和田思维训练，重在突破服装现有构成模式和惯常思维定式的束缚，以产生全新的创意构想。这样的训练，可以不管服装的功能，但要顾及服装与人体的关系，要理清形态或是面料的来龙去脉，要努力创造一种全新的样式。也就是说，要按照依附性、条理性和新鲜感三项标准进行创意想象。勾画的服装形象，要尽可能地把它安放在简略的人体上，以标明服装与人体的互为依存的密切关系，也为服装的造型创意找到令人信服的可以存在的依据。（见图2-15）

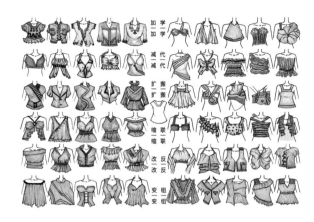

图2-15　以服装为原型的和田思维训练（作者：韦玲玲）

关键词：突触　意识流　头脑风暴法　5W2H设问法　异质同构

突触： 神经医学术语，是指一个神经元与另一个神经元相接触的部位。它是神经元之间在功能上发生联系和信息传递的关键部位。

意识流： 由美国心理学家威廉·詹姆斯提出的心理学术语，指人的意识活动持续流动的性质。它既强调思维的不间断性，即没有"空白"，始终在"流动"；也强调其超时间性和超空间性，即不受时间和空间的束缚。因为意识是一种不受客观现实制约的纯主观的东西，它能使感觉中的现在与过去不可分割。这一概念直接影响了文学创作，导致了"意识流"文学的产生。

头脑风暴法： 是美国创造学家奥斯本首次提出的思维技法，是指以会议讨论的形式进行无限制自由联想的激发思维的方法。它有四项原则：自由鸣放、延迟评价、追求数量和利用别人想法开拓自己的思路。

5W2H设问法： 又叫"七何分析法"。它以5个"W"和2个"H"开头的英语单词为引导词进行设问，从而发现解决问题的线索，寻找新的思路。内容包括"Why"（为何）、"Where"（何处）、"When"（何时）、"Who"（由谁做）、"What"（做什么）、"How"（怎样做）、"How much"（多少）七个大类问题。

异质同构： 是格式塔心理学的理论核心，以美国现代心理学家鲁道夫·阿恩海姆为代表。它指在外部事物的存在形式、人的视知觉组织活动和人的情感以及视觉艺术形式之间，有一种对应关系，一旦这几种不同领域的"力"的作用模式达到结构上的一致，就有可能激起审美经验，即"异质同构"。在异质同构的作用下，人们才在外部事物或艺术品的形式中直接感受到"生命""运动""平衡"等性质。

课题名称：思维技法训练
训练项目：（1）概念思维导图
　　　　　　（2）图形思维导图
　　　　　　（3）问题思维导图
　　　　　　（4）服饰品和田思维
　　　　　　（5）服装和田思维
教学要求：

　　（1）*概念思维导图（课堂训练）*

　　任选一个自己感兴趣的字或词语作为主题词，绘制一张概念联想思维导图手稿。

　　方法： 自拟一个词语作为主题词，采用名词、动词均可，但不能用句子。先将主题词放在纸面中央，再根据主题词的概念意义进行快速联想，并将联想到的相关词语记录下来，完成本练习。先用铅笔打草稿，再用黑色中性笔和彩色铅笔定稿。联想要涉及主干、枝干和分支3个以上层次，直到把纸面写满为止。联想的内容以文字表述为主，能图文并茂地表现效果更好。注意：主题词的字体表现要粗壮而鲜明。勾画的放射线条要尽量使用曲线，并要呈现由粗到细、由少到多的发散生长状态。纸

面要横向摆放，不可以转动。纸张规格：A3纸。（图2-16～图2-22）

（2）**图形思维导图**（**课后作业**）

以"纸的变化"为主题，绘制一张图形变化思维导图手稿。

方法：先以画面中央为中心点，划分出6个或是8个区域。在中心点画出一张纸的形象，写出"纸的变化"主题词。围绕主题词，向各个区域画出主干走向的箭头，并标注关键词。关键词可在"弯曲、撕扯、剪切、折叠、扭转、缠绕、挤压、镂空、编织、缝合、立体、穿插"当中任选，也可以自拟。然后，分别按照关键词的提示，勾画所构想到的纸的变化形。先用铅笔快速地勾画草稿，再用黑色中性笔定稿。图形要简洁优美、大小适当，不能出现雷同，直到把纸面画满为止。最后，用彩色铅笔在每个图形的外边着色，一个区域用一种颜色，以区分不同的构想思路。纸张规格：A3纸。（图2-23～图2-28）

（3）**问题思维导图**（**课后作业**）

以"形态与人体"为主题，绘制一张以解决问题为目的的思维导图手稿。

方法：在面料构成的形态中任选一种形态，要具有一定的完整性、延展性和美感。关键词可在"头部、颈部、肩部、上肢、手腕、胸部、腰部、臀部、下肢、脚部"当中任选，也可以自拟。按照形态与人体的相互关系，构想两者结合的不同形式和不同状态。要充分发挥想象力和创造力，形态只是形态本身，与已有服装无关。勾画出的形象，要包括形态和人体部位两部分。形态要着色，人体不着色。其他要求同上。（图2-29～图2-34）

（4）**服饰品和田思维**（**课堂训练**）

按照和田思维一览表的内容，绘制一张以服饰品为原型的"十二个一"思维构想手稿。

方法：先把纸面横向或纵向分出12个等大区域，在包、鞋、帽子、手套、腰带等服饰品中任选其一，把简略的服饰品原型勾画在纸面中央。按照和田思维一览表中"十二个一"的项目提示进行创意构想，并勾画出结果。每个区域的构想要在4个以上。采用钢笔淡彩的方式，先用铅笔打草稿，再用中性笔和彩色铅笔定稿，一个区域只用一种颜色。纸张规格：A3纸。（图2-35～图2-40）

（5）**服装和田思维**（**课后作业**）

按照和田思维一览表的内容，绘制一张以服装款式为原型的"十二个一"思维构想手稿。

方法：服装款式可以在T恤衫、外套、连衣裙、裙子、短裤、长裤等形象中任选其一。其他要求同上。（图2-41～图2-46）

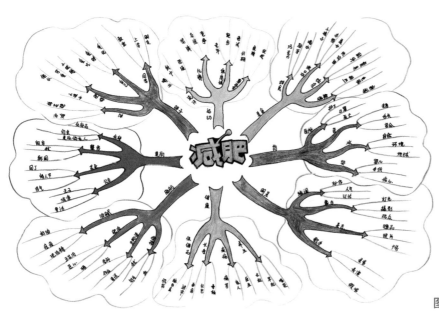

图2-16　概念思维导图　解玲玲

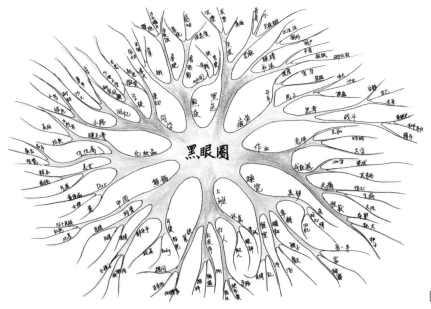

图 2-17　概念思维导图　段炼

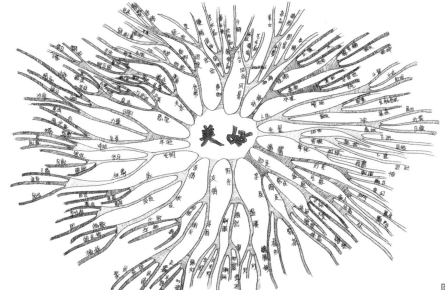

图 2-18　概念思维导图　张乐意

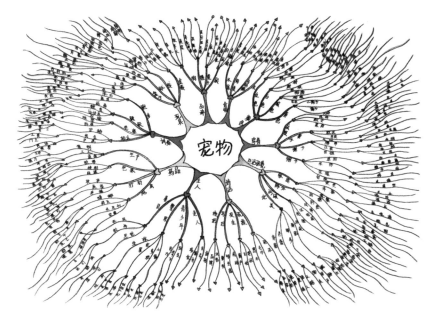

图 2-19　概念思维导图　叶其琦

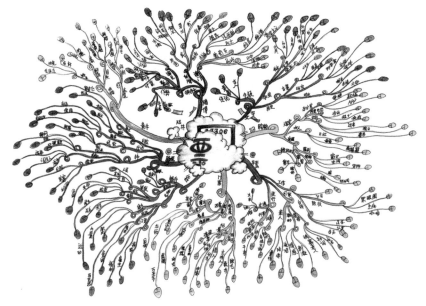

图 2-20　概念思维导图　张琳

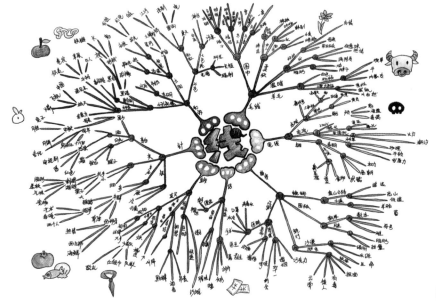

图 2-21　概念思维导图　韩易君

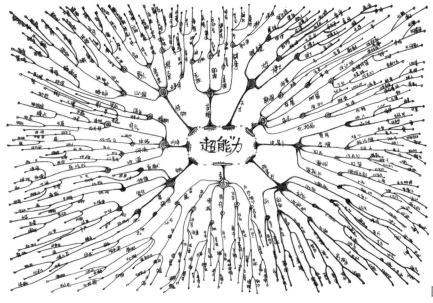

图 2-22　概念思维导图　杨宇辰

图 2-23　图形思维导图　龚萍萍

图 2-24　图形思维导图　陶元玲

图 2-25　图形思维导图　徐莉

课题二　设计思维技法 ｜ 61

图 2-26　图形思维导图　姚沅溶

图 2-27　图形思维导图　邱垚

图 2-28　图形思维导图　徐晓宇

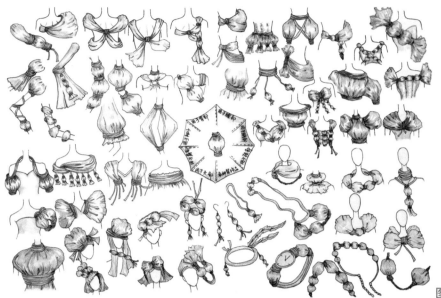

图 2-29　问题思维导图　杨美玲

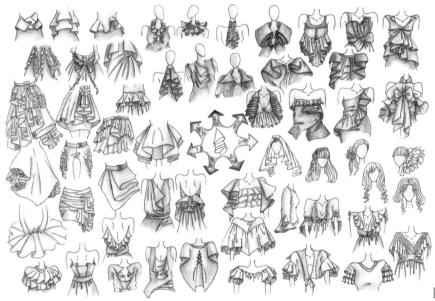

图 2-30　问题思维导图　李咪娜

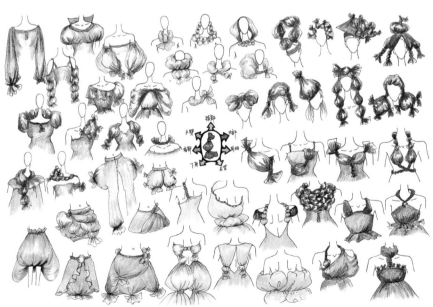

图 2-31　问题思维导图　刘静玫

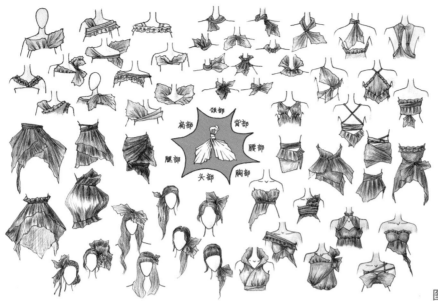

图 2-32 问题思维导图 李畅

图 2-33 问题思维导图 胡问渠

图 2-34 问题思维导图 龚萍萍

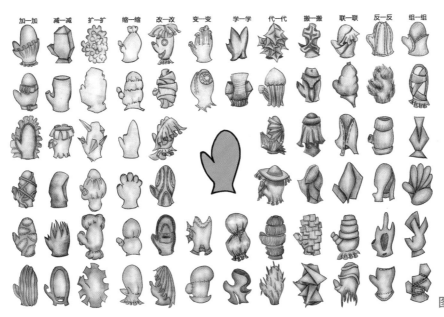

图 2-35　服饰品和田思维　秋垚

图 2-36　服饰品和田思维　李科铭

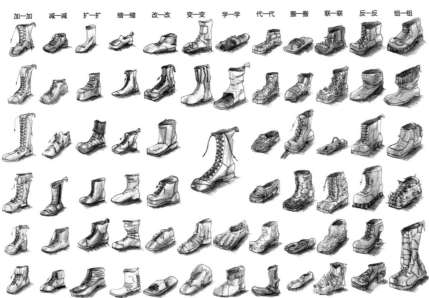

图 2-37　服饰品和田思维　朱晓熊

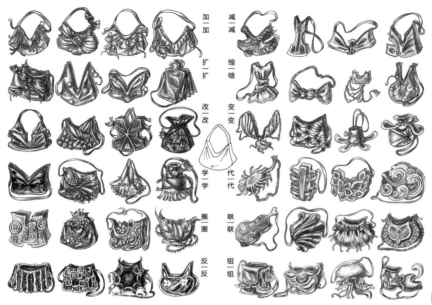

图 2-38 服饰品和田思维 龚萍

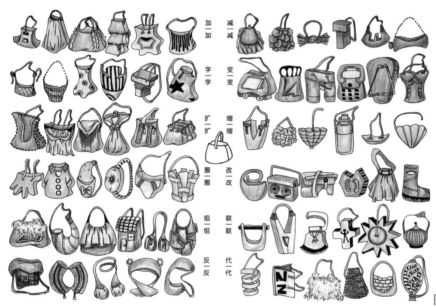

图 2-39 服饰品和田思维 郑珊珊

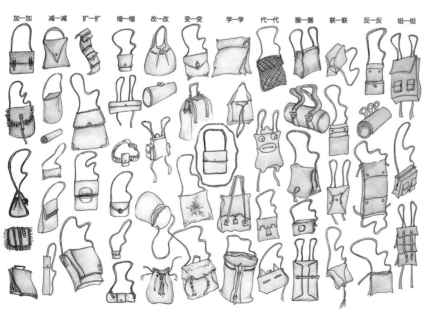

图 2-40 服饰品和田思维 王丽娜

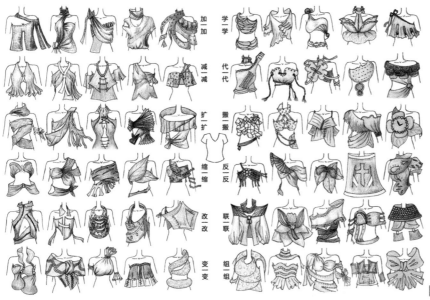

图2-41 服装和田思维 戴万青

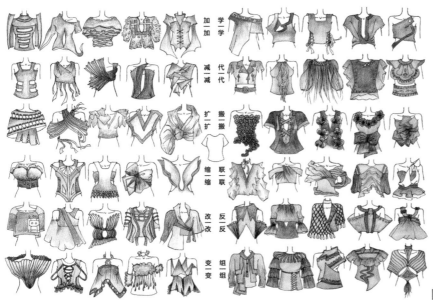

图2-42 服装和田思维 李若倩

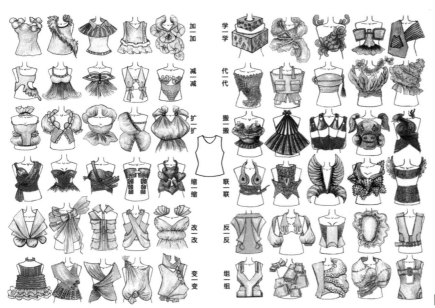

图2-43 服装和田思维 刘静玫

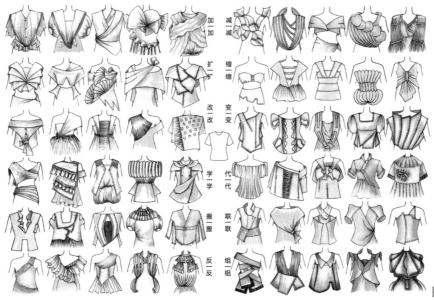

图 2-44　服装和田思维　徐莉

图 2-45　服装和田思维　马旭

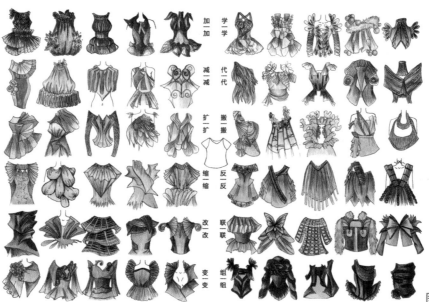

图 2-46　服装和田思维　蔡沅民

课题三

设计思维切入

切入点，是指思维构想的着眼点、出发点。服装设计构思，要先为自己的思维构想找到一个切入点，有了这个点，始终飘忽不定的思绪才可以落地生根，并能够由此及彼、由表及里地让思维朝着预定的目标发展。

就服装设计的创造特性而言，切入点常常因人因时因事而异，不可能落在一个固定不变的地方。但有一点可以肯定，就是无论灵感来自何处，切入点一定要落实在具体可感的视觉形象上。而且，这一形象还必须是自己感兴趣的、形态特征鲜明的和可以延展变化的。也就是说，切入点与灵感密切相关，但又不等同于灵感，它是设计灵感来临之后，将灵感进行转化、落实和找到相应的表现方式的一个思维环节。就像文学创作需要将灵感转化为文字语言一样，设计师也要将灵感转化为服装的形式语言，才能借助于服装形象表现自己的设计思想。服装设计的切入点，运用最多的是设计手法和大师作品两种切入方式。

一、设计手法切入

纵观那些能够让人印象深刻的服装设计佳作，人们不难发现，这些设计作品都有一个共同点，那就是它们都拥有与众不同的鲜明特色。这些特色的形成往往需要借助于某一种特殊的服装表现语言或是某一种特殊的表现形式才能实现。如果说，设计

手法是服装设计语言中的特殊"词汇"，那么由这些"词汇"组合而成的具体的表现形式，就是服装设计语言中的特殊"语句"，共同述说着设计师的奇思妙想和情感欲求。

（一）设计手法的形态构想

服装设计的设计手法，也称表现手法，是指服装设计表现使用的手段、方法。在服装设计过程中，设计师为了更加充分、更加准确地表现自己的设计思想，总要找到一种最恰当、最生动和最有个性的服装设计语言，以使自己的作品具有"这一个"服装形象特征，给人留下鲜明强烈的印象，达到感染人的艺术效果。（图3-1）

服装设计最常见的设计手法，有重复、层次、缠绕、翻折、披挂、分割、抽缩、附加、装饰、系结、堆积、半立体等。每一种手法由于表现形式不同、观察角度不同、创意想法不同、使用材料不同等因素，会创造出完全不同的结果。因此可以说，设计的手法有限，而创意的结果无穷。设计手法就如同是建造"梦想"大厦的钢筋水泥，并非某个人的专利，人人都可以使用，都可以按照自己心中的理想和梦想，建造出完全属于自己的梦想仙境。

在这些设计手法当中，既有使用较多较为常见的手法，也有使用较少不太常见的手法，还有不断

图3-1 "半立体"和"披挂"手法的运用，形成服装鲜明的形象特征

地被创造出来的新手法。常见的手法大多是便于掌握、易见成效、技术要求不高的一些方法，运用起来相对简单，但设计效果也容易落入俗套，需要更加新颖的表现形式和创意。不常见的手法，大多是操作复杂、特色鲜明、技术要求较高的一些方法，运用起来虽然有难度，但设计效果也容易出人意料，可以一边试验一边尝试。新手法大多是借助于新材料、新工艺、新技术的问世，被人新发明的一些方法，运用起来常常需要依托一些新材料、新工艺，要树立全新的设计理念，对设计师的综合能力有一定要求，但设计效果会具有很强的时代感和新鲜感。如利用3D打印或人工智能技术进行的服装创意构想，就属此列。

1. 设计手法的形态分析

在文学创作当中，常见的写作手法有比喻、排比、渲染、烘托、对比、象征、托物言志、借景抒情、虚实相生、动静结合等。这些手法的巧妙运用加之作者的神奇构想，便可以使那些平凡的文字变得生动鲜活，获得不同凡响的表现效果。

服装设计手法的运用，离不开对服装的设计语言和表现形式的认知、识别与掌握。服装设计的语言是由点、线、面、体、肌理、色彩、空间等形态元素构成的。表现形式主要包括对称、平衡、变化、统一、对比、呼应、重复、节奏、密集、渐变、运动、静止等。

服装形态语言的把握和运用，重在了解那些潜在规则以及如何运用它们。首先，要去感知构

成这一设计手法的形态所具有的独特特征、个性魅力和视觉美感。进而，要去仔细辨析，哪些部分是可以变化的，哪些部分是不能改变的。任何形态都有自己独有的基本特征，从而形成自己的独特风貌。那么，这个基本的独具个性的特征，就是需要继续保持和不容改变的。一经改变，就动摇了形态的根基，失去了形态原有的生命力，转换成了另外一个形态。在这个前提下，形态的其他方面，如大小、长短、多少、前后、上下、方向、角度、状态等，都是可以变化的。由此可以衍生变化出为数众多的不同的变化结果，这些变化的结果，恰恰正是服装设计表现的丰富性和创造性所在。（见图3-2）

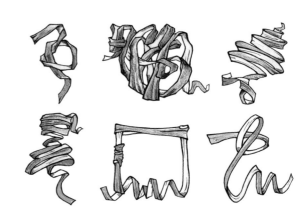

图3-2 条状形态的自由构想和创意，可以提升设计语言的运用能力

如线形态的基本特征，直线具有简洁、明快、通畅和速度感，有男性化倾向；曲线具有流动、柔和、轻快和节奏感，有女性化倾向；水平线具有平静、安定和宽广感；垂直线具有庄重、肃立和崇高感；斜线具有倾斜、不安定的动感。这些，就是需要保持的，除此之外的其他方面则是可以变化的。又如面的形态，方形、圆形和三角形，是面形态三种不同形态特征的基本分类。其中的每一种类，都不是只有一个，而是一大族群，都具有相同的形态特征。以圆形为例，包括半圆形、月牙形、椭圆形、气球形、弓形以及所有边线带有曲线状的形态，都具有圆形的基本特征，可以归为同一类。方形和三角形的归类也是如此，方形、圆形和三角形是三种各具特色的不同的面形态，很少相互混合使用。如果服装选用了尖角状的衣领，那么袋口、门

襟、衣摆或裙摆，大多就会采用尖角状；如果选用了圆角状的衣领，那么服装的其他部位，也大多以圆角形状为主。这是因为，具有相同特征的形态组合，容易取得浑然一体的视觉效果。因此，必须学会分析和解读，并要了解和把握这些形态的基本特征。

2. 设计手法的变化方法

设计手法的变化，主要包括形状、数量、位置和关系四种变化方式。这四种变化方式，大多不是单独进行的，而常常是综合利用的。

（1）形状变化，是指将形态的基本形状进行加大、缩小、拉长、减短、增宽、变窄等变化。保持形态原有的基本特征，对其原有形状进行改变，可以获得不同的视觉感受。（见图3-3）

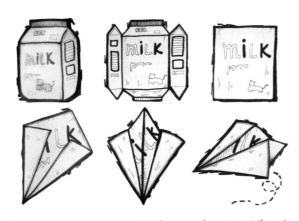

图3-3　利用形态编造一些简单的小故事，可以培养人的
形态构想能力

（2）数量变化，是指对形态原有数量进行增加或是减少的变化。将原有形态数量增加，由1个变成2个、3个、4个以至于更多，就可以得到完全不同的视觉结果；如果原有的形态数量较多，也可以朝着相反方向进行变化，将其逐渐减少。

（3）位置变化，是指将形态原有位置进行改变，或是将其倒置，或是将其翻转，或是将其倾斜，或是改变上下、左右、前后、里外的位置等。将形态位置进行改变，形态原有的存在状态就会发生逆转，从而产生全新的视觉感受。

（4）关系变化，是指将形态原有的相互关系进行改变，使远的拉近、近的变远、紧凑的变松散、松散的变紧密等。将形态的相互关系进行重新

调整布局，无秩序就会变得有秩序，主要的也能变成次要的，一切都会随之改题，变成了全新的模样。

（二）设计手法的设计要点

1. 重复

重复，是指相同或相近的形态按照一定的构成规律反复出现。某一种形态的单独使用，一定会显得势单力薄。倘若让它反复出现，就会形成一种群体气势，营造一种特殊的氛围效果。

设计要点：①形态的数量要尽量多，不能过少。最少也要三五个，最多可以是十几个或上百个。②形态的选择要有特色，不能平淡无奇。形态一定要精致并特色鲜明，可以是某一立体造型、某一堆积状态、某一图案装饰、某一系结方式等。③形态与人体的结合要巧妙。形态不能游离在服装或人体之外，不能有牵强附会之感，要成为服装构成的有机组成部分，要根据服装整体效果决定形态的数量和形状。（见图3-4）

图3-4　裙摆的重复叠置和三角半立体的重复，强化了
服装的个性

2. 层次

层次，是指通过多层面料、多个部件或多件服装叠压而产生的层次感。单层面料构成的服装在视觉上会有一种平面的感觉，如果将面料一层一层地重叠使用，就会增加服装三维空间的视觉张力，进而增强服装的表现力。

设计要点：①层次的多少要适度，要顾及服装的服用性能。层次不是越多越好，而是越适当越好。②运用层次的部位要恰当，不能处处使用。使用层次最多的部位有衣领、袖口、衣摆、裙摆、裤口、袖窿、门襟等，其他部位要慎用。③层次具有多样性，要考虑各种层次关系。层次既有多层面料、多个部件或多件服装构成的叠压层次，也有透明纱、裸露皮肤与遮掩面料构成的透露层次，还包括黑、白、灰色构成的色彩层次，甚至还包括人们视觉心理上的层次感觉等。（见图3-5）

图3-5　多层次门襟和多层次衣身的运用，增强了服装的扩张力

3.　缠绕

缠绕，是指利用面料的包缠围绕塑造服装的整体或局部形象。立体裁剪可以为设计师提供更加广阔的创造空间，缠绕手法与立体裁剪关系密切，以人体为基础的包裹缠绕，可以塑造回归本真、质朴的服装形象。

设计要点：①缠绕要依附人体才能完成。即便是构想中的缠绕，也要虚拟一个人体形象，否则缠绕就会无所依附。因此，无论是立体裁剪还是虚拟构想，都离不开人体体态。②缠绕具有多变性，要经过验证才能定型。缠绕的美感和效果，很难完全通过想象来获得，只有经过真实的试验才能取得最佳的缠绕效果，否则就是空想。③缠绕要根据服装的功能决定取舍。缠绕是手段，不是目的。不能为了缠绕而缠绕，要顾及服装的服用功能，要考虑到

服装的穿着、人的行走等因素。（见图3-6）

图3-6　明快流畅的面料缠绕，增加了服装表现的内容和内涵

4.　翻折

翻折，是指运用面料正反面的反转折叠来塑造服装形象。将面料的一部分翻折，露出面料的反面，既增加了服装形象的层次感，又增加了局部形态的变化，能给人一种浑然一体的视觉感受。

设计要点：①翻折要顺畅自然，不能生硬。面料不同于纸张，要发挥面料性能的优点，追求流畅自然的效果。②翻折要有支点，要保持相对的稳定。人体是活动的，服装也需要穿脱和随着人体进行活动，因此翻折必须依靠支点的支撑，才能保持稳定性。③翻折要适当，要以少胜多。翻折要尽可能地简化，要努力做到以少胜多、以巧取胜。（见图3-7）

图3-7　门襟与衣领的巧妙翻折，使服装增加了层次感和韵律感

5. 披挂

披挂，是指利用面料的披搭悬挂塑造服装形象。披挂包括了面料的披和挂两种状态："披"，是将面料披搭在肩上，部分系结固定、部分自然下垂；"挂"，是将面料悬垂的一部分提起，固定在腰间或是固定在其他某个地方。

设计要点：①披挂的支点是关键。支点是指服装的支撑点、固着点，可以保持服装的稳定。披的支点多在人的肩部或是腰部，挂的支点可以任意选择，但要恰到好处。②披挂的方式有多种。有服装披挂、部件披挂、面料披挂、条带披挂、饰品披挂等。③披挂要动静相宜。披挂具有很强的动感和随意性，可以放松人的心情，但要注意动感与静感的巧妙结合。（见图3-8）

图3-8 披挂能传达一种轻松自如或是回归自然的愉悦情感

6. 分割

分割，是指利用线形态将服装衣身"切分"成若干个小形态，以增加设计内涵和服装的表现力。分割效果既可以充实款式细节，使呆板变活泼，还可以突显线条形态的作用，利用面积对比增加视觉感受，给人留下深刻印象。

设计要点：①分割的形式具有多样性。分割包括横线分割、竖线分割、斜线分割和曲线分割四种表现形式，每一种形式都独具特色。②分割的线形态有宽有窄。宽条分割线，有粗犷、厚重、醒目的感觉；窄条分割线，有纤细、精致、柔弱的感觉。③分割的工艺手段各不相同。分割有各式各样的工艺手段，包括缉明线、夹牙条、贴条带、翻露缝

头、拼接面料等。（见图3-9）

图3-9 分割能将较大的面形态分割为若干个小部分，充实款式细节

7. 抽缩

抽缩，是指利用松紧带的收缩性能，将服装的部分面料收紧聚拢，造成服装外表凸凹不平的视觉形象效果。抽缩具有制作工艺简单、造型效果显著、收缩起伏自然等特点，比较适合偏薄面料使用。

设计要点：①抽缩的部位要适应人体结构。抽缩要按照人体体表形态的起伏来设置，要尽量把抽缩安放在人体体表凹陷的部位，以保持服装的稳定。②抽缩形式可以多样化。既可以等距离平行设置，也可以灵活自由地不规则使用，还可以斜向地左右不对称地安放。③收缩的多少、大小要适当。有些款式，在关键部位使用一条明显的抽缩，效果就足够了。但有些服装，必须使用多条抽缩，才能达到引人入胜的视觉效果。（见图3-10）

图3-10 抽缩的部位要适应人体结构，抽缩的多少大小要适当

8. 附加

附加，是指在服装面料表面附着一些装饰物或是附件。平坦的服装表面难免有单薄之感，如果附加一些半立体状的装饰物，使服装呈现浮雕般的外观效果，就会增加服装的厚重感、扩张力和表现力。

设计要点：①附着物与服装要融为一体。附着物游离在服装表面，是最差的附加效果；附着物与服装成为一个互为依存的有机体，才是最佳的附加状态。②附着物有平面与半立体两类。平面类包括绳带、饰物、贴花等装饰物，半立体类包括所有的具象、抽象的物态造型。③附着物要新颖别致、别具一格。附着物的视觉效果非常明显，因此其形象和状态绝不能平庸，一定要有美感、新鲜感和趣味性。（见图3-11）

图3-11 附加的运用可以增加服装的厚重感、扩张力和表现力

（三）设计手法与系列服装

1. 系列服装的概念

系列服装，其中的"系"指系统、联系；"列"指行列、排列，是指既相互联系，又相互制约的成组配套的服装群体。

一个系列服装，通常由3套以上具有既相同又不同形象特征的服装个体构成。它们排列组合在一起，就是一个大的服装整体，往往拥有同一个主题、同一种风格和同一种情调。每套服装在其中，只是系列整体之中的一个组成部分。当每套服装单独出现时，又要求这个个体具有自己鲜明的个性和自身的完整性，以适应人们观赏和穿着的个性需要。

系列设计并非服装设计所独有，是现代设计的一个显著特征，已经被应用于现代生活的各个领域，如系列图书、系列玩具、系列食品、系列化妆品、系列建筑等。系列服装的应运而生，是现代文化、物质文明和社会发展的需要，符合了现代社会对服装的动态或静态展示的高标准要求。在服装展示中，系列服装具有单套服装不可比拟的数量上的优越性和气势上的感染力，可以传递更多的设计信息，拥有更加强烈的视觉冲击力。同时，系列服装设计的出现，也标志着服装设计进入一个崭新的阶段。无论是设计的内容、信息的含量还是创意的难度都大大增加，对设计师也提出了更高的标准和要求。

2. 系列服装的要素

数量、共性和个性，是系列服装构成的三个基本要素。三者之间相互联系相互制约，缺一不可。

（1）数量要素。系列服装必须是由多个单套服装构成的一组服装，数量是系列构成的基础条件。系列服装的构成，至少为3套服装，多则没有限制。个别情况，才有2套服装的系列，称为双体系列。一般把3~5套服装的组合称为小系列，6~8套称为中系列，9套以上称为大系列。系列服装的数量，主要是由作品的内容、展示的条件以及设计师的情绪决定的。服装数量越多，设计难度也就越大，但展示效果也会越好。

（2）共性要素。共性是指各个单套服装的共有因素和形态的相似性。共性是系列感形成的最主要因素，也是系列服装的显著特征。系列感的形成包括内在精神和外在表现两个方面。内在精神，以共同的设计主题、设计思想和风格情调为主；外在表现，往往体现在面料、造型、形态、手法、装饰、色彩、结构、工艺和服饰品等因素的相同或相近。因素的相同，并不是雷同和完全一样，必须经过变化才能在各个单套上使用，从而产生视觉心理上的连续性和系列感。

就面料因素而言，系列服装如果采用一两种或三四种面料制作，并让这些面料同时在各套服装上出现，就很容易获得系列感和统一感。其他外在表现因素的功能和作用亦然。随着时代的快速发展和人们观赏水平的不断提高，系列服装越来越注重内在精神的表现，而对外在表现的共性要求则越来越宽容。服装创意只要具有新鲜感和创造性，共性偏少或系列感偏弱一些也多在允许之列。

（3）个性要素。个性是指每套服装的独特性和异他性。系列服装强调共性，但绝非是将单套服装都做成一个模样。恰恰相反，系列服装的真正魅力，往往体现在各个单套服装的个性特征上。单套服装的个性，来自各个方面，如形态、状态、款式、造型、面料、构成形式等，都可以出现形状、数量、位置、方向、比例、长短等变化。

系列服装在追求单套服装个性特征的同时，还十分注重单套服装构成的完整性，即单套服装单独存在时，也能保持自身形象的和谐。尽管系列服装是以群体的构成形式出现的，但服装毕竟是以单套的状态独立存在的，单套服装的构成不完整，系列设计就称不上尽善尽美。就系列群体而言，单套服装是系列整体的各个局部，如果各个局部都有缺欠，就很难保证系列整体的和谐。反之，如果各个局部各具特色，必然会充实和完善系列服装的整体。

3. 系列服装的设计

统一与变化，是艺术创作的基本法则，也是系列服装设计的基本依据。在系列服装构成中，共性是统一，个性是变化。共性和个性既是一对矛盾，又是相互依存的客观存在。如果强调了共性，系列服装的系列感、统一感和整体感就强，但也会出现内容过于空洞、效果过于乏味的缺欠；如果突出了个性，单套服装的效果就会鲜明而生动，但系列感又会被掩盖。因此，系列服装设计的最佳效果，就是在保持一定共性因素的同时，又使每套服装富于鲜明的个性。

系列服装设计，不管构成的数量有多少，都是从其中的一套开始的，即按照"道生一，一生二，二生三，三生万物"的事物发展规律衍生发展的。形态鲜明的设计手法在系列服装设计中的巧妙运用，可以有效地调整服装的统一与变化关系。设计手法应用最常见的表现形式和方法，主要有同形法、加减法和置换法。

（1）同形法。同形法是指采用与第一套服装相同或相似的设计手法，衍生第二套、第三套服装的设计方法。如第一套服装设计手法的形态特征是方形，就在第二套服装的构成当中也尽量采用方形，以保持形态特征和设计手法的趋同性。但在形态的大小、多少、方向、位置以及构成形式等方面则要寻求变化。要尽量做到求同存异，在共性当中求丰富、求发展。（见图3-12）

图3-12　同形法在系列服装中的运用（作者：石忠琪）

（2）加减法。加减法是指运用增多或减少的手段，把第一套服装设计手法中的形态、装饰、色彩等要素进行变化的设计方法。如把某一形态由一个变成两个、三个或更多；把衣身、袖子、裙片等部位拉长、缩短或增加层次；把某一装饰增多或减少、加大或缩小等。但要注意加减得适当，并在应用位置上和状态上有所改变，不能只是单一地加和减。（见图3-13）

（3）置换法。置换法是指运用移位或转向等手段，把第一套服装设计手法中的形态、装饰或某一部件进行位置变化的设计方法。如形态或装饰部位的上下、左右、前后的移动；形态或装饰的横向、纵向、倾斜的方向变化；扣子、门襟、衣袋等位置或状态的改变等。（见图3-14）

图 3-13　加减法在系列服装中的运用（作者：蔡肖芸）

图 3-14　置换法在系列服装中的运用（作者：张梦蝶）

系列服装的设计拓展，并非只是一件上衣、裤子或是裙子的衍生，还包括上装与下装、内衣与外衣、服装与服饰品等整体的着装状态的拓展和延伸。因此，需要在系列整体构成的各个部分关系上，充分利用统一与变化的基本法则，调动一切可以利用的造型因素，使服装系列的各个部分都处于一种生动和谐的状态之中，这才是系列服装设计的全部。在系列服装设计中，利用统一，可以平息矛盾、减少凌乱、强化系列感；利用变化，可以创造生动、避免平淡、突出鲜活性；利用服饰品或是道具，可以充实内容、营造氛围、增加感染力。但要注意把握好"度"，要努力做到适当、适度和恰到好处。过于统一、过于变化和过于依赖服饰品，都不会获得最佳的视觉效果。

二、大师作品切入

自1858年沃斯开设的第一家时装店开始，服装设计已经经历了160多个春夏秋冬。在服装设计的发展中，世界有数以百计的服装大师在众多的设计师当中脱颖而出，他们不仅创造了服装，也创造了历史。他们是时代发展的思想家、哲学家，没有了他们，人们的生活将会变成另外一番景象。因为他们，生活才会变得丰富多彩、衣着才会变得绚丽多姿。是他们为人类找到了一种个性、情感、价值观乃至于生活方式的最直接的表达方式，并为世界留下了大量的服装设计佳作，这是全人类宝贵的精神财富。因此，学习服装设计既要了解服装设计的发展史，也应该了解这些服装大师，学习他们的思维方式、思想情操和创作方法。只有站在巨人的肩上，才能站得更高、看得更远。

（一）需要熟知的大师

1. "时装之父"——沃斯

图 3-15　"时装之父"——沃斯

查理·弗莱德里克·沃斯（Charles Frederick Worth，1826—1895），英国人，1858年在法国巴黎开设了第一家自行设计和销售时装的时装店。这是一个世界服装史上里程碑式的事件，他成为世界上第一个真正意义的时装设计师，是高级女装的创始人。他首先使用时装模特儿，是时装表演的始祖。他还组织了巴黎第一个高级时装设计师的权威组织——时装联合会，现更名为"高级时装协会"。在设计方面，他摒弃了新洛可可风格的繁缛装束，将当时流行的笨拙的硕大女裙变成前平后耸的造型，成为19世纪60年代的时髦裙式。19世纪70年代他推出利用省道分割的"公主线"高腰紧身女装。晚年，又推出了16世纪风格的羊腿袖。他创造了那个时代的美，他是高级时装业的第一人，是时装世界的开拓者。（见图3-15）

2. "时装女王"——夏奈尔

图3-16 "时装女王"
——夏奈尔

可可·夏奈尔（Coco Chanel,1883—1971），法国人。她将妇女从20世纪中叶的紧身衣和束身衣中解放出来，设计了舒适、朴素、优雅，充满女人味的服装，改变了当时那种矫揉造作、华而不实的社会风气，成为那个时代具有革命性的设计师，以至于那个时代被称为"夏奈尔时代"。她所创造的"夏奈尔装"，匠心独运，巧妙地用直线条代替了繁琐的曲线，造型洗练、用色素雅。并运用水手式长裤、童发、短裙等手法反衬出女性的妩媚和魅力。夏奈尔的新功能主义设计思想和第一次世界大战后20年追求个性解放与寻找刺激的潮流相吻合。她始终推崇"女性需要自由与独立"的主张，强调线条流畅、质地舒适、款式适用、优雅娴美，至今仍是时尚的基本穿衣哲学。品牌以她的名字命名，LOGO（商标）是她名字的首位字母两个"C"一反一正叠加而成。（见图3-16）

3. "时装界的拿破仑"——迪奥

图3-17 "时装界的拿破仑"
——迪奥

克里斯汀·迪奥（Christian Dior，1905—1957），法国人，20世纪最具影响力的设计大师。他的风格以高雅尊贵、突显娇美为主，经典作品不胜枚举。他在42岁时因推出了以削肩、丰胸、细腰、宽臀等人体曲线所组合的"新造型"装而一鸣惊人，震撼了巴黎，风靡了欧美，汇成了一股澎湃的新装潮流。此后，他几乎每年都推出一组新的造型系列，每个系列都具有新的意味。"锯齿造型""垂直造型""倾斜造型""自然形""长线条形""波纹形""郁金香"等，自然的肩形和纤细的腰身，利用领口、袖口、裙摆等细节变化，充分地突出了女性的体态美。后来，他又先后推出多种新的造型——H型、A型、Y型、自由型、纺锤型等，给第二次世界大战后的人们带回了快乐和美，引起了时代的共鸣。他传奇的一生缔造了迪奥（Dior）品牌的传奇，至今仍然是华丽与高雅产品的代名词，LOGO是"Dior"。（见图3-17）

4. "服装业的毕加索"——圣·洛朗

图3-18 "服装业的毕加索"
——圣·洛朗

伊夫·圣·洛朗（Yves Saint Laurent，1936—2008）出身于阿尔及利亚奥兰城的法裔家庭。他的设计既前卫又古典，始终力求高级女装如艺术品般完美，在高级女装设计中留下了众多的经典作品，如"梯形线""蒙德里安""毕加索"等。他的作品飘逸、俏皮，能充分展示时代女性的活泼、青春和造型美。天才加上勤奋，使他善于以冷静的科学头脑和丰富的艺术思维相结合，推陈出新，设计了不同系列的女装。他首创的"非洲系列""俄罗斯系列""国际情调系列"等都受到好评。从他的设计中，可以找到清新的时代风韵和富于原始艺术的质朴与雅拙美。他曾被誉为法国五星级设计大师，并以卓越成就获得法国政府颁发的"骑士勋章"。品牌以他的名字命名，LOGO由他名字的3个首位字母"YSL"交织组成。（见图3-18）

5. "时装金童子"——瓦伦蒂诺

瓦伦蒂诺·加拉瓦尼（Valentino Garavani，1962— ）出生于意大利米兰北部。他善于设计高

图3-19 "时装金童子"
——瓦伦蒂诺

贵优雅的造型，强调成熟端庄的女人韵味，体现华丽壮美的罗马式艺术风格。他的高级女装精美绝伦，充满女性魅力，用色华贵、典雅，造型优美、俏丽，用料讲究、高档，做工考究、细致，从整体到每一个小细节都做到尽善尽美。他十分擅长从世界各种文化、艺术品中汲取养分。无论时装潮流如何变化，他始终遵循高级时装的传统，追求华贵、典雅和精工细作，他的服装成了豪华奢侈生活方式的象征，为社会名流所钟爱。他以敏锐过人的创造力开拓了意大利乃至整个西方世界时装发展的新纪元。品牌的名字是"VALENTINO"，"V"是其品牌标志。（见图3-19）

6. "服装创造家"——三宅一生

图3-20 "服装创造家"
——三宅一生

三宅一生（Issey Miyake，1938— ）出生于日本广岛。他一直致力于将东方的服饰观念与西方的服装技术、传统文化与现代科技相结合，开创了一条自己的设计道路。他从传统的日本和服中汲取了剪裁、结构等方面的养分，将传统的披挂、包裹、缠绕、褶皱运用到现代的服装设计中，在身体与服装之间创造出无数种可能。他用一种最简单、无须细节的独特素材把服装的美丽展现出来。他直接将布料披缠在模特身上，进行"雕塑"，创造出与人体高度吻合、造型极度简洁、富有原创性的完美作品。他以既非东方又非西方的全新设计，对当时故步自封的西方时装界发起了革命性的冲击，影响了整整一代设计师。品牌以他的名字命名，LOGO是"ISSEY MIYAKE"。（见图3-20）

7. "朋克之母"——韦斯特伍德

图3-21 "朋克之母"
——韦斯特伍德

维维恩·韦斯特伍德（Vivienne Westwood，1941— ）生于英国德比郡。她思想另类，性格乖僻，用颠覆传统的设计理念，改变了欧洲既有的时装格局。她将历史素材和街头元素转化为具有极端色彩的时装。她敢于向传统挑战，大胆推出离经叛道的服装，她的设计冲击着传统的服装观念并改变了人们习惯的审美意识和对时尚的认知。她总是利用特殊面料来裁制奇装异服，粗犷而近于荒诞，件件别出心裁。她首创的"海盗"系列和"女巫"系列等套装，以多皱的衣裤、拼缀的补丁、粗糙的线条来迎合那些不满足于现状的颓废青年的没落感。她创造的叛逆风格，原意在于嘲笑"时髦"，但恰恰成为"时髦"青年所追求的目标。她的成就远远大于人们对她的争议，她那放荡不羁的创作个性、永远保持年轻人的冲动情绪和批评性思想，让时尚永远年轻。品牌以她的名字命名，LOGO是一个土星图案。（见图3-21）

8. "鬼才"——麦克奎恩

图3-22 "鬼才"——麦克奎恩

亚历山大·麦克奎恩（Alexander Mcqueen，1969—2010）出生于伦敦东部。他才华横溢，放荡不羁，具有典型的不列颠冷漠、傲慢的本质。他敢作敢为，思维活跃，超常的想象力无人能比，设计上常打破传统美学的框架，将廉价的成衣感觉植入高级时装的体系中，充满喜剧性的效果。他对于裁剪和服装结构也有着深刻的理解，在进行款式设计的同时，创造性地把握空间的延展和变化，常以挑逗性或带有色情味的小细节冲淡其严肃性。在配饰与舞台设计方面，更是别出心裁。他每年的时装秀，都是对时装界新一轮的挑战与颠覆，其天马行空的想象力及那副剪开传统禁忌的魔术剪刀，赢得了全世界的关注，被称为"时尚界的坏小子"。品牌以他的名字命名，LOGO也是他的名字字母，其中的C被放在Q的里面。（见图3-22）

9. "魅力大师"——阿玛尼

图3-23 "魅力大师" ——阿玛尼

乔治·阿玛尼（Giorgio Armani，1935— ）出生于意大利。他设计的服装优雅含蓄，大方简洁，做工考究，坚信时装应该是简单、纯净、明朗的。他的设计多源于观察，将街上优雅的穿着方式重组，再创造出属于阿玛尼风格的优雅形态。他最大的成功是在市场需求和优雅时尚之间创造出一种近乎完美、令人惊叹的平衡。他简单的套装搭配、优雅的中性化剪裁，令人无须刻意炫耀，在任何时间、场合，都不会出现不合适宜的问题，吸引了全球的消费者。他统领阿玛尼王国30余年，至今仍是人们津津乐道的时尚教父。品牌以他的名字命名，LOGO是一个鹰展双翅的图案，外加"GA"字母。（见图3-23）

10. "时尚性感高手"——克莱恩

图3-24 "时尚性感高手" ——克莱恩

卡尔文·克莱恩（Calvin Klein，1942— ）出生于美国纽约。他的"CK"，是当今最受年轻人追捧的时尚品牌。他坚信服装的美感源于简洁，始终恪守"少就是多"的信条，强调能随身体活动而产生流畅

线条的设计。他十分善于将前卫、摩登的服饰演绎为优雅别致的风格，并将时尚与商业完美结合。他成功地创造了一个土生土长的美国人自己的品牌，体现了美国式的自由精神和生活方式，具有浓郁的现代都市气息。他是一位极富现代意识的设计大师，无论是设计风格的创新，还是服装市场的开拓都充满活力。他在短短的30年间建立了庞大而充满生机的品牌王国，使"CK"成为一个国际级品牌，LOGO由他名字的首位字母"CK"构成。（见图3-24）

（二）学会与大师"对话"

看到了这些著名服装大师的生平和艺术主张，探究了他们的思想和生活历程，就会得知：尽管他们生活在不同国度和不同年代，有不同的社会背景和文化修养。有的来自西方，有的来自东方，更有东西方文化合璧者；有的经过专业院校学习，有的则是半路出家；有的在国际知名品牌大展身手，有的则在自己的品牌王国里默默耕耘。他们拥有的共同特点是，都曾在时尚舞台发出了自己的声音，并得到了人们的认可和赞赏。除此之外，他们热爱生活与自然，每一件小事都可以成为设计的灵感来源；他们善于和他人合作，这是工作顺利进行的保证；他们更多地看重设计的过程，并从中享受快乐……

在了解这些服装大师生平的同时，我们也会被他们那些绚丽多彩、精美绝伦的设计佳作所震撼，会被他们超凡脱俗的想象力、创造力所倾倒，尽管时光已经进入21世纪，但每每触及这段光辉的历史，依然如同阿里巴巴打开宝藏山洞的瞬间，光辉四射、美不胜收。

然而，林林总总的来自大师的或是其他设计师的作品，也常常让人感到困惑和不解。为什么有些看得懂，而有些却是似懂非懂，还有一些基本看不明白。看不明白的原因主要有三点：①对大师作品的期望值过高。俗话说，"看花容易，绣花难"。有些作品表面看上去没有什么，但若是自己去设计，就会变得非常艰难。再者，任何大师都有创作的高峰期，也有低谷期，设计作品不可能都是经典之

作。②对大师设计的目的缺少了解。服装设计是一项目的性很强的工作，出自同一个大师的手笔，有些是用于发布会展示的作品，可以淋漓尽致地表现创意；有些则是高级成衣定制或是将要上市销售的产品，必须满足用户需要并注重实用功能。两者的设计效果不可同日而语。③设计理念和主张存在差异。不同的设计理念可以产生不同的甚至是相悖的哲学观、审美观和价值观。这对设计产生的影响往往是致命的或是具有毁灭性的，如果用现代主义的审美标准去衡量后现代主义的作品就会格格不入，当然就会看不明白了。

服装设计的发展，大体经历了高级时装、现代主义、后现代主义和多元化四个阶段。每一阶段都有不同设计理念出现，并主导着服装设计的发展走向。

（1）高级时装阶段。高级时装阶段从沃斯开设高级时装店（1858）到第一次世界大战开始（1914）。这一时期，服装设计是为极少数权贵服务的，以手工细作、用料铺张、装饰奢华和价格昂贵为特征。平民穿着自制的传统服装，还谈不上设计。此时的高级时装，常常需要穿着紧身胸衣帮助造型，以保持前胸丰满、小腹收缩、后臀上翘。这一时期的服装，大多呈现S形外观的基本样式（见导论部分图4）。

（2）现代主义阶段。现代主义阶段从20世纪初开始到20世纪70年代衰落。这一时期，"现代主义"运动在欧洲各国逐渐兴起，以包豪斯设计主张为中心，提倡设计要为大众服务。设计观：①功能第一，设计由内而外，形式服从功能。②反对历史式样，主张创新。③反对额外装饰，主张简洁，认为少就是多。④强调技术与结构美，注重经济，主张标准化生产。审美观：认为只要设计对象符合传统形式美的规律，该对象就一定是美的。坚持"美就是和谐"的原则，试图建立一种像数学一样精准的比例关系，将美作为纯理性问题进行研究，崇尚黄金比例的运用。

（3）后现代主义阶段。后现代主义阶段从20世纪六七十年代到20世纪末。这一时期，人们对现代主义单一的设计形式、单纯追求理性而不顾观众心理需求，导致作品形式的千篇一律而感到厌倦，现代主义设计受到越来越多的批评，于是出现了"后现代主义"设计思潮。它是一种源自现代主义但又反叛现代主义的思潮，与现代主义之间是一种既继承又反叛的关系。设计观：强调形式的多元化、模糊化、不规则化，讲求文脉，追求人情味。运用片段、反射、变形、断裂、错位、扭曲、省略、夸张、矛盾等手法，给设计创作以更大的自由度。审美观：要创造一种能唤起多种情感的反映历史与时代风貌的复杂的美。认为暧昧不定、兼容并蓄，才能使作品深刻丰富、回味无穷。要激发人们根据自己的阅历和经验引出各种联想，增添复杂矛盾的构思意念。

（4）多元化阶段。多元化阶段从21世纪开始。这一阶段，人们发现无论后现代主义设计如何蓄意破坏现代主义的设计风格，它使用的材料和设计手法都只是极大地丰富了当代设计的语汇而已，并没有彻底颠覆设计的本质。进入21世纪，电脑网络、数字信息和全球一体化快速发展，设计也随之进入一个多元化的时代。在这个多元化背景下，设计不再有统一的标准和固定的原则，成为一个开放的、各种风格并存的、各种学科交汇融合的学科。此时，各种各样的理论与主张，都有立足之地和存在的价值。如以人为本与人性化设计、生态保护与绿色设计、时尚创造与智能化设计、结构主义与解构主义设计等。

了解了服装设计的各个发展阶段，知晓了大师设计的时代背景，再与大师的作品对话就会事半功倍。与大师作品的对话，常常是通过解读其作品实现的。一般要经过总体感觉、细节感悟、思路探源和理念解析四个环节。

1. 总体感觉

看到大师的作品，先要找找自己的总体感觉：是喜欢还是不喜欢，是心灵受到了触动还是平平淡淡。服装设计作品给人的第一感觉非常重要。第一感觉若是好，就说明自己潜在的情感或是审美理想找到了共鸣，接下来才有兴趣去欣赏它和解读它。以迪奥的作品为例（见图3-25），第一感觉这是两款简明凝练、洁净大方、沉稳庄重的作品。这是一种唤回遥远的记忆，经典隽秀、持续久远的感觉。左边的服装造型，明显带有19世纪时装胸衣紧束的遗风，丰胸、细腰、宽臀是迪奥"新造型"的基本特征。密集排列的五粒扣子和大小适中的衣领，都增加了款式的细致和严谨。右边的服装造型细腰圆臀，两个带有装饰感的口袋形成了服装独有的特色。清晰、流畅的衣领线条，圆顺、挺括的整体外观，恰到好处的扣位设计，都体现了外观沉稳庄重和做工细腻考究的经典风范。

形，并将其延伸到袖口装饰。小提琴上端的弦枕，被简化成了三条黑色装饰线，与领口、衣摆黑边浑然一体，增加了服装的整体感和装饰性。两只白鸽嬉戏相衔构成了右边服装的浪漫气息。白鸽的形象来自马蒂斯的剪纸作品，圣·洛朗擅长从现代绘画题材中汲取灵感，但难度在于如何运用。这两只白鸽的运用，让人们见到了大师的设计功力，它们大小相宜、姿态优美、舒展自然，顿使服装平中见奇，平添想象的魅力。虽然，两只白鸽所依附的服装过于简单无华，但服装整体状态依然具有抵挡不住的诱惑。

图3-25　简明凝练、洁净大方和沉稳庄重的经典作品
（作者：迪奥）

图3-26　妙在似与不似之间的图案运用最高境界
（作者：圣·洛朗）

2. 细节感悟

倘若大师的作品在总体感觉上征服了你，得到了你的接受和认同。那么，你还需要对服装构成的各个细节进行细致的分析才能真正地读懂它。要弄清楚，人们获得好感的依据是什么？细节的哪些方面是与众不同的？道理何在？进而，就能探寻到大师设计成功的奥秘所在。俗话说：外行看热闹，内行看门道。所谓"门道"，就是品评细节，探究成因。以圣·洛朗的作品为例（见图3-26），图案装饰是左边服装构成的主要特色。采用珠片穿缀工艺缝制的小提琴形象，先进行了图案化处理，妙在似与不似之间。国画大师齐白石说过："太似则媚俗，不似则欺世。"将小提琴形象用在服装上，一定不要过于真实，但也不能一点都不像。该图案应用恰到好处，整个形象自然而不拘谨，夸大了其中的S

3. 思路探源

作为设计师，研究了服装细节之后，还需要多问几个"为什么"。他的设计灵感从哪来？为什么要这样去想？为什么要这样去处理？改变一种方式行不行？倘若换作自己来设计，面对同一题材、同一灵感，又会怎样去做？也能收到这样的设计效果吗？当每一个问题都能找到答案时，自己的认识和设计水平也就提高了。以麦克奎恩作品为例（见图3-27），很明显这是两件从东方服饰文化中取材的作品。左边的灵感来自日本浮世绘中精美的刺绣图案和色彩，但如果只是将它们拿来一用，并不能完全表现作者的创作思想。因此，附加的充满灵动感和挑逗意味的塑料弯管，外加穿缀其中的黑色珠子，才是作品创意的精华所在。其难度在于如何将这个饰品同服装有机结合，使其超越普通项链的局

限，刺痛人的心灵。右边的服装与日本和服具有一定关联性，但衣领已被极度夸张，肩袖的不平整突显了丝绸色泽的光怪陆离，意在反叛和颠覆和服的传统形象。最精彩的还是艺伎式的发髻、额头穿透皮肉的别针和一只浑浊眼睛的设计，达到了"语不惊人誓不休"的设计境界。

造就的狂野扭曲的皮裙，流露了加利亚诺的独特话语。腰间深蓝色的内裙翻折着古老的图腾，与深蓝色靓丽的头饰遥相呼应。纹饰般的脸妆、银光闪亮的项链、金属光泽的臂箍，都在讲述着一个古老部落的神秘传说。

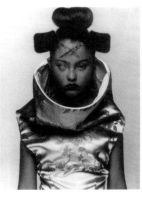

图 3-27 灵动和挑逗、妖异和狂野的后现代设计
（作者：麦克奎恩）

图 3-28 妖艳、妩媚和狂放不羁的原始土著情结
（作者：加利亚诺）

4. 理念解析

经过现代主义和后现代主义思潮的洗礼之后，时至今日，生活中的每个人都会自觉或是不自觉地运用传统的现代主义的审美标准去衡量每一件设计作品。因为它们已经渗透到人们的骨子里，并时时刻刻在影响和规范着人们的生活方式。对于后现代主义作品，人们也会宽容地接纳它们的反叛和放荡不羁。问题的关键就是后现代主义并没有明确的理论支点，也没有形成具体的美学主张。因此，就不能用一个统一的标准去评价他们的作品，只能顺应他们的思路和想法，按照创造的"完成度"去解读。以加利亚诺作品为例（见图3-28），左边的设计，由极度夸张的衣领、充满野性的面料再造和强烈的色彩对比，构成了极具戏剧化的妖艳、妩媚和奔放的视觉形象。不合常理的高高耸立的发髻，不合常规的粗犷的服装结构，傲慢的暗黑色口红，放任的蓝色眼影，处处都是不合时宜，又处处都符合属于他自己的道理。右边的设计，带有强烈的狂放不羁的原始土著情结。率性自由的上衣，浓郁的土红色和土黄色，将我们带入另一个世界。斜裁工艺

（三）向大师学习设计

向大师学习设计，是一个泛化的概念，并不单指服装大师的作品，而是要向以服装大师为代表的所有设计师的佳作学习。这既包括新生代设计师的作品，也包括正在热销的服装产品，都是我们需要学习和借鉴的内容。

抱着积极学习的态度，去细细地分析、揣摩和解读这些设计佳作，就如同经常聆听这些大师的教诲，会使自己少走很多弯路，学到很多设计实践经验。服装设计的学习，重在自主学习和自我感悟，自己悟出的道理才是真理。向大师学习也需要先将大师的作品进行大体的分类，可以按照设计目的不同分为作品、产品两大类。在作品大类当中，按照设计理念的不同，将其分为现代设计、后现代设计两类。在设计阅历方面，将设计师分为老牌设计师、新生代设计师两类。在这里，出于方便学习的视角，梳理出各具鲜明特色的现代经典、后现代佳作、新生代作品和品牌产品四种设计类型。

1. 向现代经典学习严谨

在"美就是和谐"的传统审美意识的感召下，现代服装大师始终坚持"功能第一"的设计原则，努力让形式服从功能，主张简洁、简约，认为少就是多，简洁就是奢华，创造了无数经典。如图3-29所示。左边是皮尔·巴尔曼的作品。他是学建筑出身，认为服装就是会移动的建筑，提倡设计要简洁、适用、有空间感。他的"简洁与优雅"设计思想在这个裙套装中被体现得淋漓尽致。白色上衣和裙子简洁明快，长度符合黄金比例；斜线门襟顺延至腰部变成折角，与黑色的扣子结合巧妙。尤为精妙的是，重复了两条与门襟状态相同的斜线分割和扣子的结合，增加了节奏感，并突显了这一视觉中心。此外，夸张的黑色帽子、突出的蜜蜂装饰、包缠的白色头巾和黑色手套，都匠心独运、精美绝伦。右边是皮尔·卡丹的作品。他也对建筑情有独钟，作品都有一种建筑造型的美感。这套裙装巧妙运用了偏门襟形式，顺势构成长方形的门襟形态，并在缝线当中暗藏口袋，增加了功能性。门襟和衣领在缉缝明线的同时，还强调了边缘凸起的细节。按照黄金比例确定袖长，将衣领做成精巧的立翻状，与帽子的翻折帽檐相映成趣。这些款式简洁、造型严谨、工艺精美的作品，其工作态度和设计方法，都是应该效仿的榜样。

2. 向后现代佳作学习创造

种种社会因素催生了后现代主义设计思潮的出现，后现代主义设计师认为高级时装已经走到尽头，进而高举反叛传统的大旗，去否定、破坏、颠覆现存理念和价值。后现代服装的主要表现是：透空人体（内衣外穿、舍弃内衣等），外露痕迹（旧衣拼凑、针脚外露、衣片无边、破洞残边等），解构结构（切割再组合、肢解再利用、碎片集合、扭曲变形等），图像泛滥（不相干图像混合、面料

图 3-29 现代主义的经典范例，皮尔·巴尔曼和皮尔·卡丹的作品

图案凌乱），材料混搭（面料再造、高科技材料应用等）。在他们看来，任何东西都是可以拿来"游戏"的，时装就是灵感的实验体。如图3-30所示。左边是三宅一生的作品。半透明新材料构成的上衣轻盈剔透，彻底颠覆了传统上衣的造型。面料再造成就的"三宅一生褶"，增加了裤子面料的张力和刚性，使其舒展、飘逸、挺括，充满东方传统服饰文化的底蕴。右边是山本耀司的作品。扭曲不平的上衣门襟、高低错落的衣摆、自由奔放的内衣，宽肥的裤裆和错位的立裆等，都使设计不同以往，处处写满了叛逆和桀骜不驯的个性。后现代设计的反叛精神和敢想敢为的创造力，非常值得学习和借鉴。

图 3-30 后现代主义的设计佳作，三宅一生和山本耀司的作品

3. 向新生代作品学习卓越

新生代设计师大多具有"初生牛犊不怕虎"的拼劲和闯劲，无论是在国内服装设计大赛，还是在国外各大服装院校的毕业作品发布会，都能看到一些才华出众的设计新秀和他们出色的作品。如图3-31所示。左边的作品，很明显是受到后现代设计内衣外衣化的影响，圆弧状的、多层次的前胸褶边增加了服装的活泼气息，宽松肥大的裙身和衣袖，与短小的胸衣形成了对比，强化了服装构成的矛盾因素，外加鲜明的面具式的脸部化妆，给人以戏剧化的别样的情境效果。右边的作品，同样采用了面具式的脸部装饰，却突显了服装的土著风情。作品采用不对称的构成形式来强调服装的变化性。古朴而粗犷的色彩混搭，夸张而奔放的耳环项链，率性自如的褶皱布局，都与面饰相映成趣并构成了相互间的内在关联性。新生代设计师的作品，尽管在作品的表现力和完成度等方面尚存稚嫩感，但他们对新事物的敏感和愿意接受新观念、尝试新方法的勇气，可以为我们带来很多惊喜和启迪。

4. 向品牌产品学习时尚

时尚，是指某一时段里一些人所崇尚的生活方式或生活状态，具有常变常新、多样共存和形式繁多等特性。①常变常新。时尚的内容经常变化，变化周期具有不确定性，有时是一两年，有时可能是三五年。②多样共存。在同一时间内，年轻人的时尚与中老年人的时尚并不相同，即便是同一年龄段的人也会有不同的兴趣取向和不同的时尚内容。③形式繁多。时尚会遍及人们衣食住行的各个方面，如男孩戴耳钉是时尚、老人玩微信也是时尚。

时尚是现代生活的重要组成部分，具有很强的诱惑性，常常使人趋之若鹜。具有时尚感的服装产品，也会倍受消费者的青睐。因此，设计师必须关

图3-31　新生代设计师的作品，可以带给我们很多惊喜和启迪

注时尚、了解时尚，尤其要关注目标消费群体的时尚。如图3-32所示。左边是实体品牌"江南布衣"的产品，宽松、放任、不甘束缚，是其要表达的审美诉求。向往大自然、放松身心、漫步生活是现代工薪阶层的普遍心态，设计出能够满足这样心愿的服装，时尚也就蕴含其中了。右边是虚拟品牌"妖精的口袋"的产品，叛逆、逃避、敏感而又想引人注意，是青春期女孩的潜在愿望。因此，轻佻的色彩、怪诞的图案、让人捉摸不定的俏皮款式，带有一些小暧昧的发型等，就成了属于她们的时尚感。了解时尚、关注时尚和把握时尚，是每个设计师必须做好的功课。

图3-32　服装品牌产品，能反映人们时尚的生活方式和审美取向

关键词：设计灵感　包豪斯　现代主义　后现代主义　形式

设计灵感： 是设计师在设计创造活动中某种新形象、新观念和新思想突然进入思想领域时的心理状态。具有突发性、创造性和瞬时性三个特点。

包豪斯： 是"公立包豪斯学校"的简称，1919年在德国魏玛市成立。它是世界上第一所设计学院，是现代设计教育的发源地和摇篮。提倡功能化的设计原则，使现代设计对产品功能的物质载体重新加以探索。对材料、造型、使用环境等诸要素也进行了深入研究。为现代设计提供了可遵循的依据和准则，使现代设计更趋于系统化、规范化，对现代人的生活方式影响深远。1933年，包豪斯遭到希特勒纳粹党迫害而被迫关闭。

现代主义： 形成于20世纪初的欧洲，起源于德国、荷兰和俄国，以包豪斯为中心的现代主义建筑为先驱。在当时的历史条件下，着重体现重功能、重经济、重技术的设计思想，以满足公众紧迫的物质需求。但也存在过于单一、理性、枯燥，缺少人情味等弊端。

后现代主义： 形成于20世纪60年代后期的欧美。以反对现代主义的简单化、模式化和追求人情味为起点，以"不确定性""非中心性""非整体性"等理论为基础。认为人的意识形态具有强烈的社会性，各种人群必然会受到地域、民俗习惯、文化结构、观念形态、生活环境等因素的影响而导致人们审美的多元化，从而使艺术不断创新和多元并存。

形式： 有狭义和广义之分，狭义的形式是指事物的外形、样式和构造，如山、水、鱼、鸟、书、笔、汽车、建筑等。广义的形式是指所有事物的构成状态和其系统，如数学、音乐、语言、电影、基因、生命等。

课题名称：思维切入训练
训练项目：（1）单一手法设计
**　　　　　（2）多种手法设计**
**　　　　　（3）向大师学设计**
教学要求：

（1）**单一手法设计**（课堂训练）

根据某一设计手法的形态特征进行创意构想，绘制一个系列3套创意女装设计手稿。

方法：任选一种自己感兴趣的设计手法，并以这一设计手法的形态特征为思维线索，进行系列服装的创意构想。要努力将这一设计手法运用到极致，要有大小、疏密、穿插、叠置等变化，并要注意服装构成的系列感、丰富性和完整性。要将这一设计手法勾画在画稿空白处，以强化思路。采用钢笔淡彩的表现形式。纸张规格：A3纸。（图3-33～图3-41）

（2）**多种手法设计**（课堂训练）

将两种设计手法运用到服装构成中，构想和绘制一个系列3套创意女装设计手稿。

方法：将两种设计手法或元素运用到一个系列服装当中，可以增加服装的丰富性和表现力，但要注意主次关系，不能平均对待，要以一种为主，其余为辅。同时，两种设计手法在每套服装上都要有所体现，不能在这套服装上用这种，在那套服装上用那种。其他要求同上。（图3-42～图3-50）

（3）**向大师学设计**（课后作业）

利用大师使用过的设计手法进行延伸设计构想，绘制一个系列3套创意女装设计手稿。

方法：借助网络收集5张以上服装大师的作品图片。服装大师只是一个泛化的概念，找不到大师作品，一般设计师作品亦可。在5张图片中任选一种设计手法作为原型，进行一个系列创意女装的延伸构想。要对这一设计手法深入细致地研究，向大师学习设计手法的运用技巧，要抓住特色、举一反三和灵活应用。要将大师作品图片粘贴在画稿的空白处，注意服装构成的系列感和丰富性。采用钢笔淡彩的表现形式。纸张规格：A3纸。（图3-51～图3-59）

图 3-33　单一手法设计　陈斯仪

图 3-34　单一手法设计　程婷

图 3-35　单一手法设计　童佳艳

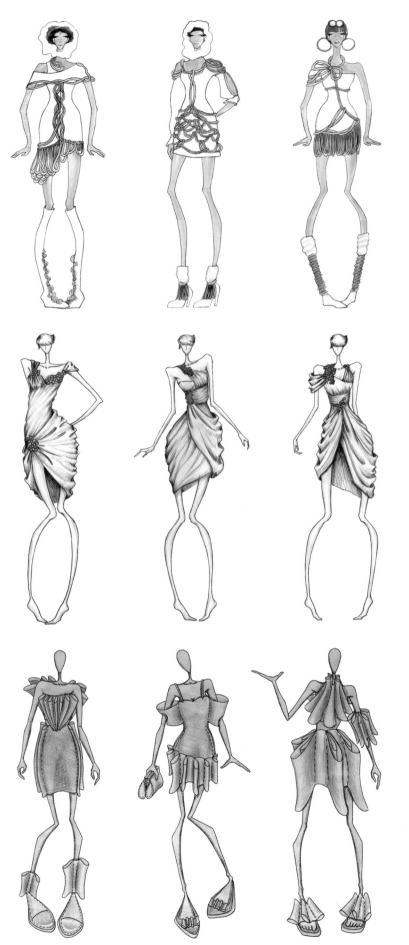

图 3-36　单一手法设计　牛玉琼

图 3-37　单一手法设计　蔡晓红

图 3-38　单一手法设计　邱垚

图 3-39 单一手法设计 龚丽

图 3-40 单一手法设计 蔡肖芸

图 3-41 单一手法设计 曹健楠

图 3-42 多种手法设计 贺佩佩

图 3-43 多种手法设计 刘亚芸

图 3-44 多种手法设计 曹碧云

图 3-45 多种手法设计 龚萍萍

图 3-46 多种手法设计 程婷

图 3-47 多种手法设计 刘佳悦

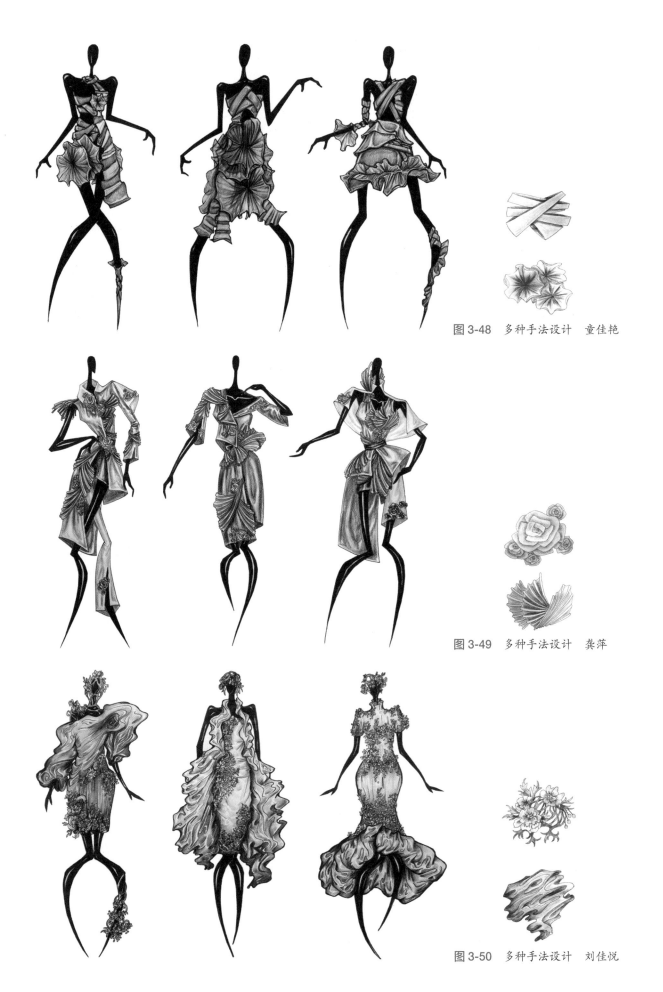

图 3-48　多种手法设计　童佳艳

图 3-49　多种手法设计　龚萍

图 3-50　多种手法设计　刘佳悦

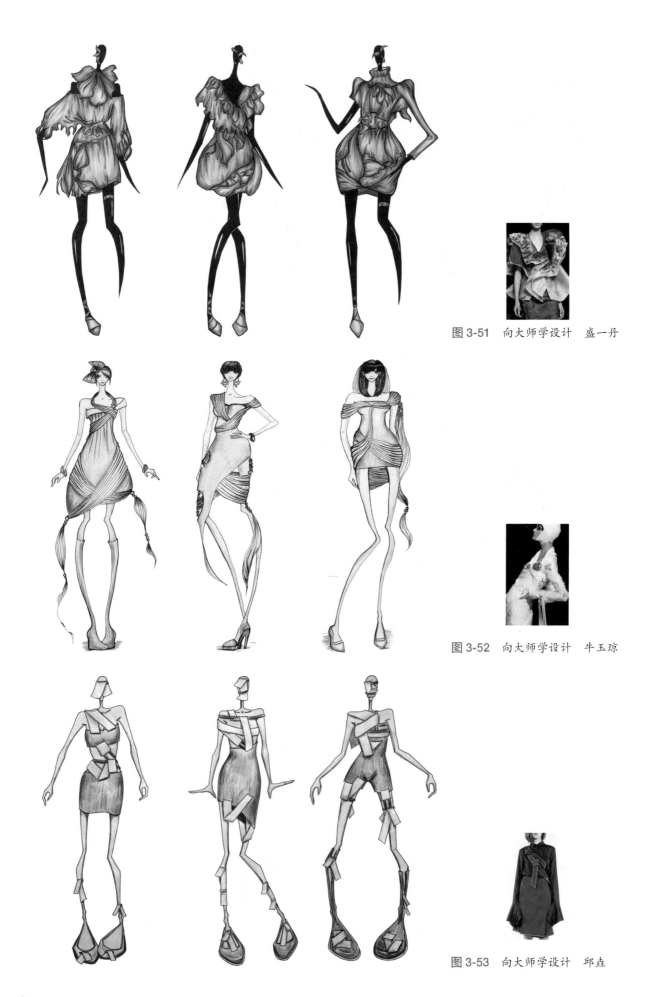

图 3-51　向大师学设计　盛一丹

图 3-52　向大师学设计　牛玉琼

图 3-53　向大师学设计　邱垚

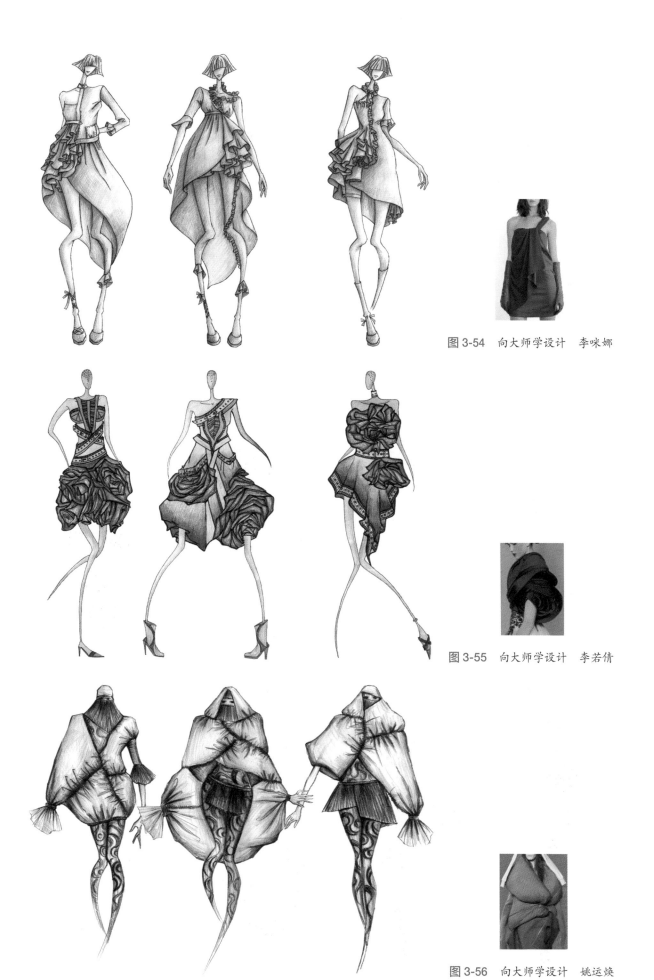

图 3-54 向大师学设计 李咪娜

图 3-55 向大师学设计 李若倩

图 3-56 向大师学设计 姚运焕

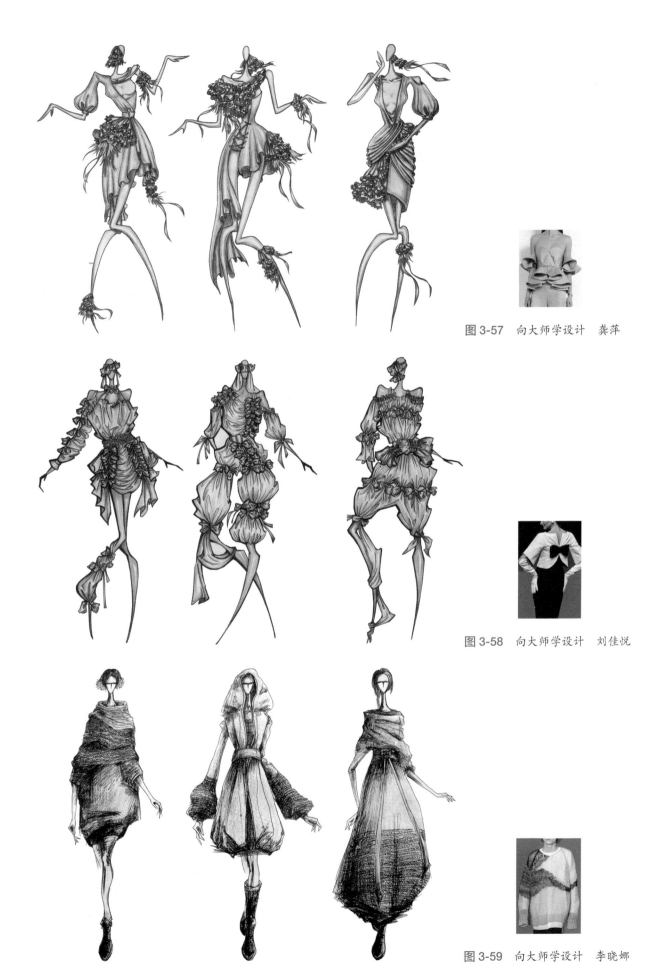

图 3-57　向大师学设计　龚萍

图 3-58　向大师学设计　刘佳悦

图 3-59　向大师学设计　李晓娜

课题四
面料再造设计

面料是制作服装的基本材料，是设计思想的物质载体，也是服装构成的基本要素。如果脱离了面料去讨论服装设计，就变成了纸上谈兵。

一、面料材质认知

制作服装的面料，以纺织品为主，以非纺织品为辅。要想了解和分辨种类繁多的纺织品之间的不同，首先要弄清楚织造这些纺织品的纤维性质各有哪些特点，并要懂得纤维、纱线与纺织品的构成关系，因为织造纺织品的原材料就是纤维（见图4-1）。服装面料按照纤维性质分类，可以分为天然纤维面料和化学纤维面料两大类。

图4-1 纺织品是将纤维捻成纱线再经纺织制成

（一）天然纤维面料与化学纤维面料

1. 天然纤维面料

天然纤维面料，是指采用从自然界提取的纤维原材料加工制成的纺织品。天然纤维主要包括植物纤维、动物纤维和矿物纤维三大类。

天然纤维面料的优点：绿色环保、穿着舒适、透气性和吸湿性良好、对身体无副作用等。

天然纤维面料的缺点：易缩水、易起皱、易磨损、易褪色、易变形、不耐久等。

天然纤维面料以棉、麻、丝、毛四大种类为主，每一种天然纤维原料都可以纺织和生产出多种品类的面料（见图4-2）。每一种天然纤维又都是可以再生的自然资源，蕴含着"天人合一""回归自然""绿色环保"等朴素的哲学思想。采用天然纤维面料制作的服装，无论是作品还是产品，都具有天然、环保、质朴、淳厚、舒适的特征，外带一种返璞归真的亲切感。天然纤维面料是最受设计师青睐、最受消费者欢迎和应用最多的服装制作材料。

2. 化学纤维面料

化学纤维面料，是指采用天然的或人工合成的高分子化合物为原料，经过加工制成的纺织品。

化学纤维主要有人造纤维和合成纤维两大类。人造纤维称为"纤"，又称再生纤维，是以天然聚合物（如木材、甘蔗渣、芦苇、竹子等）为原料，经过加工制成的纤维。如粘胶纤维面料，也称"粘胶"，就是以木材作为原材料，从天然木纤维素中提取并重塑纤维分子而得到的纤维素纤维。它是人

织物	特　性	种　类
棉	质地柔软、吸湿性强、透气性好、手感舒适、比较耐久，但易缩水、易起皱、易磨损、易褪色	平纹织物有粗布、细布、府绸、麻纱、泡泡纱、毛蓝布等；斜纹织物有卡其、哔叽、斜纹布、华达呢、劳动布、牛仔布等；缎纹织物有直贡呢、横贡呢等；绒类织物有灯芯绒、平绒、绒布、丝光绒等
麻	质地坚固、吸湿散湿快、透气性好、手感清爽、导热性强，但易缩水、易皱褶	亚麻布、手工苎麻布（俗称夏布）、机织苎麻布等
丝	质地轻薄、光泽艳丽、吸湿散湿快、弹性好、手感清爽、悬垂感强，但易缩水、易皱褶、易断丝、易沾油污	纺织品有电力纺、富春纺、杭纺等；绉织品有双绉、碧绉等；绸织品有塔夫绸、双宫绸、美丽绸等；缎织品有软缎、绉缎等；锦织品有蜀锦、云锦、宋锦等；纱织品有素纱、花纱、乔其纱等；绒织品有乔其绒、立绒、金丝绒等
毛	质地丰满、光泽含蓄、保暖性强、透气性好、手感柔和、弹性极佳，但易缩水、易起毛球、易被虫蛀	精纺呢绒有华达呢、花呢、直贡呢、啥味呢、女衣呢、凡立丁、派力司等；粗纺呢绒有法兰绒、粗花呢、大众呢、海军呢、麦尔登、大衣呢等；绒类有长毛绒、驼绒等

图4-2　天然纤维面料的特性及种类

织物	特　性	种　类
粘胶	属于人造纤维，具有柔软滑爽、色泽鲜亮、吸湿性通气性能强、很像棉布等优点；但也有遇水变硬、缩水率大、抗皱性差等缺点	人造棉、人造丝、人造毛、羽纱、美丽绸、富春纺、人造软缎、人造华达呢等
涤纶	属于合成纤维，具有抗皱性能强、保形性能好、易洗易干、久穿不破损、日晒不褪色等优点；但也有通气性能差、易带静电、易沾灰尘、不易上色等缺点	涤棉混纺有的确良、府绸、卡其、细布；毛涤混纺有凡立丁、派力司；毛丝混纺有仿丝绸、仿丝缎；涤麻混纺有仿麻摩力克等
锦纶	属于合成纤维，又称尼龙。具有强度高、弹性大、不怕水、耐磨性高、重量较轻等优点；但也有吸湿性通气性差、怕酸、怕火、怕烫、怕紫外线等缺点	锦纶塔夫绸、锦纶绉绉、锦纶弹力丝、锦粘毛花呢等
腈纶	属于合成纤维，有合成羊毛之称。具有手感柔软、色泽鲜艳、弹性蓬松性较好、强度高等优点；但也有耐磨性能差、易沾油污等缺点	腈纶驼绒、腈纶花呢、腈纶华达呢等
氨纶	属于合成纤维，又称莱卡。具有手感平滑、弹力性能强、吸湿性透气性好、伸缩自如、不起皱等优点	弹力牛仔布、弹力斜纹布、弹力华达呢等

图4-3　化学纤维面料的特性及种类

造纤维加工纺织品的代表，其纤维又分为棉、毛和长丝等类型，织造的面料就是俗称的人造棉、人造毛和人造丝。合成纤维称为"纶"，是指从石油、天然气中提取低分子物质，再通过人工合成和机械加工制成的纤维，包括涤纶、锦纶、腈纶、维纶、丙纶、氯纶、氨纶等种类。

化学纤维面料的优点：结实耐磨、富有弹性、抗皱性能好、缩水率低、易洗易干、不易变形、不易褪色等。

化学纤维面料的缺点：吸湿性透气性较差、容易起球、易产生静电、易吸附灰尘、对皮肤有刺激等。

化学纤维面料，简称"化纤面料"，其种类也有很多（见图4-3）。由于生产化学纤维面料的原材料主要来自石油，又是经过化学加工制造而成，因此在拥有成本低廉、牢固耐用等优势的同时，又有制作的服装档次较低、穿着也不舒适等缺陷。因此，采用纯化纤面料制作的服装已经越来越少，化学纤维面料更多地被用于生活的其他方面，如窗帘、沙发布、装饰布等。但随着现代纺织科技的快速发展，化学纤维面料的不足正在逐步得到改善，很多化学纤维面料已经具备了一定的环保性能，在穿着的舒适性方面也有很多改善。

尽管采用纯化学纤维面料制作的服装并不适合人们穿着，但化学纤维的作用却不能轻视，人们日常生活穿着的服装，大多都有化学纤维的参与。也就是说，人们平时穿着的服装面料，纯天然纤维和纯化学纤维的面料少之又少，多数都是采用化学纤维与天然纤维混纺或交织制成的混纺面料。混纺面料在服装面料构成中占比在90%以上。

常见的混纺面料有涤纶/棉混纺、毛/涤纶混纺、毛/腈纶混纺、毛/锦纶混纺等，还包括两种天然纤维的混纺和两种化学纤维的混纺等类型。混纺面料在制作服装方面具有很多优势，混纺的纤维可以相互取长补短，使面料发挥超常的服用性能。化学纤维与天然纤维的混纺，弥补了各自的不足，更能体现各自的长处，满足人们对服装的各种需求。混纺面料还可以根据服装内衣与外衣不同的功用，调整不同的纤维成分比例。如采用65%涤纶与35%棉混纺织成的涤棉面料，具有耐磨、挺拔、不缩水、不易皱折、易洗快干等特点，非常适合制作外衣。而制作内衣的涤棉混纺面料，大多都是棉的成分大于60%的配比。这样的内衣面料既具有舒适和环保的性能，也具有良好的耐穿性。

（二）纺织品与非纺织品

服装面料按照生产方式分类，分为纺织品和非纺织品两大类。在纺织品中，又有机织面料、针织面料之分；在非纺织品中，又有皮革、毛皮、无纺布、塑料布等种类。在纺织品中，不同的生产织造方式，会使面料各具不同的外观状态和特性；在非纺织品中，不同的加工工艺和不同的材料，会使面料各具不同效能和用途。

1. 纺织品

（1）机织面料，也称"梭织品"或"机织品"，是指由经纱、纬纱按照一定的沉浮规律相互交织而成的织品。其中，经纱是纵向排列的纱线，纬纱是横向排列的纱线。无论是手织布还是机织布，都是先把经纱排列好，再用织布梭或其他机械方式将纬纱带入，使经纱和纬纱相互交织织成面料。（见图4-4）

图4-4　由经纱和纬纱交织织成的机织面料

机织面料的起源较早，人类的机织技术差不多是和农业生产同时开始的。纺织技术的出现，标志着人类已经脱离了茹毛饮血的原始时代，进入文明社会，这是人类发展史非常重要的事件。机织技术之所以较早地被古人发现和掌握，是因为机织生产的工艺原理相对简单，就如同村民采用竹条、柳条编筐编篓的横条与竖条交织的原理一样，很容易被人们理解和接受。在面料纺织工艺中，经、纬纱相互交织的规律和形式被称为织物组织。最基本的织物组织有平纹组织、斜纹组织和缎纹组织三种类型，在此基础上再经发展变化，就形成了现今品类众多的面料组织结构。机织面料在服装构成中所占比例很大，外衣大多数采用的都是机织面料。这是因为机织面料的经、纬纱线相互交织，可以相互

制约，致使机织面料的延伸性、弹性和透气性都很小，但在牢固性、耐用性、挺括感以及稳定性方面具有其他面料所不具备的优势。（见图4-5）

图4-5　挺括感和稳定性，是机织面料服装的主要特征

（2）针织面料，也称"针织品"，是指由一根或多根纱线构成的线圈相互套结而成的织品。针织面料出现的时间要比机织面料晚了很多，它是在1589年，英国人威廉·李（William Lee）发明了第一台手摇针织机之后发展起来的。19世纪70年代，随着电动机的出现，手摇针织机也逐渐被电动针织机所取代。

针织面料织造的基本原理与家庭手工编织毛衣很相像。用两根竹针，将一根毛线按照一定的程序和规律环环套结，就编织构成了毛衣的衣身或是衣片，具有织造工艺简单、面料质地柔软、穿着舒适等优点。针织面料以其柔软、舒适和具有弹力的特性，一经问世就受到人们的青睐（见图4-6）。针织面料最少可以用一根纱线编织形成，但是为了提高生产效率，现今的针织技术大多采用多根纱线进行编织。20世纪70年代，圆型纬编针织机（舌针）每分钟大约可编织3 000个线圈横列，生产效率大为提高。目前，电脑控制技术和电子提花技术已在各类针织机械产品中普遍应用，在进一步提升生产效率的同时，也拓宽了针织面料的花型品种范围，提高了针织面料的挺括、免烫和耐磨等特性。

由于针织品有较好的透气性、延伸性和弹性，所以被更多地用作内衣面料，如T恤衫、内衣、内裤、运动装、户外装等。随着新的文化思潮、设计观念和着装理念的出现，加之针织产业的不断发

图4-6 由纱线线圈相互套结织造而成的针织面料

展，针织产品的花色品种日益丰富，针织面料正在呈现由内衣用料向外衣用料、由基础款式用料向创意款式用料发展的趋势，在服装面料中的占比也越来越大。（见图4-7）

图4-7 柔软、舒适和弹性，是针织面料服装的主要特征

讨论针织面料，不能不提及编织面料。编织面料，也称毛织品，是指运用粗纺或精纺毛线为原料，采用手工或是编织机械制成的服装或衣片。编织面料由于具有优越的保暖性、穿着的舒适性和粗犷豪放的外观，成为设计师张扬个性的新宠，越来越多地被用于服装作品当中。（见图4-8）

图4-8 温暖、厚重和粗犷，是编织面料服装的主要特征

2. 非纺织品

非纺织品主要是指皮革、毛皮等无须经过纺织手段获得的服装材料。在人类历史上，最早用于制作服装的材料就是兽皮。皮革以人工饲养的牲畜皮为主，如牛皮、羊皮、猪皮、马皮等；毛皮，也称"裘皮"，以羔羊毛皮、绵羊毛皮、狗毛皮、兔毛皮等为主，外加少量贵重的貂毛皮、水獭毛皮、狐狸毛皮等。

皮革和毛皮都具有保暖、耐用和高贵等品质，成为制作服饰品和秋冬季服装的重要材料。皮革的特性：柔韧挺括、牢固耐磨、保暖透气，具有光滑细腻和挺拔干练的外观。毛皮的特性：轻盈保暖、手感柔滑，具有雍容华贵和温暖柔和的外观。随着染色工艺和处理技术的不断提高，皮革和毛皮都可以染着各种色彩并以各种不同的外观风格出现，因此愈加受到人们的喜爱。（见图4-9）

图4-9 质地细腻、富于光泽感的皮革和外观柔软、富于温暖感的毛皮

然而，纯天然的皮革和毛皮，要受到牲畜数量及养殖规模等方面的限制。随着人们环保意识的逐步增强，成本低廉的人造皮革和人造毛皮逐渐被更多人所接受。人造皮革是指在面料底布上涂着乙烯、尼龙树脂等，使其表面具有类似于天然皮革的结构和外观的仿皮革制品。其中，聚氨酯合成革的发展最快，原因是这种合成皮革采用了具有微孔结构的聚氨酯做面层，以聚酯纤维制成的无纺布做底布，具有较好的耐磨性、耐水性和透水性，仿真效果好，加之易洗、易缝、价格便宜，便成为一种广

泛使用的皮革替代品。人造毛皮是指采用机织、针织或胶粘的方式，在织物表面形成长短不一的绒毛，具有接近天然毛皮的外观和服用性能的仿毛皮制品。

在非纺织品中，除了用量较多的皮革、毛皮、人造皮革和人造毛皮之外，还有很多传统或是现代服装新材料，如传统的塑料布、无纺布、毛毡、纸浆等，新型的非纺织品材料，如TPU（聚氨酯）面料、太空棉面料等。在设计师创意作品的推波助澜下，这些传统的和新型的非纺织品材料，已经逐渐被人们了解和接受，应用也越来越广泛。（见图4-10）

图4-10　半透明雾面的TPU面料和质轻外柔的太空棉面料

（三）面料性能与面料运用

服装面料究竟有多少种类，几乎没有人能够数得清，而且随着时代的不断进步和现代纺织技术的快速发展，不适应时代发展需要的旧面料会被逐渐淘汰，新面料也会被不断地创造出来。也许就在我们讨论这个话题的时候，一种新型的面料就已经悄然问世了。

设计师关注服装面料主要侧重于三个方面：一是从面料的基本分类去辨识面料的构成成分、特性和用途，以便把握面料的基本性能和外观状态，更好地使用它；二是要寻找到几种自己最喜欢的和应用最顺手的面料，通过不断地应用摸清它们的服用特性，并以此为基点再去拓展新的面料应用空间；三是要关注服装材料的最新发展，不断地为自己的服装创意吸纳新面料和新材料，

为设计注入新鲜感和时尚感。

初学服装设计，最容易出现轻视面料的错误。初学者常常误以为，服装面料就是为制作服装而生的材料，自己设计出什么样的款式，面料就能够把它表现出来，并没有什么值得特别关注和研究的。现实并非如此，每一种面料都有自己的性能特征和适合表现的服装款式范围。换言之，就是任何面料都有自己的优缺点，运用不恰当就不能发挥其特长，超出了面料所能承受的范围，面料的短处就会暴露无遗，就制作不出自己预想的设计效果。

作为一名出色的设计师，不仅要善于发现面料的特长和优势，还要努力将面料的多方面性能发挥到极致，做到出类拔萃才会获得真正意义的成功。作为服装作品的创意，在面料服用性能方面可能要求不高，但对面料的薄厚、重量、硬挺度、悬垂感、表面肌理、外观感受等方面要求较高，必须符合创意构想；作为服装产品的设计，则要在面料的服用性能和物理性能方面进行深入研究，才能使产品在消费者穿着使用时不会出现质量问题。面料的服用性能主要有：保暖性、吸湿性、透气性、热传导性、防水性等；面料的物理性能主要有：织物强度、织物密度、织物弹性、耐磨度、耐热度、色牢度、缩水率、起毛起球程度等。服装产品的开发和创新，要让消费者穿起来放心，用起来省心，耐穿实用，便于打理才是硬道理。

设计师对面料的把握，需要在真正意义上与面料进行沟通和交流，需要心灵上的感悟和体验，需要一次次地尝试、试验和探索，才能达到得心应手、运用自如的程度。

就服装制作而言，一般是厚度中等、质地朴实、外观挺括、无弹力、不光滑的面料最容易控制和把握，适合初学者使用。这样的面料主要有：粗布、细布、府绸、的确良、印花布、泡泡纱、毛蓝布、牛仔布、帆布、卡其、哔叽、斜纹布、华达呢、平绒、法兰绒、大众呢、粗花呢等。（见图4-11）

丝绸面料、针织面料和皮革面料，把握起来稍

图4-11 棉布、混纺等面料最容易把握，对工艺技术
要求不高

图4-13 代用材料的软化处理，使其具有了服装
面料的属性

有难度，对缝制工艺也有一定的技术要求。丝绸面料的薄、软、滑、垂，针织面料的弹力、孔洞，皮革面料的厚度、硬度等方面，都具有一定的技术难度，适合具有一定设计经验的设计师使用。这样的面料主要有：双绉、塔夫绸、软缎、绉缎、羽纱、乔其纱、针织面料、皮革等。（见图4-12）

图4-12 乔其纱、皮革等面料较难把握，对缝制
工艺要求高

毛皮面料、高弹面料和立绒面料以及一些代用材料，把握起来难度最大，但这些面料或材料却最具个性特点。尤其是那些代用材料，对于服装创意最具诱惑力。在使用时，必须对其进行软化处理，使其具有面料的某些服用性能。如将大块材料切割成小块、将厚的变成薄的、将材料粘贴在面料表面等。这样的面料及材料主要有：裘皮、人造毛皮、莱卡、金丝绒、麻绳、铜线、塑料、纸张、木片、竹条、珠片、贝壳、羽毛等。（见图4-13）

二、面料再造方法

面料再造，是指服装设计师对现有面料进行的改造和第二次设计。通过面料再造的过程，使其融入设计师的思想和情感，具有更加鲜明的个性特征。

面料的第一次设计，包括纤维成分、纱支粗细、组织结构、色彩花型等都是在面料织造之前，由面料设计师或是纺织工程师设计完成的。面料再造，则是由服装设计师后期设计制作的。对面料进行再造，已经成为现代服装设计的重要组成部分。从面料再造现象的表层去理解，设计师大多是出于对固定成型面料的色泽、质地、性能等外观效果不太满意，才会对其进行再造处理，以凸显服装作品的排他性和个性。从面料再造现象的深层去分析，面料再造的行为实际上是顺应了后现代主义思潮"否定、反叛、破坏和颠覆现存理念"的设计主张而做出的选择。后现代主张的设计师认为，如果不加改造地使用了现有的面料，就等于被动地、毫无条件地接受了社会的既定理念，这样的服装设计创造就会变得不够纯粹、不够叛逆和不够自由。

早在20世纪六七十年代，西方和日本的设计师就把后现代艺术的观念融入面料的再造和创新之中，使服装设计发生了革命性的变化并影响至今。尽管在此之前，一些设计师也曾将刺绣、亮片、褶皱等用于高级成衣的制作，但其应用的目的只是修

饰和美化，而后现代设计师的面料再造，则是为了颠覆和破坏，两者的做法相近但创造行为的本质却完全不同。（见图4-14）

图4-14　在成衣裁片和半成品上进行的钉珠片再造过程

以三宅一生为例。拿到一种新面料，他总是将面料包裹在身上，行走、办公、睡觉，或是站在镜前披挂、比试，或是挥动手臂快速转动，以确定面料的性能和舒适程度，寻找再造的可能性。他还经常专门去找纺织工人，搜寻织坏了的次品面料以及地毯零头，希望从中获得灵感和启发。有时，他还自己动手去纺线、织布，所有可以用来织成面料的东西都去尝试，如鸡毛、纸张、橡胶、塑料、藤条等。在每次设计创作之前，他都会与面料展开一次亲密的思想交流，只有完全熟悉了面料的性能，他才会动手勾画设计草图。正如他所说："我总是闭上眼睛，等待织物告诉我要做什么。"为此，他不遗余力地对材料进行分割、扭曲、再组合等上百次加工和改进，直至成就令人耳目一新的服装。

面料再造在服装设计当中主要有三方面作用：①提高服装的观赏品位。通过面料再造，可以增强服装的表现力，提升服装的观赏价值，给人不一样的视觉感受，满足人们对个性美的审美诉求。②增强服装创意的原创性。通过面料再造，既能把平凡的面料变成不平凡的面料，也能把平常的服装变成不寻常的服装，增加服装创意的原创性，引起人们的关注和认可。③提高成衣的附加值。经过特殊处理之后的面料，无论是服装作品还是服装产品，其艺术价值都会随之提升。尤其是高级成衣的手工面料再造，更能增加成衣的个性魅力和设计价值。面料再造的形式和方法各式各样，主要有变形再造、变色再造、加法再造、减法再造和编织再造五种类型。

（一）面料变形再造

面料变形再造，就是对面料进行挤、折、拧、堆、系等处理，改变面料原有的外表形态和状态，使其产生起伏感、浮雕感的再造形式。具体的再造方法有多种，如褶皱、起筋、折裥、绗缝、堆积、折叠、抽缩、扎结、填充、缠绕、压花等。

1. 褶皱

褶皱，是指将面料外表一条一条地挤压，使平坦的面料表面出现众多起伏皱褶的再造方法。

由于褶皱再造都要采用热压定型，所以面料应具有很好的伸展性和回弹性。借助于褶皱再造，在有序或无序、或大或小的皱褶起伏中，平淡的面料可以变得鲜活生动，制作的服装也会更加具有厚重感、节奏感和律动感。（见图4-15）

图4-15　褶皱面料会增加服装的厚重感、节奏感和律动感

2. 起筋

起筋，是指将面料外表折起，并用缝纫机或手针一条一条地缉缝固定，使面料表面的条条折棱突起的再造方法。

由于起筋再造必须在面料表面缉缝固定，就使每条突起的折棱具有轮廓清晰、外观挺拔的视觉特征。对服装具有很强的装饰作用和塑型能力，既可直线状排列，也可曲线状造型。（见图4-16）

图4-16　起筋再造的曲线和直线排列，都具有很强的
　　　　装饰作用

3. 绗缝

绗缝，是指用缝纫机或手针在面料表面缉缝一条一条明线，使面料外观带有明线线迹装饰的再造方法。

由于绗缝再造大都是将里外两层面料缝合在一起，因此非常适合在两层面料中间添加一些腈纶棉、薄海绵、羽绒等填充物，这样更能增加面料表面的凹凸感，强化装饰效果。另外，在绗缝线迹的排列方面也有直线排列、曲线排列和交叉排列等多种选择。（见图4-17）

图4-17　随意的手针绗缝和严谨的机械绗缝，装饰
　　　　风格各异

4. 堆积

堆积，是指按照设计需要将面料一条一条地堆砌排列，使面料表面形态呈现凹凸起伏的再造方法。

由于堆积再造堆砌的每一条面料形态都需要

固定，所以必须使用里外两层面料进行制作，外层面料的每一次突起，都要及时地用手针或是黏合剂将它固定在里层面料上。堆积再造面料的雕塑感强烈，有形态鲜明的面料造型效果和多样的外观状态。堆砌的形态可大可小、可直可曲、可整齐可凌乱、可密集可松散，要按照设计的需要进行选择和变化。（见图4-18）

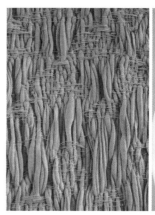

图4-18　穿插明线装饰的堆积和曲线状排列的堆积

5. 扎结

扎结，是指将珠子、扣子、棉团等填充物放在面料反面，再在面料正面用手针缝线系扎，使面料表面呈现多个球状体的再造方法。

扎结再造只适合柔软轻薄的面料，因为面料扎结之后，在扎结周围会产生一些放射状的皱褶，只有柔软轻薄的面料才能吸纳和适应。扎结形成的球状体可大可小、可疏可密、可多可少，各有不同的视觉感受。（见图4-19）

图4-19　扎结形成的球状体可大可小，各有不同的
　　　　视觉感受

（二）面料变色再造

面料变色再造，就是对面料进行染色、喷涂、褪色、拼缀等处理，改变面料原有色彩及形态，使其带有更多的文化品位、生活气息或时尚感觉的再造形式。具体的再造方法有多种，如手工印染、喷涂、做旧、面料拼接、数码印花、漂白剂褪色、硫酸加水腐蚀褪色等。

1. 手工印染

手工印染，是指采用扎染、蜡染、挂染、手绘等技术手段，将面料或服装半成品的部分颜色改变，使面料色彩更具多样性的再造方法。

手工印染一般有三个前提条件：一是面料必须是天然纤维面料；二是要尽量使用印染面料的专用染料，如合成染料、酸性染料、碱性染料、直接染料等，这样可以避免面料变硬；三是要选择白色或浅色面料，因为印染是一个加色的过程，可以将浅色面料加深却很难把深色面料变浅。一般说来，扎染具有偶然特效，蜡染具有民族风情，挂染具有色彩渐变的现代感，手绘具有传统国画的水墨效果。（见图4-20）

图4-20　蜡染具有民族风情，手绘具有传统国画的水墨效果

2. 喷涂

喷涂，是指采用油漆、乳胶、塑胶、丙烯等原料，在面料或服装半成品的表面喷绘或涂抹，以使面料色彩更加独特的再造方法。

喷涂，包括"喷"和"涂"两种再造手段。喷，是指油漆喷绘。使用带有喷头的油漆桶，直接在面料或服装表面进行喷绘。既可喷绘花色，也可喷绘底色留出花色，做出不同的喷绘效果。涂，是指乳胶涂抹。使用液态的工业用乳胶或塑胶，直接在面料或服装表面进行涂抹，待其干涸定型后，服装就可以穿着使用了。喷涂不仅能使浅色面料变深，而且能使深色面料变浅。（见图4-21）

图4-21　白色乳胶涂抹后的半透明效果和油漆喷涂的工作状态

3. 做旧

做旧，是指采用石磨、砂洗、水洗等方法，对面料或服装成品进行褪色处理，使面料表面呈现陈旧感的再造方法。

不仅牛仔面料适合做旧再造，各种面料都可以进行由新变旧的褪色处理，以增加面料的沧桑感、人情味和生活的气息。做旧的手法也有多种。如在有色面料表面附加一层薄薄的面料，绗缝固定后再进行石磨，面料表面就会出现油漆脱落般的陈旧感；将面料烟熏火燎之后再进行砂洗，就会带有沧桑感；将面料做出很多皱褶之后再石磨，就会残留生活或岁月的痕迹等。（见图4-22）

4. 面料拼接

面料拼接，是指在一块面料或是一件服装上，采用色泽、花色、材质、纹理等元素各不相同的面料进行拼接，以获得面料多样统一的视觉感受的再造方法。

图4-22 面料表面油漆脱落的陈旧感和烟熏火燎的沧桑感

面料拼接也有多种多样的表现形式，有同类面料不同色泽的拼接，也有相同部件不同块面的拼接，还有不同质地不同花色的组合等。（见图4-23）

图4-23 同类面料不同色泽的拼接和相同部件不同块面的拼接

5. 数码印花

数码印花，是指采用电脑数码技术印制面料图像，在改变面料原有色彩的同时，还能通过各种写真图像或图案表现设计主题的再造方法。

数码印花的生产过程是：先在电脑中绘制、扫描或下载图片，再通过电脑分色印花系统处理后，由专用的RIP（光栅图像处理）软件通过喷印系统将各种专用染料直接喷印到面料上，就可获得各种彩色的高精度印花图像。数码印花，是印染技术和电脑技术的完美结合，解决了印染工业的高污染、周期长、图像精度低等技术难题，为开发面料新花色和满足面料印染的个性化需求提供了新的空间，但也存在生产成本过高等不足。（见图4-24）

图4-24 数码印花可以满足服装设计师对图像的各种要求

（三）面料加法再造

面料加法再造，就是运用贴、缝、绣、钉、黏合、热压等工艺，在面料表面添加相同或不同材质的材料，以改变面料原有的外观，增加面料的装饰感、丰富感和新鲜感的再造形式。具体的再造方法有多种，如刺绣、盘绣、贴花、钉珠片、钉金属钉、明线装饰、绳带装饰、毛边装饰、蕾丝装饰、半立体装饰等。

1. 刺绣

刺绣，是指采用手绣、普通绣花机或电脑绣花机等技术和设备，按照设计的需要在面料表面绣制各种装饰图案，使面料呈现各种绣线装饰的再造方法。

刺绣再造，是最为传统、最为常见的服装面料装饰手段。刺绣分为三种生产方式：①手工刺绣。手工刺绣是最古老的传统手工艺，刺绣方式完全采用手针绣制。适合高级成衣的制作，在我国有苏绣、湘绣、蜀绣和粤绣四大门类，一直流传至今。②绣花机刺绣。绣花机刺绣是采用改装后的家用缝纫机或是专业绣花机进行绣制。绣花的效率大大提高，适合绣制单件服装。③电脑绣花机刺绣。电脑绣花机刺绣是采用现代电脑技术研发的绣花机械进行绣制，一台电脑绣花机可以同时绣制12个或24个绣片，极大地提高了生产效率，适合工业化批量生产。但电脑绣花机刺绣需要事先完成电脑编程，不太适合单件服装的刺绣。刺绣又有刺绣和贴布绣两种表现形式。刺绣，是依靠各种颜色的丝线绣制表现花型；贴布绣，是在绣片上先贴补一块不同颜色的布料，再在这块布料上面和四周进行绣制。（见图4-25）

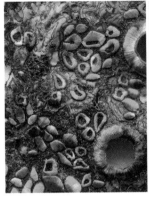

图4-25　刺绣是依靠各种颜色的丝线绣制表现花型的

2．钉珠片

钉珠片，是指在面料表面用手针串缝各种材质的亮片、珠子、扣子、宝石等，在面料表面留下不同材质、光泽、色彩和不同立体感的缀饰，使其与面料之间形成强烈对比的再造方法。

钉珠片再造，分为同种材质装饰和不同材质装饰两种方式。同种材质装饰，如都使用亮片进行装饰，可以形成整齐划一的装饰感；不同材质装饰，常常集合了各种不同材质质地，如塑料、金属、木材、石块等，就会营造不同的光泽质感，给人更加强烈的视觉观感，起到强化对比和加强点缀的作用。（见图4-26）

图4-26　不同材质的集合和整齐划一的装饰，给人
不同的观感

3．明线装饰

明线装饰，是指利用手针或缝纫机，在面料外表缝制留存相同或不同颜色线迹装饰的再造方法。

如果采用缝纫机缉缝明线，更加适合服装产品的批量生产。但就面料再造而言，采用手针缝制明线更加具有灵活性，可以不受线迹长短的限制。手针缝制既可以按照设计的需要，缝制出具有自由度和表现力的线迹，也可以利用明线的长短疏密、组合排列的方向、色彩的配置等表现设计主题。（见图4-27）

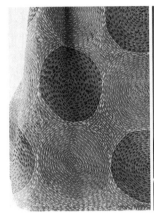

图 4-27　按照明线的长短疏密、排列方向表现
不同的设计主题

4．绳带装饰

绳带装饰，是指利用购买的丝带、绳带或是采用面料制作的条带，在面料表面进行盘绕装饰，以获得不同纹样装饰的再造方法。

较细的丝带和绳带可以在辅料市场买到，较宽的条带则需要自己利用面料进行缝制。绳带装饰再造的关键是解决在服装上如何盘绕、在哪个部位盘绕和盘绕多少等问题。盘绕的表现方式分为两种：一种是将服装表面布满，但要注意线条的灵动性和韵律感；另一种是集中在服装的中心部位，但要注意形态的疏密有序、错落有致的主次关系和色彩搭配的和谐与对比。（见图4-28）

5．半立体装饰

半立体装饰，是指在面料外表附加半立体的形态装饰，以增加面料或是服装的空间立体感和向外

图4-28 绳带装饰的运用，要注意线条的灵动性和色彩变化

的扩张力，改变原有面料外观感受的再造方法。

半立体装饰再造的显著特征，就是再造之后具有鲜明的立体感和形态的扩张感，而且这些形态都不是面料或服装连带的，都是在面料表面或是服装成型之后附加的。半立体装饰的手法有很多，如外加大小不一的棉球体、外加曲折盘绕的扁状体、外加条条叠置的条形面料、外加层层叠压的其他材料等。（见图4-29）

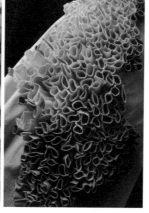

图4-29 外加大小不一的棉球体和外加面料曲折盘绕的
扁状体

（四）面料减法再造

面料减法再造，就是在面料原有状态上进行抽纱、撕扯、剪切等破坏性处理，以改变面料的外观形态和状态，使其产生残破感或是不完整感的再造形式。具体的再造方法有多种，如抽纱、镂空、烧烤、腐蚀、刮磨、撕扯、剪切、磨毛、烂花、缝头外露等。

1. 抽纱

抽纱，是指抽去面料的经纱或纬纱，使面料表面出现一种虚实相间或透露有致感觉的再造方法。

抽纱再造要选取纱线组织疏松、织纹脉络清晰的平纹面料，不适合大面积应用，可通过突出透与不透之间的对比，来增加服装的层次感。（见图4-30）

图4-30 透露与不透露的对比可以增加服装的层次感

2. 镂空

镂空，是指在面料某些部位制造出规则或是不规则的孔洞，使面料表面出现一种通灵剔透感觉的再造方法。

镂空再造，有机械制造和穿着磨损两种再造效果。机械制造效果，是采用剪切、刺绣、铁环锁钉、绳带编结等手段，留出边缘整齐、形态规则的孔洞；穿着磨损效果，是仿照服装被刮破或是被磨穿的状态，在面料或服装局部留下边缘不整齐、形态不规则的孔洞。（见图4-31）

3. 缝头外露

缝头外露，是指将服装缝头设置在外面，让其不加掩饰地暴露在服装表面，给人一种服装反穿或是未加工完成感觉的再造方法。

从严格意义来讲，在服装缝制时采用缝头外露的方式，只能算是缝制工艺的创新，而非面料再造。但从近几年的服装设计趋向来看，缝头外露业已成为设计新潮和穿着时尚，并已经不再满足服装结构缝的缝头外露，而是越来越多地被当作一种装

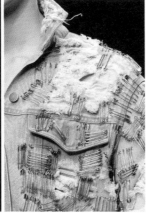

图4-31　孔洞规则的机械制造效果和孔洞不规则的穿着
磨损效果

饰效果或是面料再造手段在运用，以表现服装缝制的故意不锁边、不完成、不守常规，有意叛逆传统的服装创意效果和设计理念。（见图4-32）

图4-32　缝头外露业已成为时尚，成为面料再造的
表现手段

（五）面料编织再造

面料编织再造，就是运用丝带、绳带或是条状面料，通过编织、系结、缠绕等工艺手段，将其编结成型或是构成服装体表形态的再造形式。面料编织虽然也被归属为面料再造，但这种再造形式并不是对现有面料的改造，而大多是直接编织和创造服装。具体的再造方法有多种，如绳带编织、条带编织、面料编织、花边编织、毛皮编织等。

1. 绳带编织

绳带编织，是指采用购买来的绳带，借助于交织、排列、系结、盘绕等手法，将其编结成服装形态的再造方法。

通过采购可以得到的绳带有丝带、鞋带、皮条、线绳、麻绳、毛线绳、塑料绳等，大都是采用专业机器织造而成。绳带人人都可以买到，并不是问题。问题的关键是买到绳带以后，怎样进行编织和怎样与人体相结合。把这两个问题解决了，就可以获得服装别样的视觉美和装饰感。（见图4-33）

图4-33　形式、方法和如何与人体结合是绳带编织的
关键问题

2. 条带编织

条带编织，是指采用自制的条带，借助于交织、排列、叠压等手法，将其编结成服装形态的再造方法。

编织再造中的条带，大都是设计师自己用面料裁制而成，再经编织缝制成服装的。自己动手采用手工工艺裁制的条带，一般要比绳带宽阔，也不如机器织造的绳带精致，而且这种条带编织很少使用系结和盘绕的表现手法，会更多地使用交织、排列和叠压的表现手法。同时，条带的宽窄并用、交错叠压和翻折垂挂等状态，也是其重要的个性特征。（见图4-34）

图 4-34　宽窄并用、交错叠压和翻折垂挂是条带编织
重要的个性特征

3. 面料编织

面料编织，是指将面料切割成多个宽带，再相互编结并留出飘散的宽带端头，以获得服装形态松紧相映成趣的再造方法。

面料编织再造，给人一种松软、散射和自由的外观感觉，明显区别于条带编织的平挺、严谨和冷峭的外表。面料编结再造也有多种多样的表现方式：①经纬编织。将面料反复折叠之后再横竖交织，自由飘散的部分会有轻盈飘逸之感。②交错编结。将面料编结部分聚拢成绳状，再像编辫子一样交错编结，就会出现自由蓬松之感。③填充编结。将面料缝制成圆筒，在里面填充腈纶棉等填充物，使其膨起再编结，就会具有立体感强烈的软雕塑的外观感受。（见图4-35）

图 4-35　经纬编织的轻盈飘逸感和交错编结的
自由蓬松感

三、面料再造的设计

面料再造的最终目的大多是服装设计。那么，面料再造和服装的设计构想，究竟是哪个在先，哪个在后，还是同时在进行？面对这个问题，即便是设计师也很难区分清楚。因为，哪一种情况都有可能发生。但无论是哪一种情况，设计师都离不开"是什么""为什么"和"如何去做"三个问题的思考。①是什么？要知道自己的设计意图是什么，要表达什么样的设计主题，要传达什么样的思想情感，进而弄清楚自己想要什么样的效果，想要选择哪一种面料和哪一种再造方法以及要达到什么样的状态等。②为什么？要时常自问几个"为什么"，为什么要用这种再造方法，为什么不采用其他方法，为什么这样做的效果不理想等。③如何去做？要明确面料再造与人体之间、与服装之间、与设计主题之间是怎样的关系，面料再造用在何处、使用多少和如何应用等。

面料再造的方式方法有很多种，别人用过的再造方法，只要是符合自己的设计需要，同样可以用不同的形式和不同的状态出现。同时，也可以自己去创造未曾见过的面料再造方法。但面料再造与服装设计一样需要灵感，需要从生活的方方面面汲取养分，才能去创造那些美丽动人的传说。

（一）面料再造的灵感

面料再造与服装设计之间，具有相互促进、相互依赖和相辅相成的密切关系。面料再造可以触发设计灵感，设计灵感也可以促进面料再造。面对一个设计主题，随着面料再造灵感的涌现，服装的设计灵感也会油然而生。面料再造的灵感来源，可以是生活的方方面面，最常见的来源主要有自然形态、生活细节、加工工艺和构成形式四个方面。

1. 自然形态的遐思

大自然的景象是奇妙而美丽的，若想仔细地欣赏和领略大自然的美，既要有一种清静淡泊的心境，还有要一颗探究根源的好奇心，更要怀揣一种强烈的创造激情和愿望，只有这样才会在被自然之美感动的同时，萌生面料再造的创造灵感。自然之美常常体现在形态细节上，如植物花朵、虫草贝壳、珊瑚浪礁、土石沙漠、冰川峭壁、雷电风火等。（见图4-36）

图4-36　灵感来自鲜花簇拥的形态和月球表面的肌理

2. 生活细节的启示

人类生活的本身同样丰富多彩，只要细心观察，就会在自己的身边发现许多生动而又富于情趣的生活细节，并从中获得启示，如撕碎揉皱的废纸、盘绕错落的丝线、散乱堆积的石块、旧木干枯的裂痕、油漆脱落的斑驳、肆意涂抹的涂鸦等，都有可能成为妙趣横生的面料再造全新形象。（见图4-37）

图4-37　灵感来自油漆脱落的斑驳和肆意涂抹的涂鸦

3. 加工工艺的联想

各种各样的面料再造加工工艺，如折、挤、堆、系、拼、缝、绣、钉、染、喷、黏合、热压等，经过奇思妙想都会创造出面目全新的再造效果。即便是采用同一种加工工艺，也会由于使用方法的不同、面料薄厚的不同、构成状态的不同产生不同的再造效果。因此，面料再造非常强调试验，需要先对加工工艺进行小面积的尝试性试验，才能确认面料再造的最终效果。有了再造试验的结果，再去谈论如何应用才能做到有的放矢，创造出全新的面料再造状态和服装外表形态。（见图4-38）

图4-38　从加工工艺进行联想，突显刺绣和皮革工艺的特色

4. 构成形式的创新

即便是采用了相同的面料再造方法，如果构成的形式不同、排列的方式不同、表现的主题不同，也同样会给人以全新的视觉感受。构成形式，就是面料再造表现的方式方法。如横线、竖线、斜线、曲线、规则或不规则排列的方式，大与小、疏与密、平行与叠压、规整与自由的布局状态，以及粗与细、薄与厚、软与硬的质感对比等。不同的构成形式会产生不同的美感，会彰显自己有别于他人的独特个性。（见图4-39）

图4-39　从构成方式进行创新，彰显形态布局和排列
方式的个性

（二）面料再造的要点

应用面料再造，常常会使服装具有更加鲜明的形式美感和更加强烈的个性特征。因此，面料再造的应用，也具有一些与众不同的特殊要求。面料再造的设计要点，主要有以下几个方面。

1. 不能为了再造而再造

面料再造并不是目的，只是服装设计创造的手段。设计师进行面料再造的目的只有一个，就是服装创意的落实和创造个性的表现。因此，面料再造不能是为了再造的表面效果而再造，要具有能为服装设计增色添彩的实际价值。就面料再造而言，再造并没有限制，只要能够按照某一种特定的目标去制造，并形成自己的独特风貌，就可以成为一种再造方式，如面料被刮破了一个口子或是落上油漆，并不属于面料再造。但是，如果有意去将这个口子或是油漆进行复制，并按照一定的规则进行排列和拓展，造成一种特殊的视觉效果，便成了面料再造。类似的面料再造效果可以做出很多，但又不是所有的面料再造都适合制作服装。不适合制作服装的面料再造大体有以下三种情形。

（1）过于沉重的再造效果。有些面料本身的分量就很重，经过多次重叠再造后，更是加重了面料的重量，制作出的服装穿在身上会让人不堪重负。

（2）过于寒酸的再造效果。简陋、寒酸、粗

制滥造等，都是不被人喜欢的字眼，倘若服装的面料再造效果能够让人直接联想到这些词汇的话，就不会是一个成功的设计。（见图4-40）

图4-40　过于沉重的服装体量和过于寒酸的设计效果

（3）过于坚硬的再造状态。面料再造并不局限在面料本身，还可以利用很多替代材料来烘托效果，如珠钉、亮片、纽扣、塑料、木材、竹片、麻绳、石块、金属等。这些替代材料的使用一定要进行加工或软化处理，将其转化为服装语言，如果使用坚硬的服装再造状态，就会让人感到僵化笨拙、生硬牵强。

2. 不是为了作秀而再造

面料再造的服装效果，非常适合注重外观效果的创意作品和参赛作品。但面料再造的意义绝非仅限于此，服装产品的设计同样需要面料再造。通过面料再造，可以让服装常规的结构和普通的款式化腐朽为神奇，充满时尚感和新鲜感，不仅可以增加产品的市场竞争力，还能成为商品营销的新亮点和新卖点。如牛仔装加入做旧或是残破感的面料再造效果，就成了热销产品。类似这样的营销案例有很多，但又不是所有的面料再造都能够用于服装产品。适合转化为服装产品的面料再造有以下三种情形。

（1）再造效果要与面料特色相吻合。再造的效果一定要与面料的风格特色相统一，不能有生搬硬套或画蛇添足之感。再造效果与面料之间的外观风格要一致并达到珠联璧合的程度，经得起近看和细看。有些面料的再造效果远观尚可，一旦走近细

看，就会漏洞百出，很难经得起穿着、使用和洗涤的考验。

（2）再造手法要细腻、巧妙、灵活。再造的做工要精致、细腻和考究，粗糙的再造做工，服装就上不了档次。再造与服装的结合也要巧妙，生硬别扭的组合不会产生自然的观感。再造的运用还要灵活，要尽量用在服装的关键部位，要力求以少胜多、以一当十。（见图4-41）

图4-41 不能走近细看的效果和做工简陋粗糙的上衣

（3）再造工艺要多用机械少用手工。除了高级成衣定制的服装提倡多用手工再造以外，一般的批量生产的服装产品，并不提倡采用手工再造。服装产品的面料再造，大都要对再造进行工艺简化，以便能够运用机械替代手工进行生产。从而降低生产成本，提高面料再造质量，提升面料再造后的服用性能。

3. 再造效果要做到极致

极致，是指把某一件事情做到极点、达到极限，做到别人难以超越的程度。生活中，能把某一件普通的事情做到极致，同样可以让人叹为观止。如做某一件事的速度非常快、唱歌唱得非常好听、能够举起别人拿不动的重量等。面料再造也是一样，能够轻轻松松就达到的再造效果，你能做到别人也同样能够做到，就不会具有新奇感。因此，面料再造要做到别人做不到的程度，使其达到极限。这样的面料再造效果才能打动人心，

让人记忆深刻。把面料再造做到极致，大体有以下三种情形。

（1）把一种再造手段做到极限。当采用某一种面料或某一种方法进行再造时，就需要将这种面料再造的效果做到极限，最好做到别人想不到也做不到的程度，才能给人留下深刻的印象。把某一种再造手法做到极限，也包括将同一种再造手法变换不同的形式去表现，并非一成不变地使用。（见图4-42）

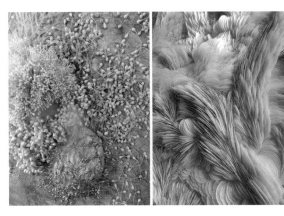

图4-42 面料再造的极致效果，语言简明，内容丰富而具表现力

（2）把多种再造手法综合利用。如果一种再造手法的制作效果还不能让人满意，也可以考虑将多种再造手法组合在一起使用。多种再造手法的组合，可以更加细腻、丰富和更有创造性地表现面料再造的综合效果，给人以更加多样化、更具变化性的外观感受，如果运用恰当，给人的视觉冲击力将会更加强烈。（见图4-43）

图4-43 面料再造的综合利用，主次得当，手法细腻而具感染力

（3）把不同材质的面料搭配使用。把不同材质的面料进行搭配组合，外加面料再造和结构创新，也是近几年服装设计发展的新趋势。如把皮革、毛皮和透明纱料进行搭配，把针织、牛仔和花色面料进行对接，将呢绒、蕾丝和金属进行组合等。这些看似不近情理的面料混搭，外加面料再造的特殊功效，常常会颠覆人们对服装组合的普遍认知，产生一种新奇感和迷离感，可以体现设计师试图突破传统审美局限的反传统的心理诉求和反常规的思维方式。

（三）面料再造的创意

我国唐代诗人王昌龄在《诗格》中说，"诗有三境。一曰物境：欲为山水诗，则张泉石云峰之境，极丽绝秀者，神之于心，出身于境，视境于心，莹然掌中，然后用思，了然境象，故得形似。二曰情境：娱乐愁怨，皆张于意而处于身，然后驰思，深得其情。三曰意境：亦张之于意而思于心，则得其真矣。"物境、情境和意境，是古诗文创作的三种境界，也同样是评价面料再造与服装创意境界的三个标准，它反映了服装设计创造三种层次的思考。

（1）物之境。物之境是指面料再造或设计表现的内容，只是处在模仿事物物态的外表形式或是表现事物表象的层面上。这样的例子不胜枚举，如将京剧脸谱不加改变地装饰在服装上，将传统建筑的某些部分直接扛在肩膀上，将植物的叶子、花朵直接插在服装表面等。

时光进入21世纪，服装设计也步入风格多元化的时代。在后现代的反传统和颠覆现存理念的设计思潮的影响下，服装设计更是到了"语不惊人誓不休"的程度。尤其是在刚毕业的学生和新生代设计师眼中，"没有做不到，只有想不到"，不管什么样的创新，只要是与过去、与传统有别，就尽情地去创造。但观众却未必会理解，也就出现了普通人眼中"走秀服装越来越丑、越来越看不懂"的现象。面对后现代主义思潮形形色色的反叛和创新，

别说是普通人，就是设计师也未必都能看得明白。尤其是那些只是停留在物境层面的所谓的创造，是很难让人接受和认可的。

（2）情之境。情之境是指服装设计摆脱了事物物态的简单模仿和束缚，进入到设计师的主观情感抒发、注重美感创造和审美理想实现的层面上。服装设计尽管容许各式各样的创新和创造，但能给人留下深刻印象的，一定是那些能够引发观众情感共鸣的和注重形式美感的创新与创造。不管是符合传统的美学标准，还是符合现代的审美意识，只要能够给人一种舒适或是愉悦的视觉感受，就具有了情感的内涵和意义。

诗人写诗，如果缺少了诗情，诗就不能感人。设计师的服装设计，倘若缺少了诗情画意，同样会让人感到枯燥无味。设计师情感的抒发，一是要摆脱对事物物态形象的依赖。要努力与原有的物态形象"拉开一点距离"，避免题材取自花卉，就离不开鲜花的形象；灵感来自建筑，就把屋檐安放在人身上的简单化、概念化处理。二是设计一定要有感而发。要源于真心的感动或是一种创作的冲动，要变设计构思的被动为主动。面对同一件事物，可以是喜欢，也可以是不喜欢。不管是喜欢还是不喜欢，都要借助于服装这一载体表达自己的看法和态度。只要做到了动之以情、晓之以理，设计作品就会传递出这种情绪，并会直接或是间接地感染观众。

（3）意之境。意之境是指服装设计上升到精神、文化、社会等方面的思考，进入到揭示人的内心感悟、心灵超越和人生哲理的层面上。服装设计的最高境界就是创造一种意境，即寓意之境。服装创意当中的"意"，具有立意、意象、意念、意境等多重含义。服装创意，就是设计师把自己的情绪感受、审美品位和创新思想，通过设计的过程，借助于服装这个特殊的载体，将内在的意念转化为具体可感的有意味的形式表达出来。当设计师内心的"意"与服装构成营造的"境"高度融合为一体，并能够在观众情感上产生共鸣时，服装创意的意境也就生成了。

这样解释意境，似乎还是有些不好理解，能够达到寓意之境的设计，确实不是随随便便就能做到的，必须拥有非常丰富的设计经验和阅历，并对设计以及为什么设计有着独特见解的人才能做到。以建筑为例，如德国的科隆大教堂、澳大利亚的悉尼歌剧院、中国的鸟巢体育馆，还有贝聿铭的封山之作苏州博物馆、王澍的获奖设计宁波博物馆等，都是具有意境之美的设计，都能让人深深地感受到"意"与"境"的完美结合。这些建筑不仅功能性极强，而且能让人萌生很多遐思与妙想，得到很多感悟和思考。再以服装为例，英国的麦克奎恩、日本的三宅一生等设计师的创意精品（见图4-44），也同样会让人怦然心动。第一个感受就是醒悟，产生"服装原来还能这样设计"的感慨；第二个感受就是领悟，原来设计一件服装作品，思考的绝不只是服装本身，还要想到许多服装之外的东西。

图4-44　鸵鸟毛染色和人造毛皮再造的经典创意，麦克奎恩和三宅一生作品

关键词：服用性能　辅料　里料　衬料　完成度　意境

服用性能： 是指面料在制作成衣后，在穿着使用过程中所体现出的特性和功效。主要包括保暖性、吸湿性、透气性、染色牢度、抗起毛起球性、抗钩刮性等。

辅料： 服装辅助材料的简称，是指除面料以外的制作服装的所有材料。如衬料、里料、缝纫线、纽扣、拉链、腰夹、花边等。

里料： 是指用于制作外衣的里层面料。大多数外衣的制作，尤其是秋冬季外衣，都需要里外两层面料。里料大多要求轻薄、柔软、光滑、透气或具有温暖感。常用的里料有羽纱、美丽绸、尼龙绸、软缎、绒布、棉布或网格布等。

衬料： 是指贴附在服装部件里面起到衬垫作用的材料。服装成衣制作都要求在衣领、袖口、袋盖、门襟等处的面料里面贴附或粘贴衬料，以使这些部位的制作效果外观平挺、外形美观和牢固耐用。常用的衬料有黑炭衬、马棕衬、树脂衬、有纺黏合衬和无纺黏合衬等。

完成度： 是指借助于材料和裁剪缝制技术，去实现设计师设计目标和设计构想的成品（样衣或成衣）制作的完成程度。既有符合设计师内心成衣标准的作品完成度，也有符合行业规范的产品完成度。

意境： 即寓意之境，是指服装作品中体现的设计师思想感情与所揭示的自然或生活景象融合产生的艺术境界和情调。

课题名称： 面料再造训练

训练项目： （1）面料成分分析
　　　　　　（2）再造效果收集
　　　　　　（3）形色再造设计
　　　　　　（4）加减再造设计

教学要求：

（1）**面料成分分析**（课后作业）

通过面料市场走访，收集4~5种不同种类的面料样卡，完成一份面料分析测试报告。

方法： 先将收集到的4~5种面料进行剪裁，制成6cm×8cm大小的样卡（粘贴在面料分析测试报告上）。对剪裁剩余的面料进行测试，内容包括拉伸试验、揉皱试验、缩水试验、石磨试验、火烧试验、染色试验等。要注意观察面料试验中的各种变化，并随时记录试验结果，最后完成一份面料分析测试报告。

面料分析测试报告的研究内容：①样卡实物。②面料相关信息（包括面料名称、产地、幅宽、颜色、薄厚、纤维成分、织物组织、外观特色和手感等）。③面料试验结果（包括试验内容、试验过程、试验结果等）。④面料适合款式（包括适合制作的服装款式、简略的服装款式图等）。内容采用手写或是电子文档均可，纸张规格：A3纸。

（2）**再造效果收集**（课后作业）

借助于网络收集面料再造图片，完成5~6种面料再造效果和5~6件面料再造服装的图片收集。

方法： 所收集的面料再造手法不能相同或相似，面料再造效果一定要特色鲜明，具有一定的表现力和新鲜感。将5~6种面料再造效果和5~6件面料再造服装图片分别放置在两个文件夹当中，要在文件名中标注图片名称和自己的姓名。以JPEG格式储存，不需打印，用电子文档形式上交。

（3）**形色再造设计**（课堂训练）

利用变形、变色的面料再造手法，构想和绘制一个系列3套创意女装设计手稿。

方法： 在本教材介绍的变形、变色面料再造手法当中，任选一两种自己最感兴趣的面料再造效果，或是自己构想其他的变形、变色面料再造手法，进行面料再造的系列服装创意构想。将选定的再造手法勾画在画面一角，并以此作为设计思维的切入点，进行服装应用的创意和构想。服装要有系列感，单套服装的个性要鲜明、内容要丰富，要努力将面料再造效果表现到极致。采用多种面料再造手法，要注意主次关系，要以一种为主其余为辅。采用钢笔淡彩的表现形式。纸张规格：A3纸。（图4-45~图4-57）

（4）**加减再造设计**（课后作业）

利用加法、减法或编织的面料再造手法，构想和绘制一个系列3套创意女装设计手稿。

方法： 要求同上。（图4-58~图4-69）

（堆积+缠绕）

图4-45　变形再造设计　盛一丹

（抽缩+填充）

图 4-46 变形再造设计 刘亚芸

（抽缩变形）

图 4-47 变形再造设计 刘佳悦

（海绵填充）

图 4-48 变形再造设计 龚萍

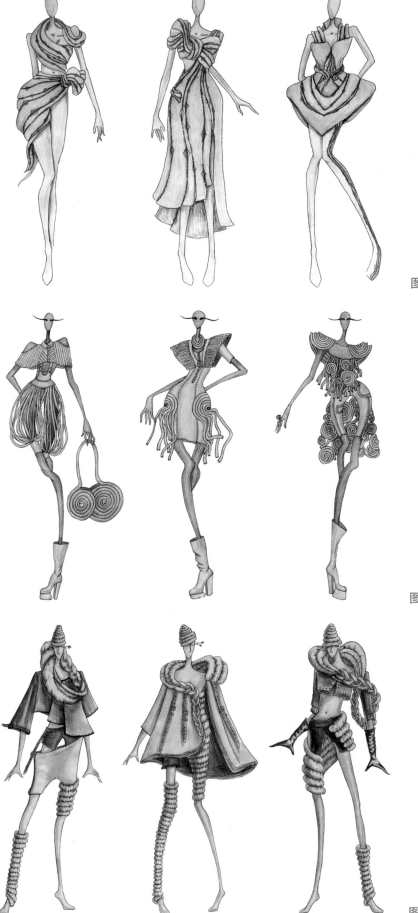

（填充+拼接）

图 4-49　变形再造设计　杨雅琴

（盘绕+拼接）

图 4-50　变形再造设计　龚丽

（填充+编结）

图 4-51　变形再造设计　曹健楠

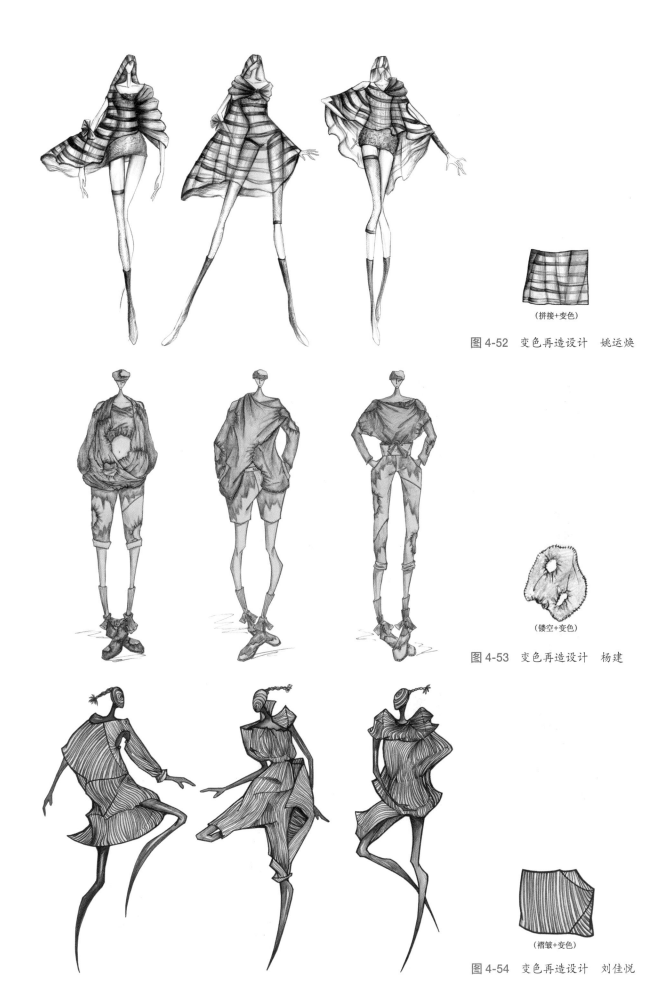

（拼接+变色）

图 4-52　变色再造设计　姚运焕

（镂空+变色）

图 4-53　变色再造设计　杨建

（褶皱+变色）

图 4-54　变色再造设计　刘佳悦

（编织+变色）

图 4-55　变色再造设计　龚萍萍

（拼接+变色）

图 4-56　变色再造设计　王菲

（填充+变色）

图 4-57　变色再造设计　刘晨

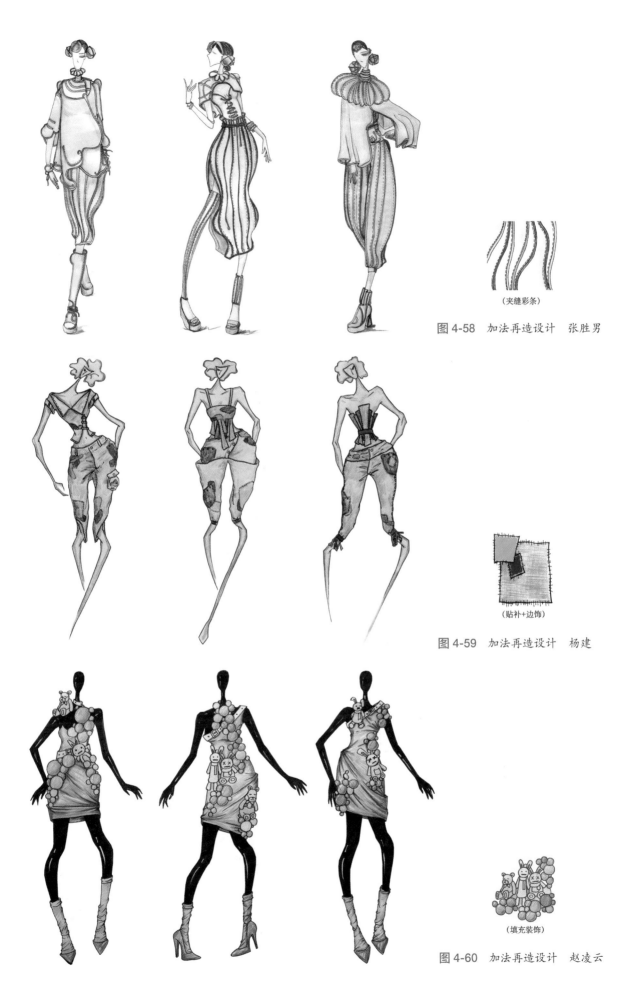

（夹缝彩条）

图 4-58　加法再造设计　张胜男

（贴补+边饰）

图 4-59　加法再造设计　杨建

（填充装饰）

图 4-60　加法再造设计　赵凌云

（拼接+叠压）

图4-61　加法再造设计　胡问渠

（抽缩+珠钉）

图4-62　加法再造设计　胡问渠

（图案+亮片）

图4-63　加法再造设计　龚萍萍

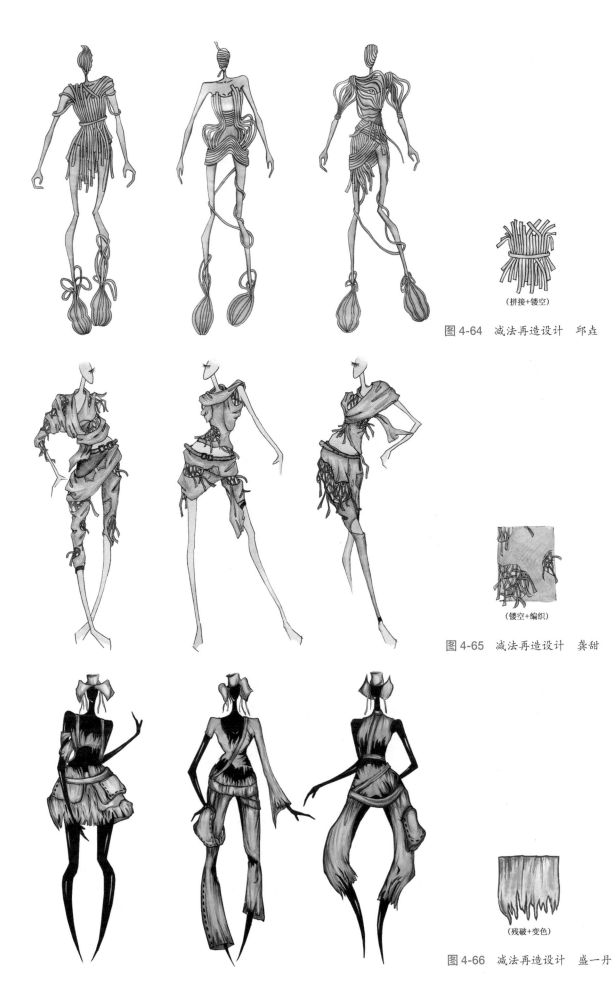

（拼接+镂空）

图 4-64　减法再造设计　邱垚

（镂空+编织）

图 4-65　减法再造设计　龚甜

（残破+变色）

图 4-66　减法再造设计　盛一丹

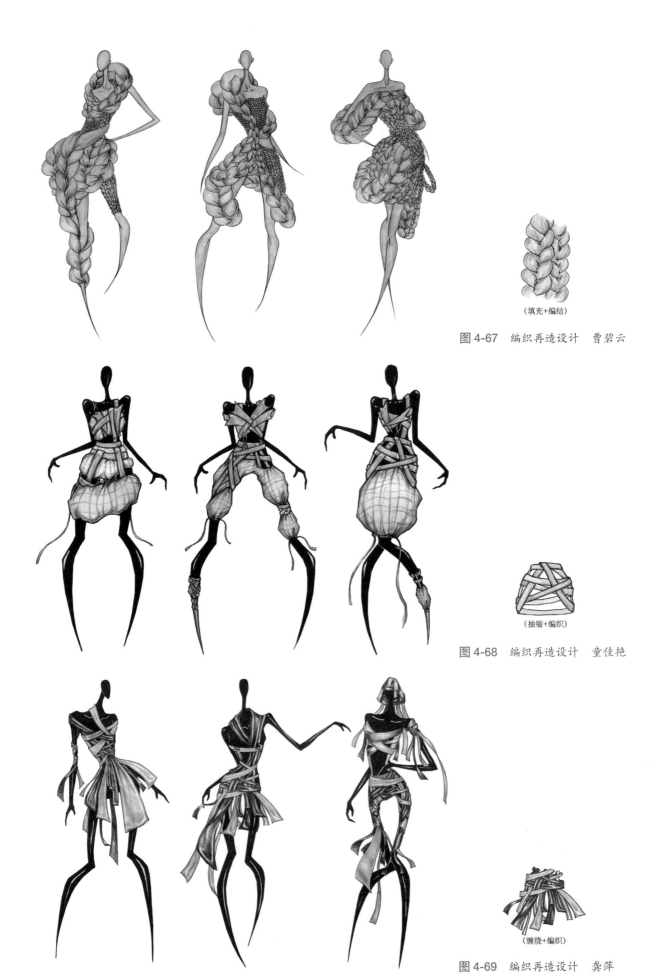

（填充+编结）

图 4-67　编织再造设计　曹碧云

（抽缩+编织）

图 4-68　编织再造设计　童佳艳

（缠绕+编织）

图 4-69　编织再造设计　龚萍

课题五

结构解构创意

服装结构，是指服装各个组成部分的构造方式。服装是由各块衣片及各个部件组成的，衣片和部件的形状及相互构成关系的不同，形成了服装结构的千差万别。

一、服装结构与构成

（一）服装结构的起源

服装的构成，并非一定要有结构，在其漫长的发展历程中，就曾出现过没有结构的历史。据史料记载，从古埃及一直到欧洲古罗马时代末期的数千年间，只有一种披挂式的服装构成形式。披挂式服装通常是由一块或多块衣料构成，基本不需要裁剪或是稍加缝制即可。服装是通过缠绕或披挂的方法包裹人体或利用腰带捆系披挂在身上，一旦离开人体，自身形象与布料相差无几。当时，以古希腊被称为"希顿"（chiton）的服装样式最为典型。它有两种最常见款式，一种是增多了一层折返的多里亚式希顿，另一种是从两肩到袖口间隔固定的爱奥尼亚式希顿。（见图5-1）

服装结构的萌芽最早出现在14世纪。后人在格陵兰岛考古发现了一件长衣，见证了这一时期欧洲服装由二维平面裁剪向三维立体裁剪的转变。这件具有服装史里程碑意义的长衣，被命名为"格陵兰长衣"。格陵兰长衣的特殊价值：一是采用了分

图5-1　古希腊时期的多里亚式希顿和爱奥尼亚式希顿

片裁剪。它的衣身前片和后片在肩部缝合，两侧及前后共有12块三角形插角布，袖子腋下各有2块插角布，整件服装共由20个衣片组成，并出现了前所未有的侧身衣片的结构形式。二是采用了省缝技术。在每个侧身衣片的上端，使用了省缝技巧，使服装更加合乎人体体态，减少了多余的分量，成为三维立体裁剪的起点。（见图5-2）

格陵兰长衣三维立体的服装构成意识和裁剪方法，除了改变了当时的服装造型以外，还对此后西方的服装发展产生了深远影响。经过几个世纪的不断发展和演变，由平面衣片转换成立体造型的服装裁剪技术不断完善并日趋成熟，逐渐形成了近现代东西方服装走向大同的服装结构构成体系。（见图5-3）

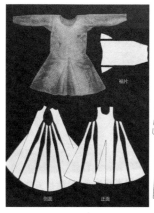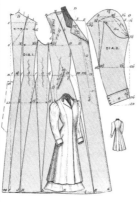

图 5-2　格陵兰长衣的省缝技术开创了现代服装的
省缝形式

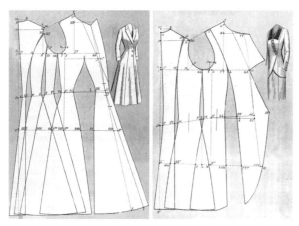

图 5-3　东西方服装走向大同的服装结构构成体系
逐渐形成

　　东西方服装在13世纪前都是平面化的服装结构形式，与格陵兰长衣同时期的中国正处于元代，长袍是元代的主要着装样式。平面裁剪的结构形式在我国一直延续到近代。在清末民初，宁波的"红帮裁缝"才开始向欧洲人学习西装裁剪技术，并逐渐向全国推广和发展，由此传统的平面结构才开始发生根本改变。在中国服装史上，"红帮裁缝"创立了五个第一：中国第一套西装，第一套中山装，第一家西装店，第一部西装理论专著，第一家西装工艺学校。

（二）服装结构的作用

　　从服装结构的起源和发展过程，大体得知服装结构主要有两方面作用：一是可以让服装更加合体。服装更加合乎人体体态，既可以方便人体的活动，也能突显人体的自然美和曲线美。因此，若想

让服装更加合体，就需要对人体体态的各个部分进行测量，以获得准确的人体数据，确定各个衣片的裁剪形状及大小，包括衣片的长短、宽窄、角度、数量以及领口、袖窿、腰节的部位等。源自西方的立体裁剪，就是直接在人台上提取人体数据的直观、便捷的裁剪方式（见图5-4）。二是便于局部或是部件的造型。就服装创意的多元化、多样化和创造性而言，只是满足于合体的目标还远远不够，还需要根据服装创意的需要，塑造更多不同形式、不同状态的局部或是部件的造型，才能适应服装设计发展的多方面需要（见图5-5）。因此，一件服装的结构构成，只有涵盖人体体态特征和服装造型特征两方面的数据，才能进行衣片的准确定位和服装的精准制作。

图 5-4　立体裁剪是直接在人台上提取人体数据的
裁剪方式

图 5-5　服装结构还需塑造不同形式、不同状态的局部或
部件造型

　　人体是由躯干、四肢和头等部分构成的，人

体的各个部分不仅是立体的，而且是可以活动的。因此，要想用平面的面料将人体"包装"起来，变成合乎人体体态特征的服装，就需要先将面料进行分解，裁剪成若干个衣片。然后保留有用的部分，去掉多余的部分，再经缝合连接，使其由二维空间向三维空间转换，服装的造型与结构才能完成。

服装的完整形象，是由人体和服装两部分组合而成的，故而服装才有"人体第二层皮肤""人体包装"和"人体软雕塑"之称。服装的造型，离不开对人体体态的依赖。人体各部分体态都近似于圆柱体，服装也就围绕这些圆柱体呈现圆筒造型。在圆筒造型的基础上，服装结构还要解决能让服装合乎人体的三个技术难题：一是胸部如何隆起、腰部如何收缩。女装的胸部隆起和腰部收缩要依靠省缝技术来解决。胸部是以乳点为基点，向四周发散安排省缝，去掉周围面料余份，使胸部隆起。腰部是将省缝围绕腰部进行均匀分配，去掉腰部面料余份，使腰部收缩。二是袖子与衣身如何连接。袖子和衣身分属于两个圆筒造型，它们的连接需要设置一条袖窿线，才能去掉腋下多余的面料，便于上肢的活动。三是臀部与两个裤腿如何连接。裤子的臀部是一个筒型，裤腿是两个筒型，两者的连接离不开立裆线。缺少了立裆线的设置，裤子就很难合体。

在服装结构构成中，有一些接缝是不可或缺的，缺少了这些接缝，服装就难以制作完成（见图5-6）。这样的接缝，被称为结构缝。此外，还有一些与服装结构关系不大，制作当中可有可无，缺少了并不影响服装的制作，却对服装的外观起到修饰美化作用的接缝。这样的接缝，被称为装饰缝或是分割线。

就服装结构而言，服装构成的组成部分越多，衣片形状差异越大，服装的结构也就越复杂。反之，组成部分越少，衣片形状越接近，服装的结构也就越简单。就服装设计而言，结构缝和装饰缝都是需要考虑的结构设计因素，会直接影响服装造型和外观效果。结构简单、外观简洁的设计，是一种

图5-6　结构缝不可或缺，缺少了服装就很难制作完成

美；结构复杂、外观繁复的创意，也是一种美。因此，设计师需要了解结构缝和装饰缝在服装构成中的作用，才能在设计当中更好地利用它们。

1. 结构缝的作用

（1）连接作用。把两个形状不同的衣片连接缝合，使服装表面产生一定的转折、起伏或构成立体的状态，如领口缝、袖窿缝、裤子侧缝、立裆缝等。

（2）收缩作用。收缩作用类似省缝的效果，在接缝中隐藏省道，去掉面料多余部分，使服装表面收缩。收缩以纵向结构缝为主，如上衣侧缝、公主线缝等。

（3）加量作用。在接缝处增加衣片面积，使服装的某些部位宽松膨起，如裙摆缝、裙腰缝等。

（4）改变角度。直边与斜边、直边与曲边、曲边与曲边、直边与折角边、折角边与折角边等边缝的缝合，都能改变衣片的角度。衣片角度的改变，既能塑造各种立体的局部造型，也能创造全新的结构形式，给人全新的感受。

（5）附加装饰。在接缝上夹缝或附加装饰，要比在衣片的中间添加装饰更容易，也更加合理。装饰的方法有很多，如加牙条、加花边、加丝带、加流苏等。

（6）夹藏部件。在接缝中夹缝拉链、袋口、袢带等部件，效果较为隐蔽，可以增加服装的精致感和巧妙感。（见图5-7）

图 5-7　结构缝的装饰强调和结构缝的巧妙利用

2. 装饰缝的作用

（1）分割作用。把完整的衣片切断再缝合连接，留下的接缝便构成了分割效果。分割可以充实款式细节，增加表现内容。服装分割线越多，款式效果越活泼，服装就越有活力。（图5-8）

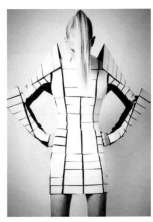

图 5-8　装饰缝的直线分割和装饰缝的曲线分割

（2）拼色作用。把完整的衣片切断，把裁下的部分衣片换成另一种颜色或花色的面料，再经拼接缝合便构成拼色效果。拼色可以增加服装的色彩变化，形成色彩对比，加强视觉感染力。

（3）装饰作用。装饰缝具有很强的装饰效果，如在素色面料的接缝处缉缝明线、将接缝缝头外翻或是在接缝上面再加修饰等，都能引起人的格外注意。

（4）夹藏装饰。在完整的衣片上面再增加一层面料或是添加一些花边、条带、丝带、流苏等装饰，最好的办法就是把衣片切断，把增加的面料或装饰夹缝在接缝里。这样，既可增加牢固性，连接

的效果又显得自然合理。

（三）服装结构与造型

造型，现代汉语词典的释义是：①创造物体形象；②创造出来的物体形象；③制造砂型。也就是说，造型既有动词的含义，是指创造物体形象的过程；也有名词的含义，是指创造物体形象的结果。

利用一张纸的变化过程来理解造型的概念，更能清楚它的含义。一张纸是平面的，只有长度和宽度二维空间，此时可以称为"造形"，与造型无关。如果将一张纸卷曲成为一个圆筒或是折叠构成一个方盒时，其过程和其结果便可称为"造型"了。因为，通过这一卷曲或是折叠的过程，这张纸不仅有长度和宽度，还拥有了厚度，具有了三维空间的特性。所以，造型通常是指占有一定空间的、立体的物体形象以及这一形象的创造过程。服装面料最初也是平面的，当把面料制作成服装或是将面料披挂在人体上，面料也就经历了由二维空间向三维空间的转变过程，因此也就形成了服装造型的概念。（见图5-9）

图 5-9　服装造型形成于面料由二维空间向三维空间的转变

就物体的三维特性而言，造型又分为实心体和空心体两类，如圆柱形的原木就是实心体，圆柱形的水管就是空心体。服装也是空心体，不仅占有长度、宽度和厚度的外围空间，还拥有自己的内空间。服装的内空间不仅要容纳人体，还要在服装与人体之间空留一定的间隙，以方便人体活动。（见图5-10）

图 5-10　服装的内空间不仅可以容纳人体还可以方便
人体活动

除此之外，服装造型还包括整体造型和局部造型两个组成部分。整体造型是指服装总体的外观形态；局部造型是指服装各个部件或是相对独立的局部形态，如衣领造型、袖子造型、口袋造型、半立体局部造型等。服装的局部造型形式及状态十分多样，有立体型、半立体型、部分凸起的具象型或抽象型等。由此，也就形成了服装造型的复杂性、多样性和生动性。（见图5-11）

图 5-11　服装的局部造型可以增加服装的多样性和生动性

1. 服装造型与廓型

由于服装造型的复杂性和多样性，需要运用一种直观、明确和高度概括的表述方式，来识别和传达这些不同的服装造型。国际通用的做法是，用廓型表示服装造型。廓型，是服装造型外轮廓的简称。用廓型代表服装造型的基本特征，不仅形象生动、通俗易懂，还可以抓住服装造型的本质特点。服装廓型的表示法也有多种，使用最多的是字母型表示法和物态型表示法。

（1）字母型表示法。字母型表示法是指用英文字母形态表现服装造型特征的表述方法。字母型表示法具有简单明了、易识易记等特点。基本以A型、H型、X型、T型、Y型等为主。（见图5-12～图5-14）

图 5-12　服装肩部合体、衣摆宽松，是 A 型的基本特征

图 5-13　服装衣身呈直筒型、不收腰，是 H 型的基本特征

图 5-14　服装肩部夸张、腰部瘦紧，是 Y 型的基本特征

（2）物态型表示法。物态形表示法是指用大自然或生活中某一形态相像的物体，表现服装造型

特征的表述方法。物态型表示法具有直观亲切、富于想象力等特点，是使用较多的表示法，如喇叭型、吊钟型、花冠型、气球型、口袋型、桶型等。物态型表示法十分通俗形象，容易被人接受和记忆。在运用时，要用人们普遍了解的物体来确定服装造型的名称，不能使用只有少数人知道的物体来命名，同时物体的形象要典型，并要具有一定的稳定性。（见图5-15和图5-16）

图 5-15　裙摆宽敞的喇叭型和像大钟的吊钟型服装造型

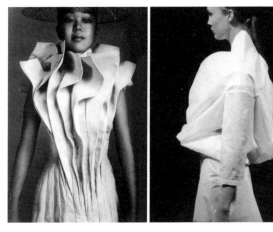

图 5-16　花瓶形状的花瓶型和像气球的气球型服装造型

用廓型表示服装造型，尽管传递的只是剪影般笼统的服装外观信息，但对设计师却具有非常重要的意义：一是有利于把握服装流行趋势。在每年每季的流行中，服装款式千变万化，难以把握。如果从服装廓型入手，就能够透过现象看到本质，可以根据服装的不同造型进行归类，进而发现流行服装的共性特征。二是有利于把握服装的整体感。在服装构成当中，服装廓型是有限的而服装款式则是无穷的，同一个服装廓形，可以用无数种不同款式或是不同结构去构成。在无穷无尽的款式变化中，设计师若不想被款式细节所迷惑，就需要经常回归到服装整体，去调整款式细节。

2. 服装结构与造型

服装结构与造型具有非常密切的关系，任何形状的服装造型，都需要借助恰当的结构构成形式才能将其制作出来。同时，任何一种造型都不会只有一种结构构成形式，只要经过研究就会发现结构是"活的"，是可以灵活多变的。以体育比赛用球为例。篮球、排球和足球都是空心的球状体造型，都需要采用真皮、PU人造皮革或是PVC人造塑料拼接而成，但其结构构成形式却可以完全不同。篮球通常采用8块瓜皮状的PU人造皮革或PVC人造塑料拼接而成，排球是采用18块长条状的羊皮（一共6组，一组3块）拼接而成，足球则是采用32块（12块五边形和20块六边形）牛皮拼接而成。但这些只是赛事规定的比赛用球制作标准，并不能囊括球状体造型的所有结构。如足球的结构，就一直在发生变化。1970年，阿迪达斯（Adidas）根据球面几何计算出最合理的拼接方式，生产了第一个由12块五边形和20块六边形拼成的电视之星(Telstar)，并成为世界杯比赛的标准用球。2006年德国世界杯，阿迪达斯开始偏离传统设计，创造出了14块材料拼接的团队之星(Teamgeist)。2010年的南非世界杯，球面又少了4块材料，变成了10块材料拼接的普天同庆(Jabulani)。2014年的巴西世界杯，球面又变成了6块材料拼接的桑巴荣耀（Brazuca）。（见图5-17）

图 5-17　篮球、排球和足球的结构和 6 块材料拼接的
桑巴荣耀

同为空心体的服装造型与结构，与这些体育用球的构成原理具有异曲同工之妙。尽管服装的造型

绝不会变成足球式的外观，也不会追求那般呆板谨严的结构，而是要体现"软雕塑"的服装的造型特征。但在造型与结构的关系方面，这些体育用球的结构变化可以为服装造型提供诸多启示。服装造型的结构，也同样不是固定不变的，人们所面对的服装结构不管有多么严谨和合理，它所体现的都只是众多结构形式中的一种构成形式而已。绝不能把它理解成唯一的和不可改变的。（见图5-18）

图 5-18　服装的"软雕塑"造型特征，有多种多样的结构形式

传统的常规的服装结构构成形式，如西装、旗袍、晚礼服、牛仔裤等，是人类共同智慧的结晶和财富，是经过多代人的实践探索总结的宝贵经验，具有非常重要的实用价值、社会意义和存在的合理性，并不会一下子就被抛弃。但就服装创意而言，服装结构一定会以多元化和多样化的形式存在，任何单一的结构形式都不可能持久不变。因为，时代在发展，社会在进步，不管理解还是不理解，接受还是不接受，全新的服装结构形式一定会不断出现。（见图5-19）

图 5-19　服装结构一定会以多元化和多样化的形式存在

二、服装结构与解构

（一）结构与结构主义

结构并非服装所独有，建筑、语言、社会等都有其独特的结构构成形式。结构的不断发展和演化，是一个哲学思辨和实践探索的过程，几乎涉及社会的各个领域，并形成了各种思潮。服装结构的发展也毫无例外地受到艺术思潮的冲击和影响，只有了解各种艺术思潮的不同主张，才能真正地解读服装设计师的设计思想，才能读懂服装作品的真正意义。

1. 结构主义思潮

"结构"一词，最初只用于建筑学，是指"一种建筑样式"。17—18世纪，"结构"的意义被拓宽为"事物系统的诸要素所固有的相对稳定的组织方式或联结方式"，并逐渐成为一个具有跨学科意义的术语，广泛用于社会科学、人文科学和自然科学的各个领域。20世纪初，在对结构研究的基础上，逐渐派生出了结构主义哲学，成为一种认识事物和研究事物的方法论。结构主义哲学认为：两个以上的要素按照一定方式结合组织起来，构成一个统一的整体，其中诸要素之间确定的构成关系就是结构。

结构主义（constructionism）是一种认识和理解对象的思维方式，即在人文科学中运用结构分析方法所形成的研究潮流或倾向。瑞士语言学家费尔迪南·德·索绪尔（Ferdinand de Saussure）被后人称为现代语言学之父、结构主义的鼻祖。他主张研究语言学，首先是研究语言的系统（结构），认为一个时代的语言系统是由相互依存、相互制约的要素构成的，各个要素的佳作取决于它与其他要素的种种对立关系。

20世纪60年代，结构主义已经成为一种有重大影响的哲学思想。法国哲学家列维·斯特劳斯（Claude Levi Strauss）在《结构人类学》一书中，对结构提出了四点说明：一是结构中任一种成分的变化都会引起其他成分的变化；二是对任何一个结

构而言，都有可能列出同类结构中产生的一切变化；三是由结构可以预测出当某一或几种成分变化时，整体会有什么反应；四是结构内可以观察到的事实，能够在结构内得到解释。结构主义认为元素的意义不在于元素本身，而在于元素与其他元素间的关系，这种关系成为元素组成某一整体的模式。

结构主义还认为：结构分为表层结构和深层结构。表层结构是人们可以直接观察到的；深层结构是事物的内在联系，只有通过某种认知模式才能认识到。结构主义的最大特点就是强调相对的稳定性、有序性和确定性，强调应该把认识对象看作整体结构。（见图5-20）

图 5-20　结构主义强调，应该把认识对象看作整体结构

2. 结构主义服装

1919年4月在德国魏玛成立的包豪斯设计学院，开创了现代艺术设计的先河，其指导思想正是结构主义。包豪斯认为，艺术设计应该通过有序运动而得到高度的平衡与协调，通过归纳事物表面的杂乱无章，找到它们内在结构的构成规律，创造高度的逻辑性视觉传达，使设计在结构的秩序中得以完成。包豪斯对现代设计的影响是多方面的，它创造了当今工业设计的模式，并且为此制定了标准。他是现代设计的助产士，改变了一切东西的模样——我们正坐着的椅子、正在使用的茶杯、正在阅读的图书、正在居住的房屋等，从其造型和结构样式都能看到包豪斯的影响。

服装设计也不例外，在结构主义设计思潮的影响下，人们创造了简约、理性，甚至是通过数学运算来取得视觉平衡的设计方法，形成了对结构进行科学分析、按照黄金分割设置比例以及注重单个部件与整体之间关系的思维模式，强调服装结构与人体的空间组合，使服装的功能效应和形式美感都能通过结构得以实现。（见图5-21）

图 5-21　早期的经典作品，简约、理性、注重功能效应和形式美感

结构主义服装不但注重服装严谨的结构设计，还十分注重服装三维空间效果的表现，在服装造型上强调外观形式的变化和形式美感的体现，具有较强的立体层次感和空间感。对于结构、形体与空间美感的追求，形成了鲜明的结构主义服装风格特征。（见图5-22）

图 5-22　对结构、形体与空间美感的追求，形成了结构主义服装风格特征

在世界服装发展的历史演变中，具有结构主义设计思想，并已经形成自己独特设计风格的设计师不胜枚举，且大多活跃在20世纪五六十年代。结构主义服装设计师的杰出代表有：以"新外观"设计

一举成名的克里斯汀·迪奥（Christian Dior）、被誉为"剪子的魔术师"的克里斯托伯尔·巴伦夏加（Christobal Balenciaga）、带有建筑造型美感的皮尔·卡丹（Pierre Cardin）（见图5-23）、能"赋予时装一种诗的意境"的伊夫·圣·洛朗（Yves Saint Laurent）、华贵浪漫具有贵族气派的卡尔·拉格菲尔德（Karl Lagerfeld）、享有"活动的建筑"美誉的皮尔·巴尔曼（Pierre Balmain）、被称为"高级时装的最后骑士"的纪梵希（Givenchy）等。

图5-23　皮尔·卡丹带有建筑造型和宇宙探索情结的服装作品

3. 结构主义设计原则

据说在古希腊，有一天毕达哥拉斯（Pythagoras）走在街上，在经过铁匠铺前时，感觉铁匠打铁的声音非常好听，于是驻足倾听。他发现铁匠打铁的声音之所以好听，是因为铁匠打铁的节奏很有规律，这个声音的比例被他用数理的方式表达出来，就成为后来被广泛应用在众多领域的黄金分割。黄金分割是一种数学上的比例关系，主要有长度比例（将整体一分为二，较大部分与较小部分之比等于整体与较大部分之比，其比值约为1:0.618）和长宽比例（黄金矩形，矩形的长边为短边的1.618倍）。黄金分割具有严格的比例性、艺术性和和谐性，蕴藏着丰富的美学价值。黄金比例曾被认为是建筑和艺术中最理想的比例。建筑师对数字0.618特别偏爱，无论是古埃及的金字塔，还是巴黎的圣母院，或者是近现代的很多经典建筑，都有与0.618有关的数据。即便是现在人们使用的纸张、门窗等的长宽比

也大多是1:0.618。同时，黄金分割也毫无例外地被应用到了服装设计当中。（见图5-24）

图5-24　袋口位置和色彩分割，都以黄金分割为依据的服装设计

西方传统美学所提出的以数学计算为基点，按固定比例的黄金分割，运用排列、分割、比例和秩序等形式的美学要素进行设计，不仅广泛用于建筑，也被服装设计所吸纳。结构主义服装，不但注重服装理性的结构设计，而且更醉心于服装三维空间效果的表现，具有较强的建筑学造型因素。由此形成的结构主义服装的基本特征是：以人的肢体造型为基础，注重严谨的结构设计，强调服装造型的立体感、比例感、层次感、秩序感和功能性，充分反映了西方传统服装的审美理念。结构主义服装的设计原则主要包括理性、合理、简化和规范四项原则。（见图5-25）

图5-25　符合理性、合理、简化和规范原则的结构主义服装设计

（1）理性原则。结构主义服装设计大多都是理性的、节制的，要符合优化设计的各项原则和标

准。要尽可能精确地拟合人体曲面，运用省缝、结构线、分割线等结构设计要素来表现服装与人体之间的合理、简约、精确的对应关系，通过整体的主次布局，安排相应的局部细节。为了突出设计主体，其他部分要尽可能精简。

（2）合理原则。服装构成的合理和巧妙，是结构主义设计的核心主张。衡量设计是否合理通常有两条标准：一是要到位，接缝的部位、弧度、角度、松紧度等是否恰到好处，是否能够与人体体态达到吻合；二是要巧妙，要努力找到能够与众不同，具有以一当十的多重功效或是具有出人意料的别致的结构构成方式和各部件的组织方式。

（3）简化原则。设计强调"少就是多"的简化原则。在不影响外观效果的前提下，结构工艺要尽可能地进行简化处理，要努力去掉任何多余的部分，以降低加工成本，减少制作工序，易于批量加工生产。在某些情况下，可由一个衣片或是一条接缝承担多个功能，以达到工艺简化、外观简洁的目的。

（4）规范原则。规范化的款式设计、结构设计和缝制工艺，不仅便于利用机械进行大批量生产，还能提高服装的生产效率，保证服装的制作质量。即便只做一件服装，规范化的设计也同样重要，因为规范化也是服装内在品质的保证和象征。

结构主义服装设计在外观上注重形式美感的表现，但也逐渐暴露了它的形式化、同质化倾向；结构上过于沉迷于数学计算却轻视了创造的激情和偶然性；创意上既想有所创新和突破又不敢超越传统划定的藩篱；功能上太过强调服装的服用效能却少了一些人为关怀。因此，尽管结构主义服装对现代服装的发展做出了非常巨大的贡献，但在人类进入21世纪之后，面对解构主义思潮的挑战，也只能发出"无可奈何花落去"的感慨。

（二）解构与解构主义

20世纪六七十年代，是法国高级成衣业的崛起和高级时装业的衰退时期，在经历了"嬉皮风格""朋克风貌"等街头文化的强烈冲击后，解构主义思潮逐渐兴起，并在20世纪80年代迅速传播，至今仍然保持着强劲的发展势头，对世界服饰文化产生了巨大冲击和广泛影响。解构主义有着深刻的社会、历史、思想和文化根源，充斥于哲学、社会学、心理学、文学、艺术以及生活本身。但解构主义并不等同于后现代主义，更确切地说，解构主义是后现代主义的一个极其重要的流派。同时，"解构"也是后现代主义的一个基本特征。

1. 解构主义思潮

"解构主义"（deconstruction）一词是从结构主义演化而来的，是在反结构主义的基础上产生的。"解构"从字面上理解：解，即解开、分解、拆卸；构，即结构、构成、构造。两个字合在一起，即为解开之后再构成。

早在1967年，法国哲学家贾奎斯·德里达（Jacques Derrida）就提出了解构主义思想。在德里达的抨击下，确定性、真理、意义、理性、明晰性、理解、现实等观念变得空洞无物。解构主义理论让人们用怀疑的眼光扫视一切。但解构主义作为一种艺术思潮的形成，却是在20世纪80年代以后。解构主义认为，结构没有中心，也不固定，由一系列的差别组成。由于差别的变化，结构也随之发生变化，因而结构有着不稳定性和开放性。这种思想起初由建筑设计师率先运用，他们强调打破旧的单元秩序，再创造更为合理的秩序。通过将对象分解成各个组成部分再进行重新组合，对传统进行颠覆。目前，解构主义建筑已经遍布各地，如布拉格的尼德兰大厦、巴黎的拉维莱特公园、纽约的沃特·迪斯尼音乐厅、北京的中央电视台等。清华大学建筑史学家吴焕加教授将解构主义建筑的特征概括为散乱、残缺、突变、动势和奇绝五个方面。

（1）散乱。在总体形象上破碎、零散，在外观上参差交错，在形状、色彩、比例、尺度、方向的处理上极度自由，超脱了建筑学已有的一切程式和秩序。

（2）残缺。往往力避完整、齐全，在许多地方故意做成破损状、缺落状、不了了之状，看后令人愕然，但又耐人寻味。

（3）突变。各种元素和各个部分之间的连接往往没有过渡，也没有预示，表现得很偶然、很突然，看上去生硬牵强，似乎无规律可循。

（4）动势。常常采用颠倒、倾斜、扭曲、变形等手法，造成建筑物的失稳、滑移、错接、倾覆、坠落等动感，使建筑呈现出某种动态，或有危危然如履薄冰之感。

（5）奇绝。常常采用一些超越常理、常规、常法以至常情的概念和手法，极尽标新立异之能事，极力追求一种出人意料的反常效果。（见图5-26）

图 5-26　解构主义在服装上的超越常理的标新立异设计

解构主义在理论上看似反叛了结构，但其真正反叛的是结构主义理念和主张，而不是结构意识本身。解构主义非常重视结构的基本部件，认为基本部件具有表现的特征，完整性不在于作品本身的完整统一，而在于部件元素的充分表达。解构主义所表现的形式看似凌乱，实质上形与形之间、元素与元素之间具有一定的协调性、联系性，是内在的而不是表面的，是有机的而不是机械的。（见图5-27）

图 5-27　解构主义的形式看似凌乱，实质上具有内在的
协调性

2. 解构主义服装

解构主义是在反结构主义基础上产生的，其实质就是对结构主义的破坏和分解。解构，说到底就是打破以往的固定模式，开创多种多样的可能性，其结果必然是标新立异、灵活多变、散乱怪诞和令人耳目一新的。在解构主义思潮的感召下，解构主义服装也逐渐快速发展起来，并对现代生活和人们的思想观念产生了重大影响。解构主义服装的解构，主要表现在对服装意义的解构、对服装结构的解构、对图形图像的解构和对传统材料的解构四个方面。

（1）对服装意义的解构。解构主义完全背离了服装为人所穿并要符合人体的传统概念，经常是从一件独立的艺术品的角度去设计服装，考虑更多的是服装本身，而不是服装与人体的关系。例如，三宅一生在2010年发布了132.5系列服装（见图5-28）。该系列服装灵感来自日本折纸，共包括10个由一块布料剪裁而成的，可以折叠成一个个规则的平面几何形的服装新样式。数字1代表一整件面料；3代表三维立体；2表示折叠后的二维形状；5则代表全新的立体体验。

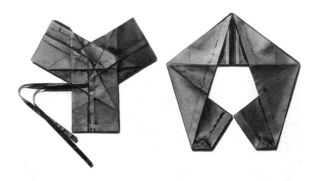

图 5-28　三宅一生 132.5 系列服装中的两款平面几何形

就在三宅一生还沉迷于服装构成本身的美感时，很多新生代设计师早已走得更远，他们的设计更加自由和随意，人的面部被恣意遮挡和随意"践踏"，服装穿在人身上也极不合体，脱下来或许会变成一堆杂乱的破烂。面料或其他材料，已经被分解成任意形状，其构造形式与传统的服装含义及样式相差甚远，以至于被称为服装都十分勉强。（见图5-29）

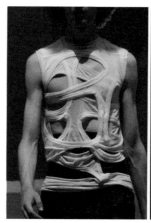

图 5-29　新生代设计师毫无顾忌和自由随意的服装解构设计

（2）对服装结构的解构。对传统的服装结构进行解构，是解构主义服装设计的核心内容。在解构主义设计师看来，服装没有必要按照与人体曲面的对应关系来划分前片、后片或是部件，服装的构成可以不受任何限制，也没有固定的模式，可以根据设计师的个人理解而定，正如有100个读者，就有100个哈姆雷特。即便是不得不使用结构，也往往会采用偏移、扭曲、颠倒、错位、似是而非等方式，改变传统结构的形式和状态，进行非常规的结构组合和表现。服装结构一旦没有了规则的限制，也就没有了秩序。因此就出现了解构主义服装形象的随意堆砌、残破扭曲、疏松零散和颠倒错位等特征，充分体现了反常规、非理性、将反常视作正常的解构主义设计主张。（见图5-30）

图 5-30　结构主义服装的偏移、错位、似是而非的设计

（3）对图形图像的解构。现今社会是一个图形图像泛滥的社会，自从有了电脑网络之后，各种载体将大量图形图像倾泻给观众。但要知道，

图形或图像本身是带有历史含义的，既有对遗失往事的怀念，也有对过去历史的记忆。倘若有人将毫不相干的图形图像进行全新的组合，就会引发人们对逝去时光的再想象或是产生全新的联想，同时也会造成对历史的混淆或是时间感的缺失。由此，也就促发了解构主义设计师对图形图像的解构热情。在解构主义服装中，历史的、民族的、街头的、现代生活中的各种图形、图像或形象，都被拿来广泛应用，成为创意灵感的嬉笑对象。（见图5-31）

图 5-31　现代生活中的各种图形、图像或形象，都被拿来应用

（4）对传统材料的解构。在对服装结构进行解构和颠覆的同时，解构主义服装绝不会忘记对传统材料的解构。因为材料是服装构成的物质载体和基础，如果沿用传统的面料，解构就不可能做到彻底。因此，有的故意将服装的外表做成残缺状、破碎状或不了了之状；有的去寻求不同以往的面料再造效果，力求借助变形、变色、编织、拼缀、堆积等手段，达到对传统材料解构的目的；还有的干脆直接使用与传统材料迥异的新材料、替代材料或是使用高科技手段制作新材料，用于服装的创造。其本质，都是出于对传统服装材料的否定和不接受。（见图5-32）

解构主义服装始于20世纪70年代，经过近50年的发展，已经成为不可忽视的设计力量，并呈现方兴未艾之势，对新生代设计师及现实生活影响巨大。解构主义服装设计师的代表人物有：要"发掘和服后面的潜在精神"的三宅一生（Issey

图 5-32 替代材料应用和麦克奎恩用活蛆改变面料
形象的设计

Miyake）、能使众多混乱元素神奇统一的胡赛因·查拉扬（Hussein Chalayan）、有着顽童般叛逆心理的让·保罗·戈尔捷（Jean Paul Gaultier）、被称为"鬼才"的亚历山大·麦克奎恩（Alexander Mcqueerl）、想去掉"多余的东西"的川久保玲（Rei Kawakubo）、服装带有强烈戏剧化魅力的约翰·加里亚诺（John Galliam）、梦想"能够穿越时间进行设计"的山本耀司（Yohji Yamamoto）等。（见图5-33）

图 5-33 川久保玲的特别造型和山本耀司的外观不整设计

3. 解构主义设计方法

解构主义主张的服装设计，高举反结构、反传统和反理性的大旗，对传统的服装结构、设计理念、审美标准进行了近乎彻底的颠覆。并创造了很多造型奇特、结构怪诞、形式多样的服装作品，但却没有像人们所期待的那样再建一个全新的设计原则和秩序。正如美国一位解构主义者所说："解构

主义者就像拆卸父亲手表并使其无法修复的坏孩子。"因此，对服装结构解构之后，并不能期盼有人告诉你应该怎样去做，而是要根据自身的理解、理念和意愿，想怎样就怎样。观众看到了什么，那便是什么。

解构主义服装采用的设计方法，主要有打散与重组、拼贴与堆砌、变异与夸张、戏说与反讽四种。

（1）打散与重组。解构并不是盲目的，而是具有针对性的，那就是对传统原有结构的否定、反叛和颠覆。因此，原有的服装结构必然成为解构的基础，需要对其进行拆解、打散，再按照自己的意愿将其重新组合。整个打散和重组的过程一定是一个服装构想的逆向思维过程，原有的概念崩塌了，原有的审美颠倒了，原有的秩序打乱了，原有的结构错位了，原有的形态扭曲了，原有的面料凌乱了……重组并没有什么规则或是规律可以依托，也不是将服装的结构完全丢掉，而只是去除理性，达到非理性。去除了理性之后，剩下的就只有感性了。"跟着感觉走，抓住梦的手"，就是对解构重组的最好诠释，也是解构设计所要追求的最佳状态。（见图5-34）

图 5-34 将原有结构打散，按照自己的意愿将其重组

（2）拼贴与堆砌。解构运用的拼贴常常具有随意、混杂、荒诞的意味，并不仅仅是指对服装面料的综合再造以及不同材料的混合，也可能是一些裁片荒诞不经的拼接，或是互不相干图案、不同时期图像乃至截然相反概念的混杂，将不同风格和年代的东西拼凑在一起，从而混淆了时间

和空间的界限，达到颠覆传统观念、增加服装趣味的目的（见图5-35）。如果说拼贴是指平面形象的随意组合，那么堆砌就是立体形态的肆意叠加。堆砌的表现，既包括将不同材质、色彩、质地的面料堆积在一起，制造凹凸不平的服装表面立体效果；也包括利用面料制作的立体部件的罗列；还包括将生活当中或是大自然中的其他物体直接安放在服装上，从而达到标新立异甚至是触目惊心的服装视觉效果。

图 5-35　解构运用的拼贴常常具有随意、混杂、荒诞的意味

（3）变异与夸张。解构使用的变异，并非普通意义的形态变化，而是要达到突变、畸变、怪异程度的变化状态。在造型上，或是通过增加臀部、肩部或其他部位的厚度，改变人体原有的曲线；或是在服装夹层中添加各种填充物，以创造奇特怪异的服装造型。在结构上，常常在不需要变化的地方出现了变化，把不应该添加的形态添加了上去，目的就是让人感到捉摸不定或百思不得其解，以打破常规的思维方式。变异与夸张经常是相依并存的，通过夸大事物的某一方面，可以使事物的形体特征、动势特征和情感特征得到突出显现，以打破原有结构的正常秩序，与服装常规的造型形成强烈的反差。（见图5-36）

（4）戏说与反讽。为了与传统对抗，或是为了表现自己否定传统的超然态度，常常采用戏说、游戏、搞笑的形式，创作无厘头的、碎片化的、语言模糊的服装形象。偶然的、即兴的、戏剧化的表现手法被大量应用，丰富了解构主义服装的多样性。反讽则是通过黑色幽默的方式戏谑

图 5-36　增加臀部厚度的变异和扩大原有衣领形态的夸张

和嘲讽传统。解构主义在颠覆传统的同时，也消除了各种文化之间的界限。文化的界限一旦被消除，自己立足其中也会变得十分困难，既不能是其中任何一个，也不能有深度。那就只有拾取各种文化的碎片，用戏说或是反讽的方式将其荒诞对接或是随意利用。如把过去要遮盖的东西（乳房、臀部、内衣等）显露出来，把需要显露的部分（面部、头部、双手等）遮盖起来，达到反讽的效果。又如，把美好的变成丑陋的，高雅的变成低俗的，完整的变成破烂的，都会具有反讽的功效。（见图5-37）

图 5-37　把需要显露的遮盖起来，达到戏说和反讽的效果

（三）结构、解构与多元化

结构主义服装的创新和创意，由于符合了人们习以为常的传统审美观念，很容易被理解和接受。而解构主义服装的颠覆与反叛，与传统的审美观唱的是反调，就不能按照以往的审美标准去评价。同

时，这些解构主义设计师也不希望人们去理解他们的作品。川久保玲曾说过："如果我创造了什么新鲜事物，它肯定不会被理解，倘若得到人们喜爱，我反而会非常失望，因为这说明设计还没有到达极致程度。"三宅一生也说过："若是看到与我的设计有类同的东西，不管谁说它好，我也不要了。"由此可知，解构主义设计师追求的目标是特立独行和把设计做到极致，并不是为了人们的理解和接受，更不是为了提供着装。

在普通人看来，服装就应该是能穿着的，不能用于穿着的服装还有什么意义？其实，解构主义服装并不是一般的服装商品，它更趋向于服装的试验品，是用来探讨的，而不是用来穿着的。它所努力创造的是一个全新的服装概念，是对服装构成形式的独特思考，是对服装未来发展进行的一种想象、一种探索或是提供的一种可能。人类如果只是关注现在和满足现状，不去思考、创新和规划未来，反倒是不能接受的和非常可怕的。任何一个新事物的出现，都有一个从不理解到理解、从不接受到接受的观念转变过程。服装的发展也是一样，从概念到商品化，没有不可逾越的鸿沟，只需去除浮夸的、多余的和不适的部分，就有可能转化成生活当中的服装。

结构主义和解构主义多年对抗的结果，看似解构主义彻底颠覆了结构主义，创造了很多惊世骇俗的服装作品并已深入人心。但实际上，无论解构主义如何抗争，都没有改变结构主义设计最重要的功能特点，仅仅是对结构主义设计进行了修正和补充，服装设计在本质上并没有发生根本转变。解构主义从表面上反叛和解构了传统的结构，但其真正反叛的是结构主义僵化的设计理念、审美观念和设计方法，而不是结构意识本身。纵观那些解构主义大师的后期作品，如三宅一生、山本耀司、川久保玲、麦克奎恩、加利亚诺、马丁·马吉拉等，不难发现他们在强调非理性的同时，理性的参与也越来越多，简单的盲目的乃至荒诞的非理性越来越少。他们在不断颠覆传统文化观念的同时，又在以新的观点重新认识那些被认为是传统事物的价值。按照中国传统文化的发展理论来分析，结构主义和解构

主义之间的抗争，必然是"合久必分，分久必合"，一定会在共同的发展当中相互碰撞和相互融合，最后走向大同。（见图5-38）

图5-38 解构主义同样具有很强的结构意识，主张结构的创新

在服装作品设计方面，解构主义服装反叛传统的设计主张和标新立异的视觉感受，已经压倒了结构主义服装的势头，越来越多地受到人们的关注和青睐。解构主义在颠覆和否定传统的同时，还致力于挖掘过去创作实践中被忽略的方面，特别是在突破传统的设计思维模式方面，创造和演绎了千变万化的服装表现形式。尽管解构主义服装设计在很多方面还不能被人普遍理解和接受，但其勇于探索、敢于创造和不走寻常路的表现，迎合了年轻人求新、求异、求变的时尚心理。因此，人们对它的接纳、宽容和推崇，也尽在情理之中。

在产品设计方面，讲究服装功能、注重服装结构的结构主义服装仍然是主流。看看商场里正在热销的服装商品，再看看身边人的衣着穿戴，就不难理解结构主义思潮影响的根深蒂固。因为服装若想满足生活的需要，功能方面的要求是最重要的标准。除此之外，还涉及人们的审美观念，需要一个较为漫长的转变过程。尽管如此，解构主义对于服装产品设计的影响也不容小觑，它正在以时尚之名，悄然渗透到人们的生活当中。如裤子的残边破洞、上衣的缝头外露、结构错位的服装造型、标新立异的图案装饰、男装设计的女性化倾向、女装设计的内衣外穿等，都不可回避地受到解构主义思潮的影响。（见图5-39）

图5-39　解构主义思潮影响的毛衫面料再造和牛仔服装的残边破洞

时光进入21世纪，电脑网络的飞速发展改变了人们的生活方式，加快了生活的节奏，也冲淡了人们对于设计思潮的关注程度。尽管解构主义服装仍然是一个吸引人的话题，但对其讨论的热度已经趋于平缓，人们已经能够坦然地接受各种各样的设计主张，由此也就标志着服装设计进入一个多元化的新时代。

在离不开手机的信息膨胀和图像泛滥的现实生活里，每个人都被淹没在那些不断刺激眼球和不断更新变化的信息之中。人们接受的信息越多，更新的速度越快，信息被遗忘的速度也就越快。这样，人们不得不优先关注那些对自己有用的信息，或者将已有信息进行提炼和重组，并由此导致了信息撷取的扁平化、碎片化和多样化。人们不会再去计较哪一件作品源自哪一个流派，哪一件服装究竟适不适合穿着，只要是存在的，就会有存在的理由。虽然那些思想前卫的设计师丰富了服装设计的词汇，创造了标新立异的服装样式，值得人们赞赏。但那些仍然信奉功能至上的设计师正在为人们提供衣着，满足人们的生活需要，同样值得尊重。

三、服装结构与创意

（一）无结构的创意

无结构，是指以人体的包装为目的，不受服装是否合体的限制，根据设计的需要自由剪裁的服装构成形式。无结构服装并非真的没有结构，

而是不存在传统的常规的立体结构，可以根据设计的需要自由设定一些简单的结构形式和缝制方式来完成服装的制作。无结构服装的设计，很适合没有学过平面裁剪技术的人使用。这种方法可以利用披挂、缠绕、包裹、系结、捆绑等多种多样的形式或手法，进行服装的设计表现。设计出的服装具有形式多样、手法多变、无拘无束、简便灵活等优点。

在服装的发展历史中，无结构服装的出现要比有结构的合体的服装早很多，如古希腊的希顿、古罗马的托嘎等。而且，无结构服装的穿着使用时间更长，从古代一直沿用到近代或是现代，如中国的汉服、印度的纱丽、日本的和服，乃至僧人穿着的袈裟等。就是在现代的服装设计领域，无结构的服装设计也是层出不穷。从三宅一生的"132.5系列"服装设计，到3D或是4D打印服装的问世，都具有无结构服装的基本特征。（见图5-40）

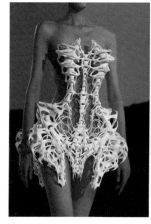

图5-40　利用现代3D打印技术打印的高科技无结构服装

1. "发现"服装

三宅一生认为："时装没有固定的样子，人们可以依照他们想要的样子去穿着。"既然服装没有固定的样子，那么设计师就可以按照自己的想象或意象，创造一个与以往完全不同的全新样式，赋予服装一个新概念。

"发现"服装，并不是寻找已经存在的服装，而是要去探索和发现那些尚不存在的服装样式。既然这些服装尚不存在，就不可能在已有的服装当中搜寻到，而是要在生活的其他方面去寻

找。如看到天上的白云，有可能发现雄狮就隐藏其中；看到层层叠嶂的山峰，也可能发现神秘的大佛正仰天酣睡。所要发现的服装，或许就在生活的某些角落里，或许就在大自然的山石草木之间，或许就在自己的苦思冥想或是睡梦当中。生活是取之不尽用之不竭的设计灵感源泉，要学会观察和发现，尤其是要关注生活的细节。要善于捕捉它们的形态、状态、构成形式、个性特征等，并将其转化为独特的服装语言，表现服装的全新样式。

服装设计构想，当被解除了结构、功能、形式等方面的限制时，设计师的思想就如同被放飞的笼中之鸟，可以自由自在地展翅飞翔。此时，如果还是觉得这也不是、那也不行，那就不是别人在限制你，而是你自己在限制和束缚自己。

2. "发现"形式

英国美学家克莱夫·贝尔（Clifve Bell）在《艺术》一书中指出："在各个不同的作品中，线条色彩以某种特殊方式组成某种形式或形式的关系，激发我们的审美感情。这种线、色的关系和组合，这些审美的感人的形式，我称之为有意味的形式。有意味的形式就是一切艺术的共同本质。"服装的构成也是一样，要努力发现一种独具特色和有意味的表现形式。同为一种事物，会有各式各样的不同的表现形式。同样是花，种类、样式多得数不清；同样是鱼，形象、状态也各不相同。那么，服装怎么可能只有我们所见到过的存在形式呢？

"发现"形式并不是很难，难度在于如何找到具有意味的服装表现形式。意味，可以理解为有意思、有意境、有含意、有味道、有趣味、有品位等。因此，有意味的形式才能成为艺术的本质，才能够打动人和感染人。否则，就会让人感到平淡和乏味。有意味的表现形式，并不等于一定要多么深刻或是多么具有意义。恰恰相反，过于注重内涵的形式，常常会因为过于沉重的负担而失去应有的鲜活和生动。因此，有意味的服装表现形式，常常就是一种设计表现有别于其他的有意思或是有味道的感觉。

发现有意味的形式之后，就可以按照变化与统一的形式法则，对其进行具体的设计表现。"变化"是指形态之间的差异性，在服装构成当中，形态变化越多，内容也就越充实，效果也就越加活泼，越加具有生动感；"统一"是指形态之间的一致性，形态变化越少，整体感也就越强烈，效果也就越加和谐或是越加具有条理性。（见图5-41）

图 5-41　按照变化与统一的形式法则设计的无结构服装

3. "发现"材质

面料是制作服装的主要材料，面料从薄到厚、从软到硬、从光滑到粗糙、从梭织到针织，具有完全不同的性能特色和外观感受。因此，设计师要根据不同面料的不同特色确定不同的设计方案，或者是根据不同的设计目标和效果，选择适合的面料来制作"这一件"服装。

"发现"材质，一定要把自己的视野放宽，既要发现不同面料的不同特性，从而扬长避短，表现自己的设计追求，还要发现各种面料进行再造的各种可能性，面料再造的变形、变色、加法、减法、编织、综合等手法中，哪一种可用，哪一种效果更好。还可以把目光放在与面料相关的其他成品或是半成品上，如手套、帽子、布鞋、口罩、布兜、服装裁片、破旧的上衣或裤子等，这些物品都可以视为无结构服装构成的原材料。那些不是面料的材料，如毛毡、纸浆、纱网、麻袋、丝带、拉链、塑料布、无纺布等，或许都可以拿来尝试和使用。

不同的材质会给人不同的视觉感受，也需要运用不同的形式和手段去表现。如光泽面料、褶皱面料、毛织面料、透明面料、棉布面料、花呢面料、网眼面料、花色面料等，都有自己独特的外观状态和与之适应的设计手法。有的适合简洁立体的造型，有的适合堆积缠绕的方式，有的适合系结捆绑的状态等。（见图5-42）

图5-42　适合简洁造型的厚重面料和适合缠绕的轻薄面料

（二）常规结构的创新

常规结构，是指以显现人体体态美为目的，注重服装实用功能，并已成为行业规范的服装结构形式。常规结构服装，大多沿用符合传统规范的立体的结构形式，多采用常规的平面或立体裁剪的方法，利用样板原型或人台获得所需要的衣片形状来完成服装的裁剪和制作。常规结构服装的设计，需要具备一定的平面或立体裁剪技术，以及对规范的缝制工艺有所了解才能运用自如。可以利用局部夸张、部件巧用、图案装饰、面料再造等多样的形式或手法进行服装的设计表现。

人们平时穿着的和被普遍接受的服装，采用的大都是常规结构。常规结构服装具有结构严谨精致、外观简洁大方、穿着舒适实用、便于人体活动等特征。常规结构服装设计所依托的结构原型主要有旗袍、衬衫、西装、中山装、筒裤、筒裙、斜裙等。常规结构服装的设计，也同样注重结构的创新，但创新要以不影响服装的实用功能为原则。因此，结构变化的力度明显偏弱，结构之外的设计创新表现常常更为突出。（见图5-43）

图5-43　在图案装饰方面先声夺人的常规结构服装设计

1."更新"理念

理念，是人们对某种事物的观点、看法和信念。结构主义思潮是一种传统的设计理念，解构主义思潮是一种反叛传统的设计理念，并由此产生了完全不同的设计主张。生活中的每个人，对于服装设计也都有自己的理念，而且理念也有大小之分，大的理念可以是一种思潮、信念和思想，小的理念可能只是一种观点、看法和认识。

理念，既会决定人们对待事物的态度，也会影响人们的行为方式和价值取向。在普通人看来，"服装就是用来穿着的"，因此会把服装的实用功能放在第一位。在爱美女性眼中，"服装应该让人更美丽"，这会导致她们认为衣橱里永远缺少一件称心的衣服。川久保玲在"我想破坏服装的形象"的理念引导下，创造了在人体臀部、背部增加很多填充物的"肿块"作品（见图5-33和图5-36）。三宅一生在"发掘和服后面的潜在精神"的信念感召下，成为"服装创造家"，一直行走在既不是西方的也不是东方的服装创造之路上。理念，的确具有这样的神奇力量，能在一般人认为不可能的地方创造种种可能。

"更新"理念，对常规结构服装的设计尤为重要，是解放思想、卸下包袱、摆脱思维定式束缚的行之有效的方法。不管过去对服装存在什么样的认识，都要树立"服装上的一切都是可变的"理念，才有可能放开手脚，尽情想象和创造。设计的一般过程是先做"加法"，把自己能够想到的内容尽可能地添加上去。之后再做"减法"，按照服装功能和结构构成的需要删繁就简，去掉多余部分，设计也就趋于完成了。（见图5-44）

图5-44 后期要按照服装功能和结构构成的需要删繁就简

2. "更新"结构

常规结构服装，颈部的领口、肩部的袖窿、胸部的隆胸、腰部的收省、门襟的扣合、裤子的立裆等是结构构成最为关键的部位。这些部位的结构和形态也是一直处于变化当中的，否则结构主义服装也就难以发展了。只不过这些变化常常是万变不离其宗，离不开符合人体体态特征这一核心，但也不反对为了服装造型的需要，对某些局部进行夸张的变形设计。

"更新"结构，就是对这些结构的关键部位或部件进行创新，运用解构的夸大、拉长、缩小、减缺、转向、翻折、拼接、移位、交错、加量、增加层次和添加装饰等手段，获得全新的视觉形象（见图5-45）。那些陈列在商场或是网店的那些服装产品，对于结构的创新设计一刻也没有停止。即便是解构主义设计大师，在设计他们品牌的产品时，也同样需要顾及服装的使用功能。如川久保玲的"Comme des Garcons"（像个男孩）品牌、山本耀司的"Y3"品牌，都能找到适合于平时穿着的服装结构。

在商品化的现代社会，任何主义的思潮和主张都不能够摆脱商业因素而存在。商业的介入使设计师所强调的创造自由受到了影响，它产生的直接结果就是作品设计的某种成功或是引人注目的某些

图5-45 常规结构设计要对结构的关键部位和部件进行创新

因素，被传播开来并成为某种时尚的元素。在强大的商业背景条件下，无论是新生代设计师还是老牌设计师，单纯地依赖作品设计得以生存就会非常困难，必须同时具有产品设计能力，借助服装市场这个销售渠道才能获得社会资金的支持。因此，设计师必须为社会创造价值，才能成就自己的创造梦想。为社会提供穿着，也是社会赋予设计师的职责所在。

3. "更新"方式

现代服装设计的发展早已超越了服装设计本身，进入设计师需要帮助人们解决生活当中遇到的问题阶段。如在运动中如何解决忽冷忽热容易感冒的问题，在不同场合如何解决需要改变形象的问题，在下雨天如何解决衣服不被弄脏的问题等。由此引发了以人为本和人性化设计的现代设计思想。"以人为本"就是将穿着服装的主体需要放在第一位，重视穿着者的心理感受和穿着体验，服装要为穿着的"人"服务；"人性化设计"就是要让服装穿着起来更方便、更舒适、更体贴，设计要体现人文关怀和对人性的尊重。无论是以人为本还是人性化设计，都强调了服装设计的关注点从"物"到"人"的转移，也对设计提出了更高的要求，要求设计师为消费者着想，从服装穿着和使用的视角去思考问题。

"更新"方式，不仅需要更新设计师的设计方法，更需要更新设计师的思维方式。如看到消费者

在运动当中遇到问题，就可以考虑服装的智能化设计，让消费者能够随时把握体温变化或是让服装能够调节温度；知道消费者存在改变形象的需求，也可以设计一衣多穿或是某个部位可以调节的服装，满足不同场合的多重需要；了解到消费者担心下雨把衣服弄脏，还可以引进高科技的纳米面料，开发设计相应的服装产品。

进入21世纪，在电脑网络及各种高科技的参与和冲击下，服装产品的大众化定制时代很快就会到来。此时，服装产品的先生产再销售的营销方式将一去不复返，取而代之的将是设计师先设计样品在网上预订，经过消费者意见的参与和多次修改，在获得订单之后再进行生产和销售。这样的设计方式已经不是设计师一个人在完成，而是设计师和消费者、设计师与营销团队共同打造完成的。那时，以人为本和人性化设计的理念就会得到真正意义的实现。

（三）非常规结构的创造

非常规结构，是指以服装创新为目的，创造的既不影响服装的服用功能、又不符合常规的服装结构形式。非常规结构服装，大多摆脱了平面裁剪公式计算的束缚，采用立体裁剪的方式方法，设计建构与以往不同的新结构。在设计当中，并不排斥和反对服装的实用功能，而是将功能进行重新解读和诠释，为服装注入全新的内涵，创造全新的穿着方式和穿着状态。多利用奇特的服装造型、多变的衣领门襟、偏移的结构缝线、不对称的局部形态等手段塑造服装新形象。非常规结构服装具有设计理念先进、结构灵活多变、外观造型新颖、观赏性强等优点。

非常规结构服装的设计师多是有个性、有见解和具有自己独特的思考方式的人。他们大都受到解构主义思潮的影响，不愿意被保守僵化的常规结构所约束，喜欢原创和独树一帜，喜欢追求自己独有的设计风格。设计的服装不被大众喜欢和接受也不在意，认为消费者是可以被教育和被引导的，因此他们的服装设计绝不盲目地跟随潮流，而是努力

引领流行和创造流行。非常规结构服装的受众，大都是极具个性的和经济条件较好的小众群体。这些小众群体尽管人数较少，但却具有很高的品牌忠诚度。反过来讲，非常规结构服装本身也很"挑人"，也并不适合大众群体穿着。（见图5-46）

图 5-46 深受小众群体青睐的非常规结构服装设计

1. "创造"结构

非常规结构的设计，因为没有可以借鉴的服装结构形式，需要设计师自己去创造结构，去创造有别于常规的结构。非常规结构的创造，一般可以从四个方面去思考。一是将结构线位移或转向。将常规的结构线进行位置移动或是转变方向，也包括由直线转变为曲线。如袖窿的上移或下落、侧缝的前后移动或改变角度、领口的不规则和不对称等。二是重塑整体或局部造型。结构变化要与造型变化一同构想，改变造型可以强化服装的总体感受。如改变衣身的造型、改变袖子的造型、改变肩部的造型、改变裤筒的造型等。三是将对称变成不对称。不对称形式具有灵活、自由、动感等特性，左右形态的不对等、不相同就可以出奇制胜。如衣领的不对称、门襟的不对称、袖子的不对称、口袋的不对称等。四是改变底摆形态。改变衣摆或裙摆现有的单一形态，使其呈现多样化的状态。如多层底摆、立体底摆、不对称底摆、前短后长底摆等。

"创造"结构，有时也会延伸或发展成为全新裁剪方法的创造，欧洲最新兴起的一种减法裁剪法就是例证。所谓"减法裁剪"，就是减去大片面料中的一小部分，再经过简单的连接缝合，就完成了

服装的全新裁剪方式。具体做法：①将两块整幅宽的面料上下叠放，将其左右和上边缝合；②将前后衣身样板上下相对并倾斜交错地摆放在上面；③用划粉描画样板边线；④用外弧线连接两侧的上下腰点；⑤剪掉前后衣身之间的上层面料；⑥缝合前后衣片的肩缝、侧缝和弧线处；⑦将缝合好的服装里外翻转，缝头留在里面；⑧将服装穿着在人台上，根据需要整理底摆形态和各部分细节，完成服装的制作。（见图5-47）

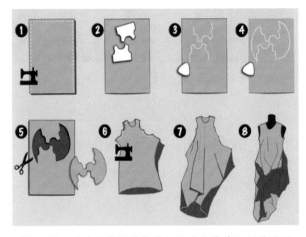

图 5-47　具有非常规结构特征的减法裁剪和制作过程

作为能够普及推广的裁剪方法，绝不会只有一种构成状态，减法裁剪只要灵活运用，还有无穷无尽的创造想象空间。如将衣身样板横向摆放或是放在面料中间、将衣身样板分成四片并分开摆放、将上下层面料的开口位置向上提高、将两层面料缝合成圆形或其他形状等，都能获得形态各异的服装新形象。

2.“创造”规则

“我以一颗唯美的心在街头捕捉灵感”，这话出自奉行解构主义的麦克奎恩口中，确实让人感到意外，但细细想来又在情理之中。解构主义设计师也同样需要崇尚和追求美，只不过是对美和美感的概念进行了重新定义，重新设定了审美的标准和规则。在过去，衣服裤子刮破了、弄脏了、压皱了，都会让人觉得很难堪，但现在这些都是时尚，是美的表现。在过去，内衣外露了、裤腰松落了，也会让人感到不好意思，但现在内衣外穿、裤子松垮都是流行的另类的美。审美标准不是一成不变的，人们的审美价值取向也已经进入多元化时代。在现实生活当中，简约是美，丰富也是美；单纯是美，装饰也是美；新潮是美，复古也是美，甚至还可以以“丑”为美、以“怪异”为美。

“创造”规则，就是按照设计想法的需要建立一种全新的秩序，以保证服装设计的高质量。任何优秀的设计作品都是经得起时间考验的，解构主义服装也是一样。解构并非等同于简单粗暴和粗制滥造，同样要追求设计的高质量。在打破传统结构的同时，还要建立一种新的规则和秩序。也就是说，无论是什么样的设计想法，在具体的结构设置、元素组合和形态布局等方面，要合乎一定的方式或规律，才能处理好服装各个部分的变化与统一、整体与局部、服装与人体之间的关系。（见图5-48）

图 5-48　要按照设计的需要建立一种全新的规则和秩序

3.“创造”功能

功能是指服装设计不可回避的最为重要的设计因素。服装如果不具备应有的服用效能，那就会成为真正意义上的艺术品，只能观赏而不能穿用。尽管只能用于观赏的服装也时常出现，但大多都是过眼云烟，仅仅是昙花一现而已。功能为何如此重要？因为创造服装就是为了穿着和使用，设计就是为了创造“物”而存在的。

“创造”功能，是为了开发和拓展服装的使用效能，而不是回避功能。不管是服装作品还是服装产品，功能可以不是唯一或至上的，但绝对是不可缺少的。1998年，解构主义设计师胡赛因·查拉扬曾经发布了“皇帝新衣”式的作品，他在沙滩上竖立了三根木棍，木棍之间用一根棉线相连。然后，让三个女模特赤裸站在棉线围住的区域里，象征着模特已经"穿"上了服装。这种无视服装功能的举措，除了可以向传统的服装观念宣战以外，怕是没有其他任何实际意义。传统的服装可以被解构，其形式也可以被废除，但生活当中的人们，不可能再回到全身赤裸的原始社会。在传统的服装结构被解构、被否定之后，必须提供全新的服装，才能满足人们的生活需要。解构主义服装正在面临这样一种挑战，即打破一个旧世界并不难，建设一个更加美好的新世界却十分不易。而解构主义服装在这一方面，似乎还没有准备好。因此，融合吸纳百家之长，避己之

短，才是现代服装设计的真谛。重视服装功能的开发和利用，又不被功能所束缚，才是设计师应该具有的正确认识。（见图5-49）

图 5-49　重视服装功能的开发和利用，又不被功能所束缚

关键词：结构　版型　红帮裁缝　服装造型　黄金分割　无结构形式

结构： 指各个组成部分的构造方式。广义的结构概念，是指事物系统的诸要素所固有的相对稳定的组织方式或联结方式。

版型： 指服装衣片的具体形状和所构成的服装外观形态。

红帮裁缝： 清末民初，宁波是最早与国外通商的口岸城市之一，有不少宁波裁缝曾向外国人（又称"红毛"）学习西装裁制技术并为外国人缝制西装。又因在老上海，"红帮"是指西式的服务业或修造业。于是，为外国人做衣服的那一帮裁缝，就被称为"红帮裁缝"。

服装造型： 指服装立体形象的创造过程和其结果。

黄金分割： 又称黄金比或黄金律，是指事物各部分之间一定的数学比例关系，即将整体一分为二，较大部分与较小部分之比等于整体与较大部分之比，其比值约为1：0.618。0.618被公认为最具有审美意义的比例数字。上述比例是最能引起人的美感的比例，因此被称为黄金分割。

无结构形式： 指打破服装的常规结构，不以服装合体为目标，根据某一构成状态的需要进行自由裁剪的服装结构形式。

课题名称： 结构解构训练

训练项目：（1）解构作品赏析

（2）无结构的创意

（3）常规结构的创新

（4）非常规结构的创造

教学要求：

（1）**解构作品赏析**（课后作业）

收集解构主义服装作品及相关文字资料，撰写一篇解构主义服装作品赏析的小论文。

方法： 通过网络收集解构主义服装作品图片3~5幅，查阅相关文字资料，并对其进行综合分析和研究。论文内容可以从设计主张、表现形式、设计手法、结构造型、面料色彩和工艺细节等方面进行分析，要有自己的见解和观点。要将收集到的作品图片作为图例穿插在论文当中，以图文并茂的形式阐述自己的看法。论文内容优秀者，可到讲台前向大家介绍自己的论文内容。论文字数在1 000~2 000字，用电子文档形式上交。

（2）**无结构的创意**（课堂训练）

以某一奇思妙想为起点，构想和绘制一个系列3套无结构女装创意设计手稿。

方法：无结构的服装创意，既没有固定的构成形式可供参照，也没有不可以使用的材料和设计手法，唯一的限制就是不能与已有的服装雷同。设计内容要充实不能空泛、服装不能妨碍人体运动。可以随心所欲地按照自己所构想的人体包装样式，去发明，去畅想，去创造。一切束缚，只能来自自己，是自己捆绑和限制了自己的思维。设计定位：新、奇、怪、特和未曾相识。采用钢笔淡彩的表现形式。纸张规格：A3纸。（图5-50~图5-59）

（3）**常规结构的创新**（课堂训练）

以某一种常规服装结构为原型，构想和绘制一个系列3套女装的创新设计手稿。

方法：以自己选定的常规服装结构为原型，进行服装的创新设计。要努力突出服装的某一局部形态特征或是对服装的某一部位进行创新变化。利用夸大、拉长、缩小、减缺、转向、翻折等手法对其

进行解构和重构，以获得全新的服装形象。设计定位：既要注重服装的功能，又要强调创意表现。要比常规服装更新鲜、更大胆、更前卫，具有引导时尚潮流的功效。采用钢笔淡彩的表现形式。纸张规格：A3纸。（图5-60~图5-68）

（4）**非常规结构的创造**（课后作业）

以非常规、不多见的服装构成形式，构想和绘制一个系列3套女装的创造设计手稿。

方法：以虚拟的人体体态为依据，构想立体裁剪的情景，进行非常规或不对称服装构成形式的设计构想。要注意服装美感、新鲜感和服用功能的表现。要以某一局部形态变化为重点，带动服装其他部分的改变。可以利用呼应、节奏、分割、动感、量感、强调、弱化等手段，塑造服装全新形象。要充分发挥服饰品的作用，要讲究服饰配套。设计定位：以服装的美感表现为主，兼顾服装服用功能的表现。采用钢笔淡彩的表现形式。纸张规格：A3纸。（图5-69~图5-77）

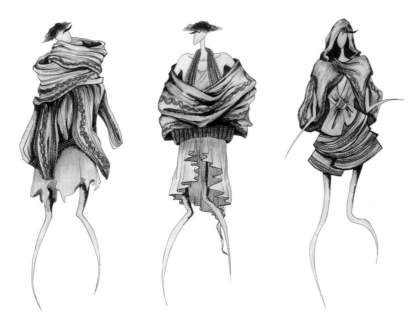

图5-50　无结构的创意　李若倩

图 5-51　无结构的创意　胡问渠

图 5-52　无结构的创意　王禹涵

图 5-53　无结构的创意　曹健楠

图 5-54　无结构的创意　叶其琦

图 5-55　无结构的创意　盛一丹

图 5-56　无结构的创意　龚萍

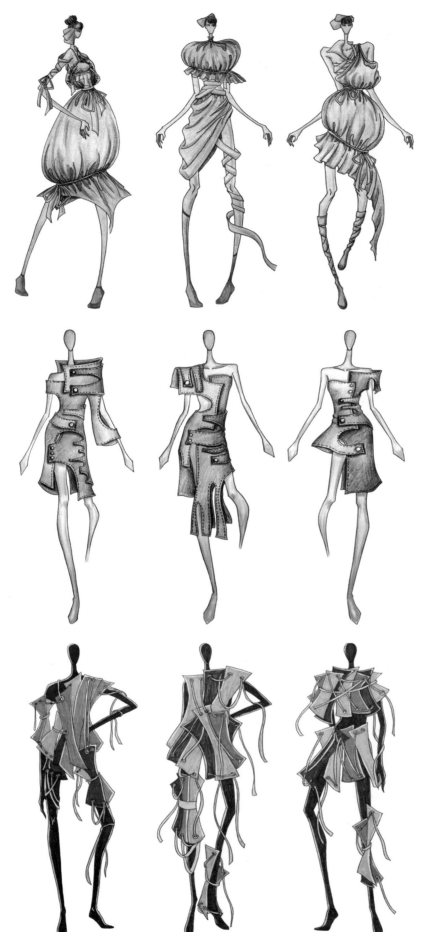

图 5-57　无结构的创意　杨雪平

图 5-58　无结构的创意　胡问渠

图 5-59　无结构的创意　卜彦博

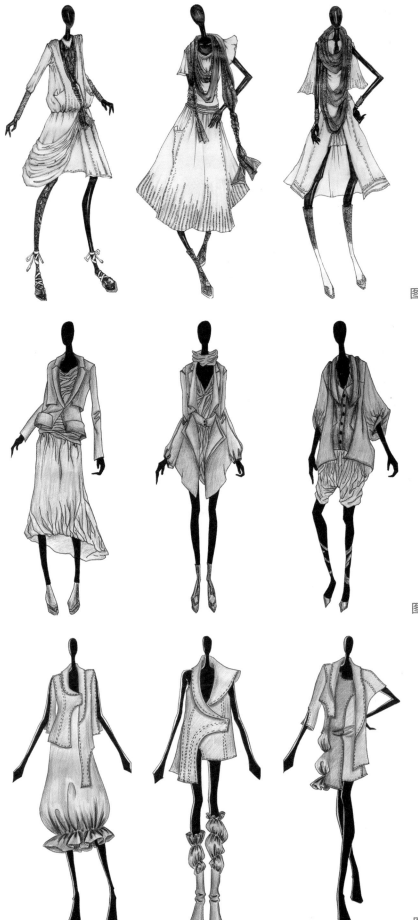

图 5-60　常规结构的创新　杨美玲

图 5-61　常规结构的创新　杨美玲

图 5-62　常规结构的创新　胡问渠

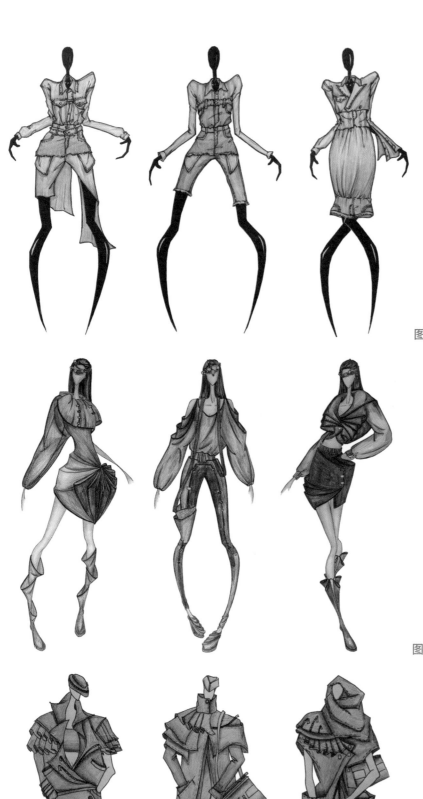

图 5-63　常规结构的创新　童佳艳

图 5-64　常规结构的创新　曹碧云

图 5-65　常规结构的创新　包晓蓉

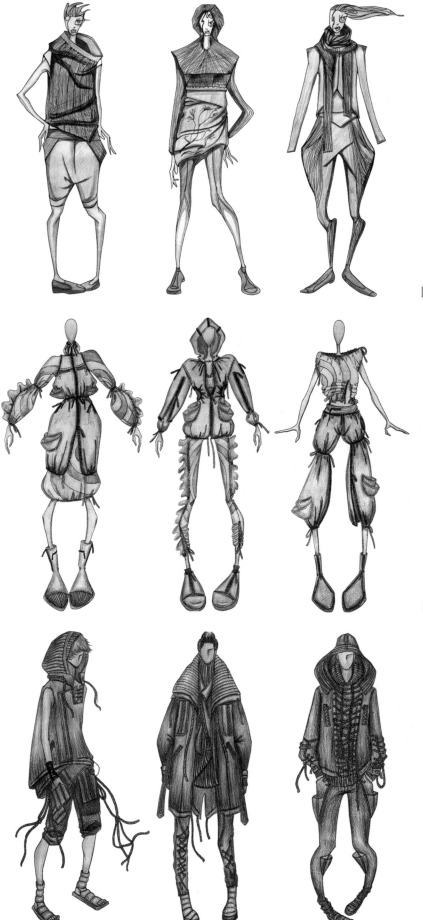

图 5-66　常规结构的创新　肖霞

图 5-67　常规结构的创新　邱垚

图 5-68　常规结构的创新　陶元玲

图 5-69　非常规结构的创造　杨美玲

图 5-70　非常规结构的创造　肖霞

图 5-71　非常规结构的创造　曹健楠

图 5-72　非常规结构的创造　杨美玲

图 5-73　非常规结构的创造　肖霞

图 5-74　非常规结构的创造　曹健楠

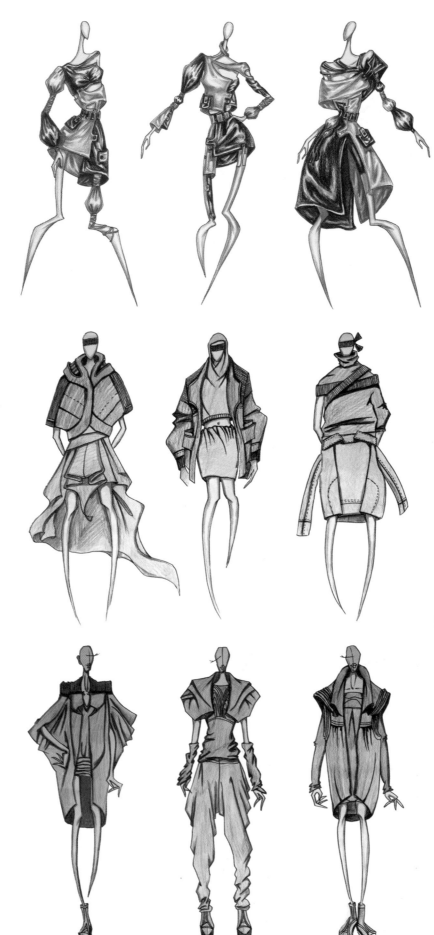

图 5-75　非常规结构的创造　龚萍

图 5-76　非常规结构的创造　肖霞

图 5-77　非常规结构的创造　肖霞

课题六
服装部件设计

服装是由各个部件组合而成的，如一件上衣，往往是由衣领、袖子、衣袋、门襟等部件构成的。服装部件尽管只是服装整体的组成部分，还不能脱离服装而单独应用，但由于每个部件大都具有相对的独立性，内容也相对集中，很适合在学习服装设计时将其分解，进行深入研究和探讨。

一、衣领结构与设计

（一）衣领功能与作用

衣领，是服装构成中最重要的部件，一方面是衣领处于服装的最高点，又与人的面部、颈部以及胸部紧密相关；另一方面是衣领常常会被设计师视为服装的视觉中心，突出了衣领形态，服装的其他部分便可适当简化。衣领不仅具有防风、隔尘、保暖、散热等服用功能，还具有很强的装饰作用。（见图6-1）

（二）衣领分类与设计

衣领的结构、形态、状态千变万化，形式、样式、造型更是难以尽数。衣领的设计训练，首先要了解最基本、最常见的几种衣领结构的构成形式，并以此作为切入点，深入领会衣领的结构、外形和作用。然后以点带面，构想和创作更多的衣领。最后逐渐进入到衣领设计自由创造的境界当中。衣领

图 6-1　设计师常常会把衣领作为服装整体形象的视觉中心

最基本的结构构成形式，主要有无领、立领、趴领、翻驳领、青果领、连衣领六种。

1. 无领

无领，也称秃领，是指只有领口形态，没有领子的一类领型。无领主要包括圆领、方领、V字领、一字领等，多用于夏季服装，如衬衫、内衣、连衣裙、晚礼服等，具有简洁、轻松、自然等特点。（见图6-2）

无领的结构比较简单，是在前后衣片的上面，沿着颈部下端剪出一个前低后高的圆口（也称领窝）作为衣领的基本形态。在此基础上，进行方形、圆形、曲边、多角边、不对称、连带装饰等变化，就形成了形态各异的领口形状和各不相同的无

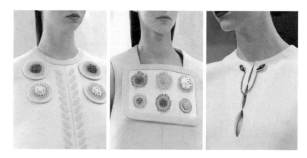

图6-2　无领只有领口形态，没有领子，具有简洁、轻松、
自然等特点

领结构特征。在工艺方面，一般要有附加的内贴边
或外贴边，才能保证领型外观的平整、稳定和美
观。无领设计有以下三个要点。

（1）领口变化。领口可以加宽、加深、改变
角度、改变形状等。

（2）开口变化。开口，是指为了衣领能够打
开而设置的可以开合的口子。领口若大于头围就无
须开口，若小于头围且面料没有弹力则必须设置开
口，以方便服装的穿脱。开口部位在前面、后面、
左侧、右侧均可，开口角度可垂直、可倾斜，扣合
方式有扣子、拉链、系带等多种选择。

（3）装饰变化。装饰变化有滚边、绣花、镂
空、拼色、镶花边、加花边、加条带等。（见
图6-3）

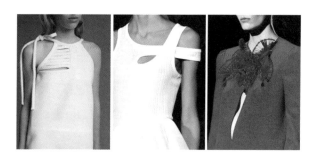

图6-3　滚边系结、不对称形式、立体装饰的无领设计

2. 立领

立领，是指领子呈现出直立状态的一类领型。
立领大多属于封闭型衣领，防风保暖的功能性较
强，可以有效地保护人的颈部不受损伤。立领多用
于春秋装和冬装，夏装也有一定应用，如外衣、风

衣、夹克、旗袍、连衣裙等，具有挺拔、严谨、庄
重等特点。（见图6-4）

图6-4　立领外观的直立状态，具有挺拔、严谨、
庄重等特点

立领的结构也不复杂，主要是外加一个直立状
的领子（类似于一般衣领的底领），领子下口与上
衣领窝缝合连接。在此基础上，可以将领子形状进
行各种变化，如加宽变高、变成不对称、变成多层
次、增加装饰等。在工艺方面，立领一般要用里外
两层面料制作，并要在里层面料（领里）上粘贴黏
合衬，以增加衣领的挺括感（见图6-5）。立领设计
有以下三个要点。

（1）领口变化。领口可以横向加宽、纵向加
高，还可以向下方延展。

（2）衣领变化。领子在形状上进行圆形、方
形、角形、不规则形及左右不对称等变化。还可以
增加一些装饰，使领子的形象丰富多彩。

（3）开口变化。立领的领口若小于头围，就
需要设置开口。开口有前开、侧开、后开等不同位
置设定，开口与领子的连接要顺畅、巧妙。扣合方
式有扣子、拉链、系带等多种形式。

图6-5　不对称形式、夸张的外形、多层次构成的立领设计

3. 趴领

趴领，是指没有底领，领子直接与领窝连接并贴伏在肩膀上的一类领型。趴领多用于女装、少女装和童装，男装有少量应用，具有平缓、舒展、柔和等特点。（见图6-6）

图6-6 趴领呈现平伏的外观，具有平缓、舒展、柔和等特点

趴领的"趴"，是服帖的意思，形象地表述了衣领平坦贴伏的状态。领子内口直接与上衣领窝缝合连接，领面翻折后服帖在肩膀及衣身表面。在工艺方面，领子的里口、外口都要适当，不可过松过紧，以确保领面的自然贴伏。要采用领面和领里两层面料制作，并要在领里上粘贴黏合衬，以增加衣领的稳定性。趴领设计有以下三个要点。（见图6-7）

图6-7 一字形领窝、多层次衣领、不对称形式的趴领设计

（1）领窝变化。领窝可以加宽、加深或变成倾斜状态。形状可以变成V字形、U字形、一字形、方形、梯形等。

（2）领面变化。领面可以变宽、变窄、变方、变圆、变尖角形、变多角形、变多层领、变披肩领、变连帽领等。

（3）开口变化。开口有前开、侧开、后开等位置的不同，还有扣子、拉链、系带等多种不同的扣合方式。

4. 翻驳领

翻驳领，也称西装领，是指同时带有领面和驳头的一类领型。领面是外加的一块制作衣领的面料，驳头是门襟上端翻折的部分。翻驳领的领面前端与驳头上端部分相连（连接处称为串口）、部分分开（分开处称为豁口）。驳头上端平齐、驳角呈直角状，称为"平驳头"；驳头上端向上突起、驳角呈尖角状，称为"戗驳头"。规范的西装领，一般要求平驳头豁口接近于直角、戗驳头豁口领面与驳头相靠。但一般服装的翻驳领并没有任何限制，领面与驳头可以相连，也可以分开，多大角度的豁口都有。翻驳领是一种开放型领款，通风透气的服用功能较强，多用于西装、夹克、风衣、大衣、连衣裙等，具有洒脱、明快、大方等特点。（见图6-8）

图6-8 翻驳领的领面与驳头，具有洒脱、明快、大方等特点

翻驳领作为一种经典的衣领构成方式，需要考虑领面和驳头两个部分形态及两者之间的关系，因此结构相对复杂一些。领面的形态可立可翻、可长可短；驳头的翻折可宽可窄、可大可小，领面和驳头要做到珠联璧合才是最佳的衣领设计效果。在工艺方面，领面包括了部分底领，要在底领座增加一定的硬度，起到定型的作用。驳头也要在衣身部分粘贴有纺衬，以保证驳头的平挺贴伏的翻折状态。翻驳领设计有以下三个要点。（见图6-9）

（1）领面变化。领面可以加宽、变窄、拉长，形状可以变成圆形、方形、角形、缺口形等，状态可以进行翻折、直立、立翻等变化。

图6-9 增加装饰、不对称形式、领面与驳头变化的
翻驳领设计

（2）驳头变化。驳头可以加宽、变窄、缩小、拉长；驳角可以变成直角、圆角、尖角，领边可以是直边、曲边、多角边等。左右两个驳头，可以一大一小、一宽一窄、一有一无、一曲一直等。驳头与领面可以等宽，也可以不等宽。

（3）门襟变化。门襟可以有搭门，也可以无搭门；可以是单排扣，也可以是双排扣；开领的深度可以深，也可以浅。扣合方式的变化，有扣子、卡子、系带、腰带等。

5. 青果领

青果领，是指只有驳头，并把驳头上端相互连接取代领面的一类领型。青果领的外观尽管与翻驳领很相像，但裁剪和制作方法完全不同，在衣领前面没有接缝，只有一个设置在衣领后面的接缝。青果领的设计并不需要考虑外加的领面状态如何，只需考虑整个衣领的宽度、角度和形态即可。青果领也属于开放型领款，多用于女装中的外衣、风衣、大衣等，具有端庄、秀丽、柔美等特点。（见图6-10）

图6-10 青果领由驳头形态构成，具有端庄、秀丽、
柔美等特点

青果领结构与一般的驳领结构并不相同，驳领只需考虑前衣片的驳头即可，无须顾忌后衣领。青

果领的裁剪则要预留出后衣领部分，要把衣领前后制作完整。在工艺方面，驳头的上部分一定要高出肩线半个后领窝长度，以便于两个驳头相互连接以及领下口与后领窝相连。青果领也需要两层面料制作，要添加一层领面面料才能制作完成。青果领设计有以下三个要点。（见图6-11）

图6-11 加宽衣领、不对称形式、再次翻折的青果领设计

（1）领形变化。衣领可以加宽、变窄、缩短、拉长，还可以变成方形、圆形、多角形、缺角形、不规则形、不对称形等。

（2）领边变化。领边可以变成直线形、内弧线形、外弧线形、曲线形、锯齿形等。

（3）装饰变化。青果领要比翻驳领更加适合装饰，可以沿着领边或是在领面上增加装饰。常用的装饰有加牙条、加花边、缉丝带、绣花、滚边、嵌条等。

6. 连衣领

连衣领，是指衣领和衣身连带裁剪而成的领口较高的一类领型。连衣领的外观与立领很相像，但不存在横向的领窝接缝。连衣领也属于封闭型衣领，多用于女装中的上衣、外套、大衣等，具有含蓄、典雅、自然等特点。（见图6-12）

图6-12 连衣领由衣身连带裁剪而成，具有含蓄、典雅、
自然等特点

连衣领结构需要在裁剪时将前后衣身的上端加高，利用肩缝与衣领侧缝的转折设置制作成型。有时，为了使衣领造型更加符合颈部形态，还会设置纵向的省缝或开口来辅助造型。在工艺方面，衣领省缝如果能够与腰省缝或插肩袖缝贯通，则会增加衣领外观的整体感。领里是否粘贴黏合衬，要根据设计效果的软硬需要而定。连衣领设计有以下三个要点。（见图6-13）

图6-13　宽松垂落、绳带束紧、不对称形式的连衣领设计

（1）领口变化。领高可以分为超高（超过下巴）、高（与下巴平齐）和普高（低于下巴，处于颈部中间位置）三种高度。领口可以变成圆形、一字形、V字形、U字形、不规则形等。

（2）领形变化。领子形状有平坦状、聚拢状、堆积状、翻折状、前平后立状、左右不对称状等。

（3）省缝变化。平坦、瘦紧的连衣领，可以从部位、形状、是否向衣身深处延伸、上端是否留有开口等方面设计衣领的省缝。

（三）衣领创意与构想

以上几种衣领构成形式，每一种都可以衍生出无穷无尽、形态各异的全新领型，尽管如此也只是衣领设计的冰山一角，并不能涵盖衣领的全部。较为常见的衣领形象还有很多，如花领（以鲜花形态设计的领型，或是一花独秀，或是花团锦簇，或是似花非花，或是花朵与某一种衣领的结合等），翻领（由领座和领面构成的立翻状领型，或是尖角，或是圆角，或是对称，或是不对称等），多层领（由多层领面构成的领型，或是全部翻折，或是全部直立，或是立翻结合，或是两种衣领的组合等），装饰领（由某一装饰物制作成的或只具有装饰作用的领型，或是由装饰物堆积构成，或是在衣领上添

加装饰，或是用面料制作装饰，或是附加多层饰边等），还有很多难以命名的衣领，以及可以变化的多用途的衣领等。（见图6-14）

图6-14　难以命名的衣领、多层的衣领和花卉构成的衣领

衣领设计中，衣领自身的造型固然重要，但还有比衣领造型更重要的内容需要考虑，那就是服装整体形象的设计构想。研讨衣领的构成形式可以脱离服装去畅想，但在服装设计过程中，绝不能只见树木不见森林，衣领不能离开它所依附的服装而单独存在，衣领形态与衣身形态常常是密不可分的，具有相互渗透、相互依赖和相辅相成的密切关系，因为服装本来就是一个整体。（见图6-15）

图6-15　衣领与衣身形态，具有相互依赖和相辅相成的密切关系

在服装设计构思中，也经常出现"先有形而后立意"的案例，即先构想某一部件的形状，再以点带面、顺势而为，深入构想服装整体的设计。但更多的服装设计过程，基本都是"先立意而后赋形"，即先有某一种意向（一种意念或一种感受），随后再寻找相应的形态去表现。也就是说，服装设计构思，既可以是先局部后整体，也可以是先整体后局部。但无论设计创意怎样产生，都会涉及如何处理整体形象与局部形态关系的问题。

在服装设计中，衣领是一个较为特殊的部件，大多被当作服装的视觉中心来对待，对服装的其他部分具有统领作用，常常成为服装独具特色的亮点

所在。因此，衣领的大与小、方与圆、繁与简、动与静，大多是由服装的整体效果决定的。有时，在一件服装上甚至很难分清哪些部分是衣领、哪些部分是衣身。在服装与衣领形态的关系方面，大多按照"互补原则"或是"同构原则"进行具体情况的具体处理。互补原则，是指增加服装与衣领形态之间的差异，构成互为补充的关系。如服装较为简洁明快，衣领大多偏于夸张或是繁杂；若服装较为复杂凌乱，衣领大多偏于简单或是小巧。同构原则，是指保持服装与衣领形态之间的同步，构成一种同为一体或同为一族的状态。如服装是方正的造型，衣领也采用方形；服装是圆润的造型，衣领也选择圆形，以保持服装整体的协调统一和外观效果的赏心悦目。（见图6-16）

图6-16　利用服装与衣领的互补原则和同构原则进行的衣领设计

二、袖子结构与设计

（一）袖子功能与作用

袖子是服装构成中仅次于衣领的重要部件，几乎所有的外衣、衬衣或连衣裙，都会涉及袖子的造型设计。袖子是为了人的上肢而设置的，人的上肢是圆柱体，袖子也就顺势成为直筒造型；人的上肢需要活动，袖子也就随之可以独立独行。袖子之所以重要，是因为它处于衣身的左右，所占面积较大，其形态变化和构成形式对服装整体影响重大，是服装造型的重要组成部分。

袖子对人的上肢起到防风、隔尘、保暖等保护作用，对服装起到装饰外观、充实内容、拓展形态等功效。袖子设计既要便于上肢的活动，又要注重

袖子与衣身的巧妙结合。袖子与衣身的连接方式及形式、袖口的束紧方法及状态，常常是袖子结构设计的重点和难点。（见图6-17）

图6-17　设计师常常把袖子与衣身的连接方式作为设计的重点

（二）袖子分类与设计

袖子设计由于要受到袖子与衣身相连接的牵扯和限制，肩部的造型变化并不是很多。但不受这方面影响的无袖设计以及袖口设计，其变化又是非常丰富的。从袖子的结构和外形状态来区分，最基本的袖子结构构成形式，主要有无袖、圆袖、平袖、连衣袖、插肩袖、蓬蓬袖六种。

1. 无袖

无袖，也称肩袖，是指没有袖子，只有袖窿形态或是在袖窿增加短小的袖片辅助造型的一类袖型。无袖与无领由于具有较多的相似性，经常搭配应用。无袖多用于内衣、马甲、外套、连衣裙、晚礼服等夏装，具有灵活、轻便、富于变化等特点。（见图6-18）

图6-18　无袖只有袖窿形态，具有灵活、轻便、富于变化等特点

无袖的结构较为简单，是以袖窿的基本形态为基础进行多样的变化。变化的方式方法十分丰富，或是改变袖窿的角度与形状，或是进行多种形式的切割，或是附加各式各样的装饰，或是增加短小的袖片辅助造型等。在工艺方面，中厚面料一般要有附加的贴边或是滚边，轻薄面料可以直接做卷边缝或用密拷机拷边。无袖设计有以下两个要点。

（1）袖窿形态变化。袖窿部位既可以上移，形成裸肩；也可以下落，使肩部向外扩张；袖窿形状既可以做成前窄后宽状、向上翻折状；也可以做成多角形、残缺形、起伏形等。如果考虑增加小袖片来辅助造型，袖窿的形态变化将会更加丰富多彩。

（2）附加装饰变化。在袖窿的边缘可以添加各种装饰，无论是平面的装饰还是半立体或立体的装饰，都能获得赏心悦目的设计效果，如镂空、绣花、抽带、系结、加花边、加条带、钉珠片、钉金属钉、盘绣丝带、增加多层装饰、增加立体装饰等。（见图6-19）

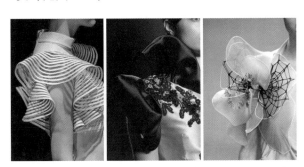

图6-19　加花边、加花结和珠片、加立体装饰的无袖设计

2. 圆袖

圆袖，也称装袖，是指符合上肢体态并在肩头与袖窿连接的一类袖型。圆袖是按照上肢的立体体态裁制的，基本袖型具有很强的立体感。从正面看，肩头棱角分明、干净利落；从侧面看，袖窿紧紧围绕肩头构成，圆润贴切、精巧紧凑。如果再借助于肩垫的支撑，会使服装外观变得更加挺拔和端

正。圆袖是比较传统和经典的袖子结构构成形式，多用于西装、制服、便装、大衣等，具有端庄、俊朗、干练等特点。（见图6-20）

图6-20　圆袖合体圆润，具有端庄、俊朗、干练等特点

圆袖大多采用两片袖结构构成，两个袖片一大一小、一外一里，可以使袖型更加合体。圆袖又被称为装袖，是指袖子需要单独制作，再与袖窿安装对接。在工艺方面，袖山边缘的弧线角度是裁剪制作的重中之重，必须略大于袖窿的大小，才能制作出完美的袖子外观。在设计方面，袖口和袖子中部是重点，可以向喇叭型、灯笼型、缺口型、多层次造型等方向拓展。圆袖设计有以下三个要点。

（1）长短变化。圆袖不仅用于外衣，内衣或夏季服装也经常使用。因此，圆袖在长度上有长袖、短袖、中袖、七分袖等多种变化，还可以做成前短后长、前开后合等形式。

（2）造型变化。圆袖的基本型是合乎上肢体态的筒状造型，如果改变袖子的某一部分造型或是增加一些分割线，就能给人全新的感受，如将袖山改为圆浑状态、添加小块面料外移肩头位置、让袖子中部凸起、增加袖口的立体感等。如果在袖口或是袖子中部增设横向、纵向、曲线分割线，圆袖的造型变化就会更加丰富多彩。

（3）开衩变化。圆袖的开衩主要起到装饰作用，大多数是不能打开的假开衩，也可以设计成能够打开的真开衩。开衩的位置有前、后、内、外之分，开衩的大小也有长短之别。开衩还可以与袖头、与装饰、与不同的扣合方式进行组合。（见图6-21）

图6-21 圆浑的袖山、喇叭型和灯笼型袖口的圆袖设计

3. 平袖

平袖,也称衬衫袖,是指袖窿偏大、袖山较低、袖筒平坦宽松的一类袖型。平袖的"平"字,形象地概括了这种袖型的基本特征。它不以合乎上肢体态为目标,而以穿着舒适为特色,迎合了人们放松心情、回归自然的心理需求。多用于衬衫、夹克、运动装、休闲装、连衣裙等,具有宽松、舒展、自然等特点。(见图6-22)

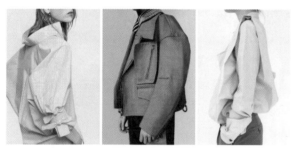

图6-22 平袖平坦宽松的袖型,具有宽松、舒展、
自然等特点

平袖大多采用一片袖结构构成,多数只有一条腋下结构缝。袖型宽松平展,适合添加装饰缝、衣袋或附加装饰等变化。由于袖型宽松,就需要在袖口设置袖头,或采用其他方式收紧袖口以便于上肢活动。在工艺方面,可以先把袖山与袖窿连成一体,再将袖缝连同衣身侧缝一次缝合完成,制作方法非常灵活简便。平袖设计有以下三个要点。

(1)袖窿变化。平袖的袖窿大多呈现出落肩状,以增加衣身的宽松,使袖子与衣身的造型协调统一。但平袖袖窿下落的多少以及袖窿宽松度的大小必须根据设计的需要确定,不可一概而论。在袖窿的外表,也可以适当增加一些肩袢、镂空、明线等装饰,以丰富袖窿的外观效果。

(2)分割变化。一片袖具有宽松肥大的特点,

非常适合在袖片上增加一些分割线。最常见的是在袖中线上进行竖线分割,也可以在其他部位进行多种形式的横线、斜线或曲线分割。同时,在分割线当中还可以增加各种各样的装饰,以丰富袖子的设计内涵。

(3)袖口变化。平袖的袖口,往往是设计的重中之重。既有收紧方式的变化,如加袖头、加罗纹、系带、系扣、穿松紧带、附加袖祥、拉链束紧、扣带束紧、抽带束紧、省缝束紧等。也有袖口开衩的各种相应变化,如开衩的大与小、袖头的宽与窄、开衩的不同扣合方式、开衩设置的不同位置等。(见图6-23)

图6-23 袖窿变化、分割变化、袖口变化的平袖设计

4. 连衣袖

连衣袖,是指没有袖窿接缝的,直接从衣身连带剪裁下来的一类袖型。连衣袖是中国传统服装的基本袖型,带有很强的东方文化色彩。多用于旗袍、连衣裙、女式上衣、中式服装等。具有淳朴、自然、舒适等特点。(见图6-24)

图6-24 连衣袖的衣袖连带剪裁,具有淳朴、自然、
舒适等特点

连衣袖的结构分为传统和现代两种方式。传统的连衣袖,袖子与衣身构成直角状态,既没有袖窿接缝也没有袖中接缝,是把面料按照肩线连折叠置,沿着袖缝和衣身侧缝连带剪裁而成。在袖子中

部设置一条接缝，再补充袖子长度。在穿着时，腋窝处会出现较多纹褶。现代的连衣袖，袖子与衣身大多构成45°左右的倾斜，通常要有一条袖中接缝，并在腋下增加一个袖衩，以满足袖子厚度的需要。45°的袖子倾斜角度，可以减少腋下的纹褶，能使服装外观变得干净利落。连衣袖设计有以下三个要点。

（1）宽窄变化。利用连衣袖连带剪裁的优势，把袖子的某一部位加宽变大，使其形态发生变化，如加宽袖根（类似蝙蝠）、加宽袖口（类似古装袖）、加宽袖子中间（类似翅膀）等。还可以加宽整个袖型，使袖子变成扁平状态，颠覆西方传统服装的立体概念。

（2）连衣变化。衣袖连带剪裁是连衣袖的最大特色，袖子与衣身的连带状态有多种存在形式。如袖子与衣身前面断开后面相连、下面断开上面相连、肩头断开腋下相连等。又如左右袖子的相互贯通、前面分开后面贯通等多种结构方式。

（3）分割变化。连衣袖的衣袖连带状态，非常适合设置横向或是纵向的分割装饰。袖子的横向分割，可以在分割缝里添加各种装饰，丰富设计细节；袖子的纵向分割，可以从左袖口延伸到右袖口，增加服装的整体感。（见图6-25）

图6-25　连带剪裁、扁平状态、衣袖贯通的连衣袖设计

5．插肩袖

插肩袖，也称连肩袖，是指袖子上端插入肩部的一类袖型。插肩袖的袖子和衣身的接缝呈现出倾斜摆放状态，也可以理解为正常袖窿的一种变异状态。袖子承担了包裹肩膀、肩头和上肢体态的更多功能，因此对袖子的造型、状态及精细度要求较高。多用于大衣、风衣、外套、运动装等，具有圆顺、流畅、大方等特点。（见图6-26）

图6-26　插肩袖上端插入肩部，具有圆顺、流畅、大方等特点

插肩袖的结构相对复杂一些，有一片袖、两片袖和三片袖之分。一片袖的袖片要裁剪成Y字形，依靠肩膀上面的肩缝塑造肩头的形态；两片袖由前后两个袖片构成，依靠贯穿至领口的袖中接缝进行造型；三片袖是在两片袖的基础上，在腋下再增加一个袖片辅助造型。在工艺方面，插肩袖的肩头都是圆顺状态，外观有圆润感。有时，还需要加放圆形肩垫，增加肩头的立体感和挺括感。袖子与衣身的接缝是裁剪缝制的重点，它的高低设置、倾斜角度、圆弧状态等，都会影响袖子的造型和外观。插肩袖设计有以下两个要点。

（1）插肩状态变化。插肩袖与衣身的关系非常重要，可以将接缝设置在高点或低点，可以是一种弧线状态或直线状态，可以是与肩缝连接（半插肩）或与领口连接（全插肩），或许还可以与门襟连接等。还可以是前插后圆或是前圆后插等综合运用的状态。

（2）插肩袖造型变化。插肩袖造型有很多形式，如上紧下宽型、中部凸起型、上松下紧型、前面开口型等。同时，还有纵向分割加装饰、横向分割加造型等多种变化。（见图6-27）

图6-27　上紧下宽型、中部凸起型、上松下紧型插肩袖设计

6. 蓬蓬袖

蓬蓬袖，是指利用褶襞或是其他方式使袖子上端膨胀起来的一类袖型。蓬蓬袖的样式较为灵活多样，有时像火腿，有时如灯笼，但都具有肩部膨胀、袖口瘦紧的共性特征。蓬蓬袖用于生活装相对较少，更适合于特殊场合的特殊着装。多用于童装、晚礼服、婚礼服、连衣裙等，具有纯情、浪漫、雅致等特点。（见图6-28）

图 6-29　形态自由设置、半立体堆积、袖山膨胀的蓬蓬袖设计

图 6-28　蓬蓬袖上端膨胀的袖型，具有纯情、浪漫、雅致等特点

蓬蓬袖上端膨胀起来的袖型结构，需要在袖片的袖山处留出足够的余量，借助若干个褶襞的收缩和支撑，才能使其膨胀并挺立起来。也可利用贴缝在袖山外表的半立体形态的堆积，构成肩头膨胀起来的造型效果。在工艺方面，有横向和纵向两种分割方式。横向分割，是在袖子中部设置横向接缝，将袖子膨胀的上端和瘦紧的下端进行连接，构成袖子的松紧对比；纵向分割，是利用分割线的收省功能，在袖子下端多条纵向分割线上收省减量，以加宽袖山和收紧袖口辅助袖子造型。蓬蓬袖设计有以下两个要点。

（1）褶襞变化。褶襞具有收缩和支撑面料体量的双重作用，既可以有规律地等距排列，也可以无规律地自由设置。有规律排列又分为等距排列、一大一小排列或集中两侧排列等。即便是依靠外表半立体形态堆积构成的膨胀袖型，也常常需要较为宽松的袖山作为依托。（见图6-29）

（2）袖口变化。收紧袖子下端，既可加强袖子的宽紧对比，也能起到支撑袖山和方便上肢活动的作用。设计重点主要是袖口变化，袖口有平齐、倾斜、外翻、里短外长，以及有开衩和无开衩等不同。

（三）袖子创意与构想

除了前面介绍的几种最基本的袖型以外，还有很多可以叫出名字的袖型，如花袖（采用鲜花或花叶形态设计的袖型，包括郁金香袖、灯笼花袖、荷叶袖等），喇叭袖（上紧下松的袖型，形状如张开的喇叭），马蹄袖（上紧下松的袖型，形状如马蹄，有的可以翻折），泡泡袖（由几段膨起状态构成，形状如连贯的气泡），塔袖（由几段构成的上紧下松的袖型，形状如宝塔），风帆袖（形状如扬起的船帆，中间有开口，裸露部分上肢，下面有瘦紧的袖头）等；还有按照长度命名的形态各异的袖子，如短袖（长度至上臂中间）、半袖（长度至肘部）、七分袖（长度至前臂中间），以及各种各样叫不出名字的袖子等。（见图6-30）

图 6-30　鲜花形的袖子、马蹄形的袖子和泡泡形的袖子

在服装构成当中，袖子既是衣身形态的延展和补充，又具有塑造服装侧面形象的作用。因此，袖子造型设计并不是孤立存在的，常常是与衣身的造型创意一同构想的。从立意、情调、风格、造型一直到款式细节，都要强调共性，保持统一。就是说，只要服装创意需要设置袖子，那么袖子就是服

装整体的重要组成部分，其形象就会带有衣身形态的诸多特征，起到加强、充实和丰富服装整体效果的作用。（见图6-31）

图6-31 袖子是衣身形态的延展和补充，带有衣身形态的诸多特征

就人体运动规律而言，上肢的动作幅度和活动频率要远远大于躯体的运动，袖子也会随着上肢的活动而处于运动状态。因而，袖子的设计常常会强调其运动状态的表现，袖口形态也会因此而变得丰富多彩，如宽松或是收紧的袖口、有袖头或是无袖头的袖口、有开衩或是无开衩的袖口、有装饰或是无装饰的袖口等。而且，每一种构成方式又有多种不同的表现形式和外观状态，都能给人完全不同的视觉感受。（见图6-32）

图6-32 强调袖子运动状态并带有装饰美感和动感的袖口设计

三、衣袋、门襟与设计

（一）衣袋、门襟的功能

衣袋也是服装构成极为重要的部件，既有便于随身携带小件物品的实用功能，又具有很强的装饰作用。衣袋是男装必不可少的服装部件，是男装设计极其重要的内容。在女装设计上，有一部分夏季服装，如内衣、旗袍、连衣裙、婚礼服、晚礼服等，是可以不设衣袋的，随身携带的小件物品可以放在包里。但大部分男装和部分女装十分重视衣袋

的设计。

从实用功能讲，衣袋应该设置在穿着者的手能够轻易触及的地方，以便于拿取物品。而且，大衣袋应该略大于手的大小，小衣袋也应该能够伸进两三根手指。但从装饰角度讲，衣袋又可以安放在服装的任何需要装饰的地方。而且，衣袋的大小也不会受到限制，既可以十分夸张夸大，也可以做成不具备装物功能只有装饰作用的假衣袋。（见图6-33）

图6-33 十分夸张夸大的衣袋，其装饰功能明显大于实用功能

门襟，严格来说并不属于服装相对独立的部件，只是服装整体构成的一个局部。但由于门襟处于服装前胸的关键部位，又具有便于服装穿脱的实用功能和修饰服装外观的装饰作用，便把它作为服装设计的一个重点，像对待其他部件一样对其进行专门研究。

绝大多数外衣都是有门襟的，有时甚至还需要设置双层门襟。门襟的设计大多与衣领形态息息相关，需要综合考虑和整体设计。门襟设计就是衣领形态向衣身的延伸和扩展，是衣领与衣身之间相互连接、相互贯穿的纽带。没有门襟的服装，有时需要在衣领上设置开口；有门襟的服装，门襟就是服装打开的开口，门襟与衣领开口的作用是一致的，都是为了服装的穿脱方便设置的。（见图6-34）

图 6-34 门襟具有实用和装饰双重功能,双层门襟的装饰感较强

（二）衣袋分类与设计

衣袋的表现形式十分丰富,可以根据服装效果的需要进行各式各样的变化。衣袋一般是按照不同的结构工艺进行分类的,主要有贴袋、挖袋和插袋三种类型。

1. 贴袋

贴袋,也称明袋,是指把衣袋附贴在服装表面的一类衣袋。贴袋大多采用与衣身相同的面料来制作,基本分为有袋盖和无袋盖两种,又分为平贴状和半立体状两类。平贴状,是指衣袋平坦地伏贴在服装表面的状态;半立体状,是指衣袋具有一定的厚度和立体感,处于半立体状态。贴袋主要用于休闲装、牛仔装、夹克、工装等,具有活泼、大方、简便等特点。

贴袋的结构相对简单。平贴状的衣袋,要用面料先制作出衣袋的形状,再把它假缝固定在服装表面缉缝制作即可。半立体状的衣袋,需要在完成衣袋表面形状的基础上再添加衣袋的侧面形态,以增加衣袋的厚度和内部空间,最后才能缉缝制作。贴袋设计有以下四个要点。

（1）形状变化。由于贴袋显露在衣身表面,其形状及大小都非常重要,会直接影响服装的外观效果。贴袋的形状,基本分为抽象形和具象形两类。抽象形多以几何形为主,如长方形、梯形、圆形、半圆形等;具象形多以简洁的植物、动物、人物等形象为主,如花形、叶形、鱼形、心形、月亮

形等（见图6-35）。衣袋的形状要尽量与服装其他部分,如衣领、袖口、衣摆的形态特征保持统一,服装才会具有整体感。贴袋的大小要适当,要与衣身的面积构成一种和谐的比例关系,过大会有不精致和空洞感,过小会有放不开和拘谨感,都不是最好的设计效果。

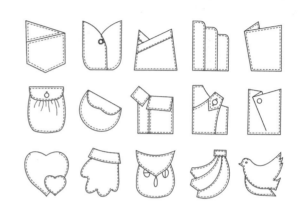

图 6-35 贴袋的形状,基本分为抽象形和具象形两大类

（2）袋口变化。有袋盖的衣袋,会给人一种完整感。袋盖约占整个衣袋的1/3面积,形状基本以长方形为主。袋盖的下边和下边角的变化最大,有直线边、折线边、上弧线边、下弧线边以及直角、圆角、尖角、斜角等。没有袋盖的衣袋,会给人一种轻松感。袋口的变化非常丰富,有平口、斜口、折线口、曲线口以及翻折袋口、拉链袋口、外加贴边袋口等。（见图6-36）

图 6-36 约占衣袋1/3面积的袋盖和处于倾斜状态的袋口

（3）装饰变化。贴袋上的装饰较多,既可加在衣袋上,也可加在袋盖上,还可以装饰在衣袋周围。装饰的方法也是五花八门,有收褶、加裥、分割、嵌条、绣花、拼色、滚边、系带、加坠、缉丝带、加牙条、加扣袢、加花边等。（见图6-37）

图 6-37 袋口的翻折装饰、绣花装饰和作为装饰袋的印花装饰

（4）立体变化。半立体衣袋的构成，如同贴附在服装表面的"浮雕"，具有很强的立体感、扩张感和装饰性，越来越多地被用于休闲装、旅游装、户外装等。半立体衣袋的造型方法也十分多样：有将衣袋直接翻折的，有依靠抽缩造型的，有层层叠压风琴式的，有下面悬空上面连接的，有追求方正外观的，有强调松散感觉的。（见图6-38）

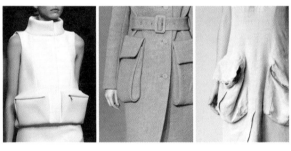

图 6-38 棱角分明的、翻折造型的和松散随意的半立体衣袋

2. 挖袋

挖袋，也称暗袋，是指兜布暗藏在衣片里面，表面只露袋口的一类衣袋。挖袋的"挖"字，是指缝制衣袋采用的工艺手段；暗袋的"暗"字，是指兜布暗藏在衣片里面的衣袋状态。两者从不同角度表明了这类衣袋独特的结构工艺特点。挖袋的袋口分为加盖型、板条型、双牙型三种基本形式。挖袋大多用于制服、套装、大衣、裤子等，具有严谨、庄重、含蓄等特点。

挖袋的结构最为复杂，对缝制工艺要求较高，必须精工细作才不会影响服装的外观。制作时，需要将一块完整的衣片挖开一条开口作为袋口，内衬双层兜布进行缝制。在袋口表面常常需要安放一个板条，或是两个牙条，或是增加一个袋盖，或是增加一个扣祥，起到稳固、遮掩和装饰袋口的作用

（见图6-39）。挖袋设计有以下两个要点。

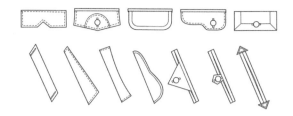

图 6-39 挖袋表面的板条、牙条、袋盖、扣祥的形态变化

（1）袋盖变化。挖袋的袋盖以长方形为主，其变化主要体现在下边的两个角上，如直角形、圆角形和尖角形等。袋盖的直角、圆角或是尖角的确定，与衣领的形态息息相关。如果衣领是直角状，袋盖就会采用直角形；如果衣领是圆角状，袋盖也会采用圆角形，以保持服装款式的和谐统一。（见图6-40）

图 6-40 袋盖以长方形为主，主要体现为直角或圆角两种变化

（2）袋口变化。挖袋的袋口一般有横向、纵向和斜向三种表现形式，也有少量的曲线状袋口的存在。没有袋盖的袋口，一般会安放一个板条或是双牙条起到定型作用。大袋口的板条会稍宽，小袋口的板条会稍窄。双牙条的袋口还可以增加一个扣祥，有防止袋口松动或是物品掉出的实用功能。无牙条的袋口，有时也会安装扣子或是安装拉链进行封闭。（见图6-41）

图 6-41 斜向的宽板条、纵向的窄板条和横向的拉链袋口设计

3. 插袋

插袋（借缝袋），是指兜布暗藏在衣片内，袋口设置在衣缝中的一类衣袋。插袋与挖袋的构成形式基本相同，区别在于袋口并不需要在衣片上挖出，而是巧借已有的衣缝设置袋口，借缝袋由此得名。插袋的袋口大多设置在侧缝、公主缝、分割缝等缝线中。插袋的袋口分为加盖型、板条型和开口型三种表现形式（见图6-42）。插袋大多用于外套、大衣、裤子等，具有隐蔽、含蓄、流畅等特点。

插袋的结构与挖袋的结构也大体相同，由于袋口是安放在衣缝当中的，在缝制工艺方面的要求相对简单。但要受到衣缝所处部位的限制，没有衣缝就很难完成插袋的制作。插袋设计有以下两个要点。

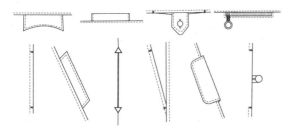

图6-42　插袋的袋口分为加盖型、板条型和开口型三种
表现形式

（1）袋盖变化。插袋的袋盖大多装饰性较强、实用性较差。因为插袋袋盖设置在袋口前面的比较多，设置在袋口后面的能够起到遮盖作用的比较少。袋盖设置在袋口前面，既可以随意进行款式变化，也可以添加各种形式的装饰，只要不破坏服装的整体形象，设计成什么形状都可以。（见图6-43）

图6-43　无袋盖的袋口、有遮盖作用的袋盖和装饰感
较强的袋口

（2）袋口变化。插袋的袋口既可以与衣缝设置成合二为一的状态，这样可以较好地掩藏袋口；

也可以与衣缝呈现出倾斜状态，这样便于衣袋的使用。裤子的侧插袋，就是一种倾斜状态的借缝袋的变异形式。这种变异非常具有设计感，也有多种多样的表现方式。在设计上，插袋的袋口既可以是故意隐藏，减弱人们对袋口的注意，也可以是有意暴露，吸引人们对袋口的注意。（见图6-44）

图6-44　倾斜变异的袋口、故意暴露的袋口和有意隐藏的
袋口设计

除了上述介绍的三种衣袋结构形式之外，还有隐藏在服装里面的里袋和暴露在服装表面纯粹为了装饰的假袋。假袋，是指只有袋盖的存在，没有袋口和兜布的不能用来装物的衣袋。假袋大多用在女夏装和童装上，可以起到装饰作用。

衣袋的造型设计，既要从衣袋的实用功能去考虑，又不能被实用功能束缚住手脚。在不改变服装整体造型的情况下，把衣袋的大小、形状及位置进行调整，就能改变和调节服装款式的构成比例，给人全新的视觉感受。服装上有衣袋和没有衣袋，其外观效果是完全不同的。有衣袋的服装，会让人感到设计内容的充实完整；没有衣袋的服装，会给人衣身上空洞无物的感觉。但任何事情都不是绝对的，衣袋的设计需要则有，不需要则无，不可以画蛇添足。

（三）门襟分类与设计

门襟设计大多与所采用的扣合方式息息相关。如果扣合方式采用的是拉链或是传统的疙瘩扣，衣襟开口就会位于衣身正中，左右两侧衣襟都可称为"门襟"，此时，两个门襟大多是相对的状态；如果扣合方式采用的是纽扣、工字扣、四合扣、尼龙搭扣等，左右两个衣襟便会构成一里一外的叠压"搭门"状态。有搭门的衣襟，常常是扣位处于衣身正

中而衣襟偏向一边。此时，门襟与里襟的形态既可相同，也可不同，可视设计的需要而定。衣襟的制作，一般需要增加一条内贴边或外贴边，以使其平整、服帖和保持形态的稳定。门襟的构成形式，按照构成状态分类，有直门襟、曲门襟、斜门襟和多层门襟四种状态。

1. 直门襟

直门襟，是指左右衣襟都是直线造型的一种门襟形式。直门襟是运用最多的门襟构成形式，既适合安装拉链，也适合钉扣锁眼，其他各种扣合方式也都适合使用。如果采用拉链，又是用于春秋装或是冬装，还可以在拉链的外面增加一条遮盖拉链的风挡，起到装饰和遮风挡雨的作用。直门襟适用于各种服装，具有简洁、明快、大方等特点。

直门襟在结构上有明贴边和暗贴边两类，明贴边是把贴边作为装饰，放在门襟的外面；暗贴边是把贴边作为稳定门襟外形的辅助手段，放在门襟的里面，以便于钉扣、锁眼和安放拉链等。直门襟设计有以下两个要点。（见图6-45）

图6-45　单排扣门襟、双排扣门襟和对襟的直门襟设计

（1）扣合方式变化。有纽扣、按扣、工字扣、四合扣、尼龙搭扣、挂钩、扣环、腰带卡、系带等多种选择。

（2）门襟装饰变化。有绣花、滚边、挖扣眼、缉丝带、加牙条、加花边、加贴边、加扣襻、加分割线等多种变化。

2. 曲门襟

曲门襟，是指衣襟采用曲线造型的一种门襟形式。曲门襟大多用于女装，男装应用较少。一般很少使用拉链，其他扣合方式都可使用。曲门襟多用于各种职业女装、春秋女装和女夏装，具有清新、柔美、含蓄等特点。

曲门襟的结构特点是，左右衣襟的形态有别。门襟边缘呈现曲线状或是门襟表面呈现起伏状。里襟一般都是直线状，以简化里襟形态，增加穿着的舒适性。曲门襟设计有以下两个要点。

（1）门襟曲线变化。边缘呈现曲线状的门襟，曲线弧度有大小变化，曲线数量有多少变化。表面呈现起伏状的门襟，起伏状态有大小变化；起伏数量有多少变化。

（2）扣合方式变化。扣合方式与门襟的曲线或起伏状态要一起构想，要相辅相成地构成一个整体。曲门襟大多采用简洁、柔美的扣合方式与其组合，如各种质地的纽扣、工字扣、四合扣等。（见图6-46）

图6-46　尼龙搭扣应用、单排扣排列和双排扣组合的曲门襟设计

3. 斜门襟

斜门襟，是指衣襟采用斜线造型的一种门襟形式。斜门襟大多是斜线与直线混合使用的，有时采用折线形，单一的一条斜线一斜到底出现得较少。采用拉链的也不多见，其他的扣合方式则不受限制。斜门襟男装、女装均可使用，多用于春秋装和夏装，具有新奇、硬朗、利落等特点。

斜门襟的结构构成一般有两种状态：一种是两个衣襟形态并不相同，门襟是斜线状，里襟则是直线状；另一种是两个衣襟形态完全相同，上面相互叠压，下面分开。斜门襟设计有以下两个要点。

（1）门襟斜线变化。斜线的倾斜角度不同、折角的大小形状不同、折角的数量多少不同、折角所处的位置不同等。

（2）扣合方式变化。扣合方式多采用比较隐蔽的按扣、尼龙搭扣，或是比较硬朗的纽扣、挂钩、扣环、腰带卡等。（见图6-47）

图6-47　门襟短里襟长、折角在下面和上叠下分的斜门襟设计

4. 多层门襟

多层门襟，是指采用两层以上衣襟造型的一种门襟形式。多层门襟的构成形式比较多样，一类是把双层重叠设置在门襟里面用于夹藏纽扣，既方便服装的扣合，又在表面看不到纽扣的存在；另一类是把多层错落设置在门襟外面，用于门襟的装饰，以创造新颖别致的外观。多层门襟男装、女装均可使用，多用于春秋装和冬装，具有新奇、灵活、多变等特点。

多层门襟结构形式较为多样，但大多以直门襟形式为基础，再附加巧妙的外部装饰。多层门襟的构成，既可以将里外门襟连接成一体，也可以将里外门襟分离，让外层能够单独活动，还可以将外层设计成左右不对称的形式等，具有广阔的设计空间。多层门襟设计有以下两个要点。

（1）门襟结构变化。里外门襟的结构需要综合考虑，既可以层层叠置，也可以一曲一直、一竖一横、一静一动，还可以将两层和一层进行巧妙叠压。

（2）门襟装饰变化。外层门襟的装饰作用往往大于其实用功能，有多种多样的存在形式。如可以相互系结的衣襟形态、可以自由调节的扣合方式、一条可以安上或摘下的活动贴边、在明贴边两边夹缝花边、增加层层叠加的装饰等。（见图6-48）

图6-48　系结状态、两层叠压和不对称装饰的多层门襟设计

上述按照构成状态对门襟进行分类，是运用最多的门襟分类方式，可以形象地表述门襟的构成特征。还有另外一种按照设置部位对门襟进行分类的方法，平时应用较少，但在突出门襟所处位置、传递门襟构成信息方面，仍然具有不可替代的优势。按照门襟设置的部位进行分类，有正襟、偏襟和大襟三种类型。

正襟，是指衣襟设在衣身正中央的门襟构成形式；偏襟，是指衣襟偏于衣身一侧的门襟构成形式（见图6-49）；大襟，是指衣襟偏向衣身一侧更多的门襟构成形式，大襟的门襟大多要接近另一侧的侧缝位置（见图6-50）。偏襟、大襟的门襟和里襟一般都是一大一小，里襟大多只到衣身正中位置。

图6-49　衣襟偏于衣身一侧的偏襟构成形式与设计

图6-50　衣襟偏向衣身一侧很大面积的大襟设计

关键词： 领口 领窝 底领 贴边 衣襟 扣合方式

领口： 是指衣服的领子口。在无领时，领口即为领窝形态；在有领时，又分为领上口（领子外翻的连折线）、领下口（领子与领窝的缝合线）、领里口（领上口至领下口之间的部位）、领外口（领子外沿的部位）。

领窝： 是指前后衣身与颈部下端相接的部位，也是领下口与衣身缝合连接的基础部位。

底领： 也称领座，是指领子自翻折线至领下口的部分。

贴边： 是指附贴在衣服边缝处的用于夹藏缝头的条状面料。大多安放在衣服里面，需要粘贴黏合衬起到定型作用，大多使用面料的边角余料裁制。

衣襟： 是门襟和里襟的统称。襟，是指衣身开口处的边；门襟，是指用于锁扣眼的处于外层的衣襟；里襟，是指用于钉扣子的处于里层的衣襟。

扣合方式： 是指服装开口的扣紧及打开的方法和形式，如纽扣扣合、拉链扣合、尼龙搭扣扣合等。每种扣合方式都有自己独特的外观感受，又有多种不同的构成形式可供选择。

课题名称： 部件设计训练
训练项目：（1）衣领创意构想
    （2）衣领创意设计
    （3）袖子创意设计
    （4）部件综合设计
教学要求：

（1）*衣领创意构想（课堂训练）*

运用思维导图进行衣领的创意构想，绘制一张以衣领变化为主题的思维导图手稿。

方法： 在学习过的六种衣领类型中，任选其中四种衣领结构形式，构想和创造出尽可能多的富于新意的衣领形象。在一张横向摆放的纸面中央，写出"衣领"主题词和四种衣领的名称。将纸面分出四个区域，每一区域为同一种结构的领型，进行结构相同、表现形式不同的衣领创意构想。构想的衣领总数不得少于60个，将纸面画满为止。要先用铅笔勾画草稿，再用黑色中性笔和彩色铅笔定稿。四种领型，分别涂着不同颜色，以区别不同领型。要勾画出简单的人体颈部和肩部形态，衣领着色、人体不着色。衣领可以略加明暗，增加衣领的立体感和表现力。纸张规格：A3纸。（图6-51～图6-59）

（2）*衣领创意设计（课后作业）*

任选某一种领型，构想和绘制一个系列3套女装的衣领创意设计手稿。

方法： 衣领形象可以在自己的衣领创意构想作业中任选，所构想的系列服装必须有3个不同样式的衣领出现。但服装款式不限、穿着季节不限、表现手法不限。服装要有新鲜感、时尚感和系列感。采用钢笔淡彩的表现形式。纸张规格：A3纸。（图6-60～图6-68）

（3）*袖子创意设计（课堂训练）*

运用风格相同、款式不同的袖子，构想和绘制一个系列3套女装的袖子创意设计手稿。

方法： 具体要求同上。（图6-69～图6-77）

（4）*部件综合设计（课后作业）*

根据某一设计主题进行服装整体形象的综合设计，构想和绘制一个系列3套服装的部件综合设计手稿。

方法： 自拟一个设计主题，并根据主题情调确定相应的服装风格和情境，再进行系列服装的深入构想。每套服装，要包括衣领、衣袋和门襟三部分内容。设计主题概括为1~7个字，英文亦可。要将设计主题写在画面空白处。服装的立意、风格、情调、面料、色彩以及服饰品的运用，要与设计主题的内容和情境相吻合。服装款式不限、穿着季节不限、表现手法不限。纸张规格：A3纸。（图6-78～图6-86）

图 6-51　衣领创意构想　汪丹丹

图 6-52　衣领创意构想　王潇雪

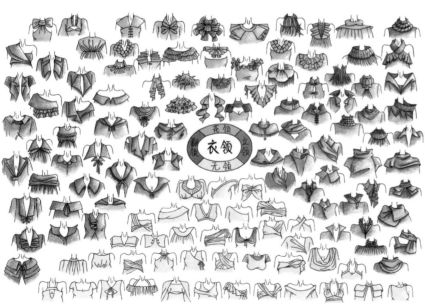

图 6-53　衣领创意构想　李咪娜

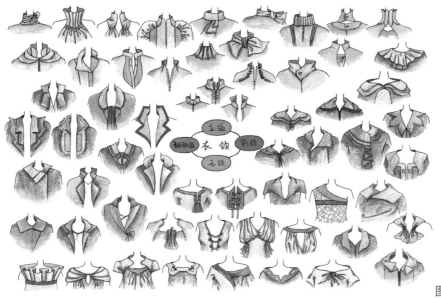

图 6-54　衣领创意构想　陈静

图 6-55　衣领创意构想　龚丽

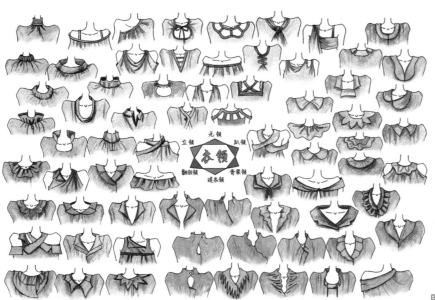

图 6-56　衣领创意构想　杨雪平

图 6-57　衣领创意构想　张梦蝶

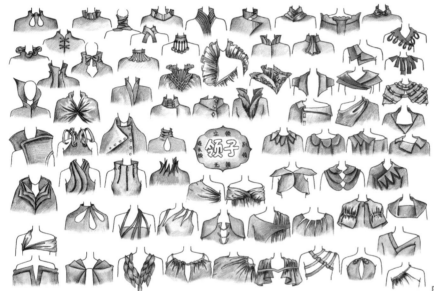

图 6-58　衣领创意构想　胡问渠

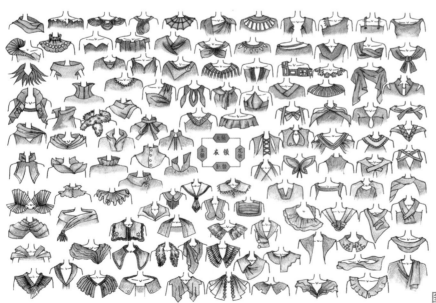

图 6-59　衣领创意构想　李若倩

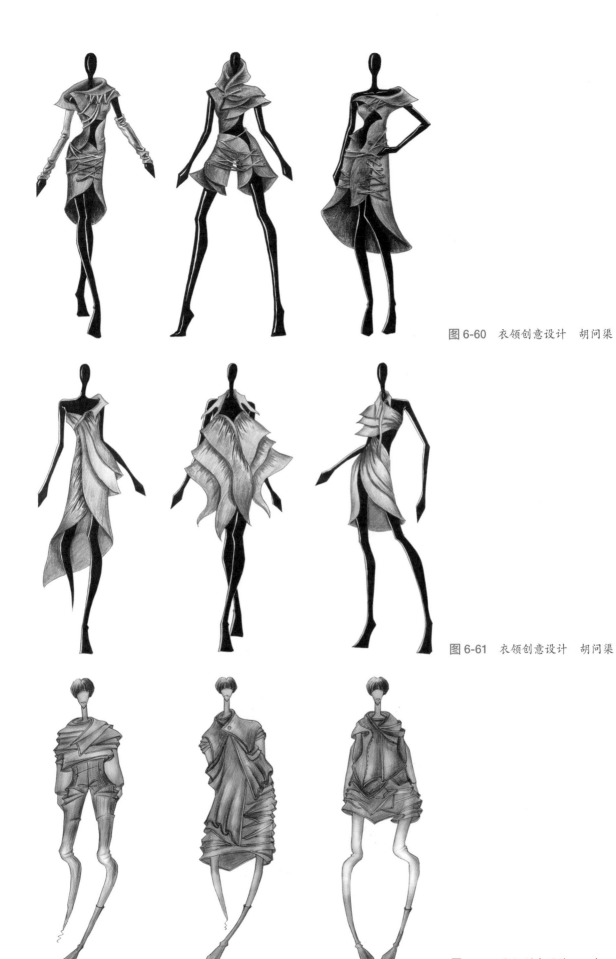

图 6-60　衣领创意设计　胡问渠

图 6-61　衣领创意设计　胡问渠

图 6-62　衣领创意设计　王勃

图 6-63 衣领创意设计 肖霞

图 6-64 衣领创意设计 肖霞

图 6-65 衣领创意设计 刘佳悦

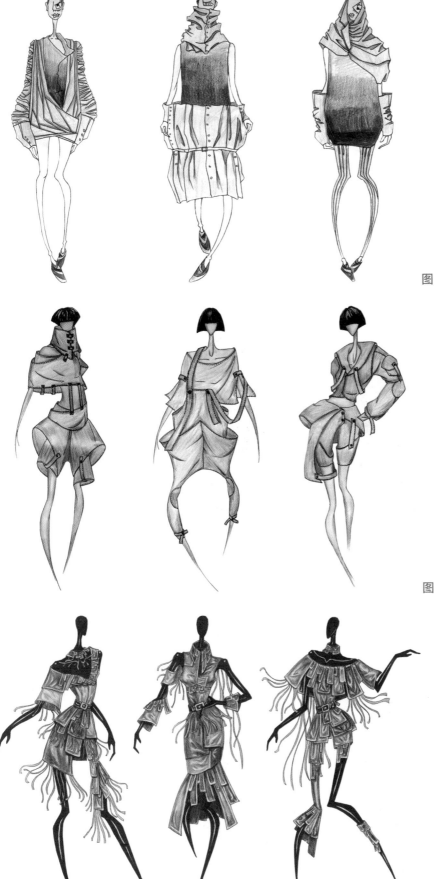

图 6-66　衣领创意设计　肖霞

图 6-67　衣领创意设计　曹碧云

图 6-68　衣领创意设计　龚萍

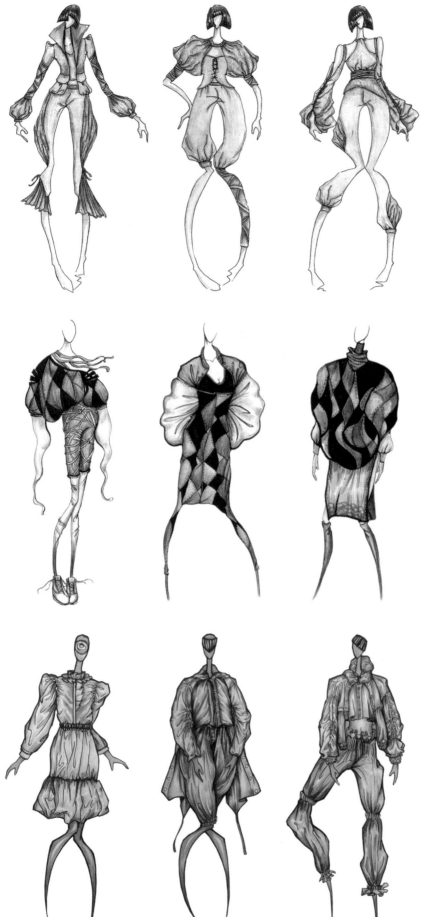

图 6-69　袖子创意设计　黄宝银

图 6-70　袖子创意设计　刘晨

图 6-71　袖子创意设计　刘佳悦

图 6-72　袖子创意设计　杨美玲

图 6-73　袖子创意设计　马赛

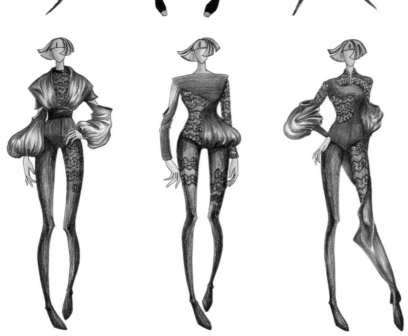

图 6-74　袖子创意设计　龚萍萍

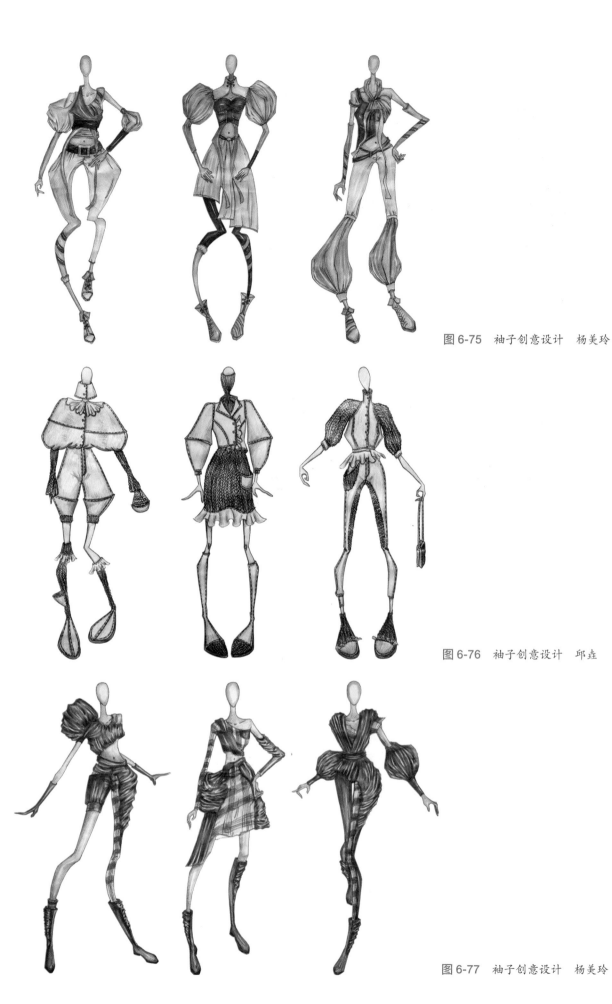

图 6-75　袖子创意设计　杨美玲

图 6-76　袖子创意设计　邱垚

图 6-77　袖子创意设计　杨美玲

《少女幻想》

图 6-78 部件综合设计 程婷

《幻彩未来风》

图 6-79 部件综合设计 刘佳悦

《迷失仙境》

图 6-80 部件综合设计 陶元玲

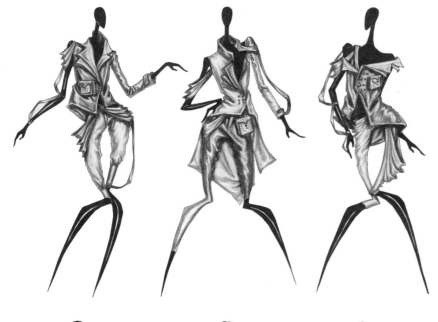

《是非》

图 6-81　部件综合设计　龚萍

《野韵》

图 6-82　部件综合设计　陶元玲

《夜的霓虹灯》

图 6-83　部件综合设计　王菲

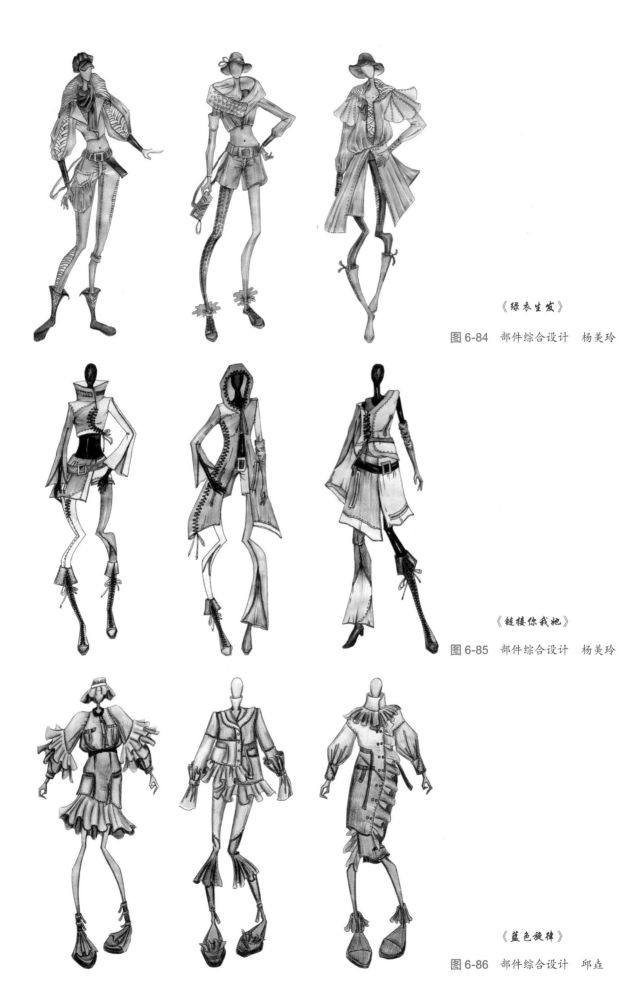

《绿衣生发》

图 6-84　部件综合设计　杨美玲

《链接你我她》

图 6-85　部件综合设计　杨美玲

《蓝色旋律》

图 6-86　部件综合设计　邱垚

課題七

服装款式构成

服装设计是目的性很强的工作，在设计开始之前，要有一个清晰明确的设计定位，然后围绕这个定位收集相关信息。在收集信息资料之时，设计构思也就悄然开始了。做服装设计先要明确所要设计的是一件服装作品，还是一件服装产品。如果是作品，那么如何创新、如何创意、如何抒发情感和如何做到与众不同，就是先要理清的问题；如果是产品，就会涉及是什么样的款式，是什么样的风格，用什么样的面料，给什么人穿着，什么季节穿着，价位是多少，时尚元素是什么。对这些设计定位方面的问题做到心中有数，设计才能有的放矢。

一、服装设计定位

（一）服装的分类方式

服装的种类和样式繁杂，分类方式也有多种。在生活中往往需要从几个方面对其进行归类，才能确定一件服装的基本特征。人们大多习惯从以下八个方面对服装进行分类。

（1）从性别上分，可分为男装、女装。

（2）从年龄上分，可分为童装、青年装、中老年装。

（3）从款式上分，可分为西装、夹克、大衣、连衣裙等。

（4）从材料上分，可分为丝绸服装、牛仔服装、皮革服装、羽绒服装等。

（5）从用途上分，可分为职业装、运动装、休闲装、户外装等。

（6）从时间季节上分，可分为晚装、冬装、夏装、春秋装等。

（7）从加工方式上分，可分为手绘服装、针织服装、编织服装、刺绣服装等。

（8）从国家民族上分，可分为中式服装、印度服装、苗族服装、藏族服装等。

除此之外，还有其他的分类方式。如在穿着对象方面，分为少女装、淑女装、仕女装；在款式方面，分为长裙、短裤、旗袍、上衣、马甲等；在造型方面，分为筒裙、鱼尾裙、喇叭裙等；在用途方面，分为演出装、婚礼服、家居服等。服装的分类，大多是从不同的侧面反映服装的不同特点。一件服装可以同时存在于多种分类之中，可能既是女装，又是夏装和丝绸服装。

服装行业对产品的分类与普通人的分类方式略有差异，更加精细化和专业化。通常采用由"主要面料+款式特征+产品主体"三部分构成的产品命名方式进行分类。如牛仔趴领短上衣、人造棉短袖连衣裙、羊绒镂空针织衫等。服装分类对企业具有两方面作用：一是对产品进行有效的识别、归类和分类管理；二是对产品进行有针对性的调研、设计和生产销售。任何一个服装品牌，都拥有相对稳定的服装品类。服装品类又多以款式类型的不同进行区分，如上衣类、裙子类、内衣类、裤子类、衬衫类、大衣类等。还有一种分类方式，就是按照单品和套装进行分类。服装单品是指单件服装的独立独行单件销售，通常与套装相对，如裤子、裙子、夹克、毛衫、衬衫等；服装套装是指一整套服装，由两件以上风格特征相同的单件服装构成，如两件套、三件套的裙套装或裤套装等。

（二）设计定位的内涵

所谓定位，实质上就是确定一个位置。如果是作品设计，就要给作品在设计师内心确定一个位置，使之成为设计追求的目标；如果是产品设计，就要给产品在市场上确定一个位置，使之与其他产品区别开来。从效果上看，设计定位就是确立一个显著的概念，提供一个容易识别、选择和欣赏的具有诱惑力的理由。

1. 服装作品定位

服装作品主要包括学生作品、参赛作品和发布会作品三部分，共同点是，既不需要顾及市场销售，也不用考虑消费者的穿着感受。学生作品的训练，是把普通人培养成为设计师的必由之路，对培养学生的创造力、想象力和审美能力意义重大；参赛作品的创作，是设计新秀相互交流、学习和竞技的最佳途径，对提升专业能力、积累实践体验和设计经验事半功倍；发布会作品的展示，是设计师展露才华、引领时尚和推广品牌的传播渠道，对打造品牌形象、促进产品营销和扩大品牌影响力意义深远。服装作品定位的内容主要涉及以下五个方面。

（1）功能性定位。功能属性是服装赖以生存的基本条件，即便不是用于生活穿着的服装作品，也不能完全脱离服装功能的存在。服装作品设计，尽管可以不受功能的束缚和限制，对功能的表现可以多也可以少，还可以对功能进行全新的定义，但不可无视功能的存在。

（2）创新性定位。设计师若想创新，就要知道哪些理念是新的，哪些理念是旧的。新的理念又受到什么样的设计思潮影响，都有什么样的设计主

张。目前，解构主义思潮对设计创新的影响最大，那么这种设计主张有哪些优缺点，又应该如何表述自己的观点和吸纳别人的优点？

（3）设计主题定位。主题是作品设计的灵魂，带有作者强烈的情感倾向和价值取向。不管设计是主题先行，还是追加主题，主题都不是一个简单的作品名称，都是作者内心情绪的外化和表露，也是构想、创意和解读作品的思维线索。作品主题的拟定，一定要由感而发，要有新鲜感和时尚感，要便于识别和记忆。

（4）结构工艺定位。在互联网高度发达的今天，分工合作已经是大势所趋，在技术方面只有想不到，没有做不到。只要设计需要，任何结构、工艺、印染等技术都可以借助于网络得到专业人员的帮助。因此，技术已经不再是问题，在技术方面有没有更高的要求才是问题的关键。

（5）展示状态定位。服装作品多以系列构成的形式出现，并且要求服饰配套。服装的从里到外、从上到下、从单套到多套，都需要进行深入的思考和巧妙的安排。要从模特的举手投足、服装穿脱的各种状态、系列构成的高低错落等方面去构想和设计服装的整体展示效果。

2. 服装产品定位

服装产品设计，需要根据市场调研情况对产品进行定位分析，确定产品属性、主要风格及最新季度的产品设计要点。明确服装产品定位，既有利于消费者的产品识别，也有利于产品的开发运作。服装产品定位的内容主要涉及以下五个方面。

（1）产品属性定位。产品属性是产品本身所固有的性质，如性能、质量、面料、价格、适应人群、适合阶层、穿着场合等。产品设计一定要有一个相对准确的产品属性定位，否则就容易造成产品经营的混乱，自己说不清楚，让消费者也摸不着头脑。

（2）产品风格定位。产品风格是产品所表现出来的特色和个性，是消费者识别和选购服装的重要因素。不同的产品风格会营造不同的穿着状态，给人不同的穿着感受。一个服装品牌一般只有一种

产品风格或是以一种风格为主，否则就会造成产品风格的杂乱，降低产品品质，损伤消费者的品牌忠诚度。

（3）产品价格定位。产品价格，主要包括产品的成本（直接和间接成本）和销售带来的利润，也包括品牌无形资产的附加值。价位过高，消费者不会光顾，即使偶尔光顾销量也很有限；价位过低，非但会让企业的利润受损，还会造成产品档次低劣的错觉，损害品牌形象。因此，必须找到适当的、相对稳定的价位区间，并有一个恰当的、可调整的价格幅度。

（4）目标消费群体定位。通过市场细分选择适合于品牌发展的目标市场，明确产品是为谁而设计。通过对消费者的年龄、职业、身份、生活背景、经济收入、性格兴趣、个性行为等方面的调查，了解目标消费群体的消费需求、消费习惯和消费心理。通过更加准确的产品企划、设计、生产和销售，赢得目标消费群体的青睐。

（5）生活方式定位。消费者的生活方式与服装商品的选择密切相关，人们往往通过消费来表现自己的生活品位和格调。服装企业也需要通过某些恰当的活动替代传统的广告宣传，来影响目标消费群体的心理、行为和价值观。为实现这一目标，就要了解消费者的生活方式，区隔不同族群的生活观、消费观和价值观，进而从这些概念交叉点确定自己所倡导的生活方式，制定出品牌独有的产品概念、经营主张和营销策略等。

3. 服装市场细分

美国市场学家温德尔·史密斯（Wendell Smith）在20世纪50年代中期提出了市场细分的概念，对服装产品定位影响巨大。他认为，市场是由各种各样的消费者组成的，他们在消费需求、消费行为、消费心理等许多方面存在差异。每个消费者群体就是一个细分市场，每个细分市场都是由具有类似需求倾向的消费者群体构成的。市场细分，就是把潜在的消费市场分解为较小的群体或部分，构成若干个子市场，每个子市场在购买或使用有关品种类上有着相似的特征。

市场细分对服装产品设计的意义：①有利于选择目标市场和制定市场营销策略。细分后的子市场比较具体，比较容易了解消费者的需求，企业可以根据自己的实际情况确定自己的服务对象，即目标市场。②有利于发掘市场商机，开拓新市场。通过市场细分，可以对每个细分市场的购买潜力、满足程度、竞争情况等进行分析，找到有利于本企业的市场机会。③有利于集中人力、物力投入目标市场。企业可以集中人、财、物等资源，去争取局部市场上的优势，占领自己的目标市场。④有利于企业提高经济效益。企业可以面对自己的目标市场，生产出适销对路的产品，加速商品流转。市场细分主要涉及地理、人口、心理和行为四个因素。

（1）地理细分。地理细分是指按照地理区域的不同进行分类，如国家、地区等。不同的地理条件决定人们特定的服装需求。如羽绒服是北方温带或亚寒带地区人们必不可少的服装，而夏装在这些地区的穿着时间比较短暂。

（2）人口细分。人口细分是指将市场按照人口统计变量分类。依据有年龄、性别、收入、职业、受教育程度、家庭规模等。这些变量直接影响消费者的需要规模和购买行为习惯。

（3）心理细分。心理细分是指按照消费者的生活方式和个性心理特征的差异分类。在相同的群体中，人们的生活方式和个性心理也是千差万别的。生活方式是人们的自我概念的外在表现，直接影响着人们对服装的需求。许多服装品牌在宣传中倡导某种生活观念，如女性的自信、参与，男性的潇洒、成就感等，由此推动服装的销售。个性是一个人整体的、稳定的心理特征的综合，包括价值观、兴趣、爱好、气质、性格、能力等因素。个性的差异会导致消费者对服装审美和需求的不同。

（4）行为细分。行为细分是指按照消费者的购买行为方式和习惯分类，包括消费者对产品的印象、态度、购买途径、使用状况和用后评价等。如在购买途径方面，有人喜欢到专卖店购买，是为了追求货真价实；有人看重大商场的品牌专柜，是想借助商场的信誉来消除购物风险；还有人偏爱网购，是为了方便和价格实惠。

（三）消费者生理及心理

　　服装与穿着者具有相互依存的密切关系，不管是服装作品设计还是服装产品设计，都要了解和掌握人们普遍的生理及心理特征。尤其是服装产品设计，如果对消费者的生理及心理特征不了解，就很难做出准确的产品设计定位。

1. 儿童生理及心理特征

　　儿童，通常是指从出生至12岁的年龄阶段。在服装行业，为了简化服装的分类，习惯于只分童装、青年装和中老年装三个大类。这就意味着，要把13～17岁的少年阶段也划归到儿童期。按照这样的划分方式，童装包括从出生至17岁的年龄段。根据每一阶段儿童的特点，可以把儿童分为婴儿期、幼儿期、学前期、学龄期和少年期五个阶段。而且，每个阶段的儿童都有不同的生理及心理特征。

　　（1）婴儿期。从出生至1周岁为婴儿期，是睡眠和在母亲怀里的时间较多的时期，属于静态期。婴儿出生后的2～3个月，身高大约50cm。在此期间生长较快，1周岁时，身高可达60cm左右，体重则成倍增长。生理特征：睡眠多、出汗多、皮肤细嫩、排泄次数多。体型以头大、颈短、腹大、肩窄、四肢短小为特点。半岁后，可进行坐、爬、立等动作，穿着服装的时间也逐渐增多。婴儿期的心理特征尚不明显，服装属于母婴产品，多由母婴专营公司负责提供。

　　（2）幼儿期。1～3岁为幼儿期，仍然需要家长的看护和照料，是开始学习行走、跑跳、投掷等动作的时期，属于动态期。生理特征：头大、颈短、腹部突出、四肢粗胖。心理特征：好奇心和求知欲逐渐增强，开始学话、能简单认识事物，对于醒目的色彩和活动的东西极为注意，愿意与人交流，游戏是最喜欢的活动。此阶段的儿童，对服装的需求随着户外活动的增多而增加。（见图7-1）

图7-1　幼儿期儿童，活泼好动，游戏是他们的主要活动

　　（3）学前期。4～6岁为学前期，家长的照料相对减少，具有一定的自主生活能力。生理特征：头大、肩窄，胸、腰、臀的围度差别不大。心理特征：自尊心较强，喜欢被表扬，活泼好动。愿意唱歌、跳舞、画画、识字等，喜欢接触外界事物和接受教育，个性也明显表现出来。男孩和女孩在性别、爱好、行为等方面已表现出差异，女孩更爱穿着鲜艳漂亮、花枝招展的服装。（见图7-2）

图7-2　学前期儿童，在性别、爱好、行为等方面表现出很多差异

　　（4）学龄期。7～12岁为学龄期，也是小学生阶段。生理特征：身体结实、四肢发达、腹平腰细，颈部开始生长，肩部逐渐增宽。心理特征：自我意识逐渐萌发，智力已脱离幼稚感。社会性增强，注重人际交往，受参照群体影响较大，喜欢模仿偶像的衣着行为。男孩和女孩在体态、兴趣、行为举止等方面的表现明显不同，已有自己的审美意识、价值取向和择物观念。生活的主要场所从家庭转移到了学校，受到学校纪律的约束，学习和集体活动成为生活的中心。（见图7-3）

图7-3 学龄期儿童，男孩和女孩的体态、兴趣已经
明显不同

（5）少年期。13～17岁为少年期，也是中学生阶段。生理特征：身高已接近成年人，但还略显单薄、稚嫩。男孩、女孩性别特征十分明显，男孩的肩部开始变平变宽，身高和体重明显增加；女孩的胸部开始变得丰满，臀部的脂肪明显增多。心理特征：希望在同伴或群体中获得重视，男孩喜欢穿着有特点或是名牌服装，但又反对过于张扬的款式；女孩性格逐渐变得沉静，情绪也变得易于波动，喜欢表现自我，偏爱有图案装饰的服装，青睐有情趣的服饰品。（见图7-4）

图7-4 少年期儿童，既有成年人的部分特征又有
自己的特点

2. 女性生理及心理特征

（1）生理特征。肩窄、胸高、腰细、四肢纤弱是女性体态的基本特征。在体型上，正面呈现X型，肩宽与臀宽大体相当，腰部细窄；侧面呈现S型，胸部丰满，向前突起，臀部浑圆，向后突出，后背和腹部平坦。在外观上，有柔弱、清秀、圆润的流线形视觉感受。女性的体态特征，也会随着年龄的增长在不同阶段出现一些变化。女性根据不同阶段的体态特点，大体分为青年期、中年期、老年期三个阶段。

18～35岁属于青年期，是充满青春活力、精力旺盛、性别特征鲜明的时期。这一时期的女性体态匀称，胸高、腰细、腹平，适合穿着各种款式造型的服装。此阶段是女性服装消费的高峰期，也是愿意接受新款式、喜欢新潮、追逐时尚的时期。（见图7-5）

图7-5 青年期女性，最愿意接受新款式、喜欢新潮和
追逐时尚

35～55岁属于中年期，是走向成熟稳健、家庭事业兴旺发达、经济状况较好的时期。这一时期的女性体态丰润，胸部仍有高度，但大多腰部和四肢变粗、腹部突起，一些过于显现体形或过于花哨活泼的服装款式不再受欢迎。着装兴趣逐渐转向一些能体现品位、表现个性、显示社会地位或经济条件的服装款式。（见图7-6）

图7-6 中年期女性，希望体现品位、表现个性、
显示经济条件

55岁以上属于老年期，是趋于体弱衰老、肌肉松弛、行动迟缓的时期。这一时期的女性体态大多偏瘦或偏胖，胸部和臀部平坦、腹部偏大、背部弯曲，适合穿着款式较为简洁、色彩鲜明的服装。这一时期的女性是服装设计容易忽略的消费对象，也是服装市场亟待开发的领域。（见图7-7）

图7-7　老年期女性，适合穿着款式较为简洁、色彩鲜明的服装

（2）心理特征。服装是现代女性修饰美化自己、塑造自我形象的最简便、最有效的手段。女人之所以比男人更爱逛街，更爱买衣服，是因为女性的容颜比男性更容易变老，更加渴望借助于衣着改变自己的形象。女性特别看重自己的穿着，主要是出于以下四个方面心理需求。

① 爱美心理。爱美是人的天性，女性尤其如此。美好的事物总能格外引人瞩目，穿着美的服装也会增加人们对穿着者的喜爱。正因如此，追求美、热爱美，追逐美的服装，把自己装扮得更加美丽，也就成了女性喜爱穿着装扮的主要动机。

② 求新心理。喜新厌旧是人之常情，新事物代替旧事物也是事物发展的必然规律，服装亦如此。由于旧服装穿着时间长了就会失去新鲜感，原有的美感也会逐渐消失。这样，女性就会被那些更新的和更加时尚的服装所吸引，具有新鲜感和时尚感的服装就成为被追逐的目标。

③ 突出自我心理。希望自己与众不同，适当地突出自己以满足自尊心，并从中获得自信，这是人的一种普遍心态，女性在这方面的表现更为突出。在张扬个性、突出自我方面，服装是首选，最能简单快捷地满足女性的心理需求。

④ 从众心理。从众是一种社会现象，可以满足人的心理平衡。别人做什么我也做什么，别人穿什么样的服装我也去买去穿，这样非但不会落后，被人瞧不起，还会具有归属感。从众心理是一种常见的心理状态，女性在选择服装时的表现尤为突出，常常会因为从属别人的行为，购买一些并不适合自己的服装。

3. 男性生理及心理特性

（1）生理特征。肩宽臀狭、膀大腰圆、四肢粗壮是男性体态的基本特征。在体型上，正面呈现倒梯形，肩部宽厚、臀部窄狭，腰宽与臀宽基本相当；侧面仍为狭长的倒梯形，臀部后突但不明显。在整体外观上，富于力量和力度感，有直线形特性。男性的体态特征，也会随着年龄的增长在不同阶段出现一些变化。男性根据不同阶段的体态特点，分为青年期、中年期、老年期三个阶段。

18～35岁属于青年期，是充满激情活力、体力充沛、活泼冲动的时期。这一时期的男性体态匀称而略显单薄。胸部结实、腰细臀狭、动作敏捷，适合穿着各种轻松活泼的服装款式，尤其偏爱休闲装、户外装、运动装，以及各种带有青春活力和富于个性特征的服装。（见图7-8）

图7-8　青年期男性，适合各种轻松活泼、富于个性的服装

35～60岁属于中年期，是性格趋于成熟和沉

稳、注重身份和地位、经济条件优越的时期。这一时期的男性体态大多开始粗壮或发胖。胸部肌肉松弛、腰部变粗、腹部突起，喜欢一些较为传统的、轻松的和富于内涵的服装，如衬衫、T恤、西装、便装、夹克等。并在服装品质方面要求较高，选择服装更加理性，更加青睐能显示身份地位的中高档服装。（见图7-9）

图7-9　中年期男性，喜欢较为传统、宽松和富于内涵的服装

60岁以上属于老年期，是身体趋向衰老、活动减少、逐步退出社会角色的时期。这一时期的男性体力和精力都呈现下降趋势。胖者体态臃肿，腰粗腹大，全身线条的棱角和力度大大减弱；瘦者清癯干瘪，背部弯曲，棱角分明但已缺少活力。由于大多数人较少参与社会活动，因而对服装的要求也转向以穿着功能为主、社会功能为辅。多选择舒适、简洁、穿着随意的服装。（见图7-10）

图7-10　老年期男性，多选择舒适、简洁、穿着随意的服装

（2）心理特征。服装是男性生活方式和生活状态的外在表现，是内心自我概念的延伸。爱美之心人皆有之，男性也爱美，只不过没有女性表现得那般鲜明。男性对服装的需求除了注重修饰外观，还会更加强调服装的内涵和格调。在选择服装方面，男性一般具有以下四个方面心理需求。

① 修饰外观。外观是一个人的外在形象，在相貌不易改变的前提下，服装就是修饰外观的首选。在现代社会，外观形象既是一个人内在修养的反映，也是生活状态、心态、能力等方面的间接表现。因此，追求发展进步的男性都十分重视服装的修饰作用，这使男性对服装的需求掺杂了更多的社会意义。

② 标示身份。身份代表着一个人的社会角色，是某种社会关系所决定的个体特征。很多时候，人们的身份并不明显或容易被掩盖，这样就需要用服装把它标示出来，以便于他人辨识。男性为了事业发展和社会交往的需要，常常要用服装来表明自己的身份。

③ 展露自我。每个人对自己都有一个评价，也有一个将自己的成就展现在他人面前的期望，这就促使人们按照自己对自我形象的定位与构想去选择服装。服装是展露自我的一种最有效的手段。男性内心总是希望通过服装告诉别人自己是什么样的人，再从别人的反馈之中检验自己的愿望是否已经实现。

④ 群体认同。群体会给予个体一种归属感和安定感，当被认同为群体中的一员时，个体的内心才会踏实。服装本身就带有某种群体的归属性，再加上时尚、格调、社会阶层等因素，穿着就有了时尚与落伍、从众与个别、上层与下层的差异。男性或追逐时尚，避免落伍而被人瞧不起；或独往独行，表明自己格调高雅，与众不同；或西装革履，标明自己的阶层所属等。这都是内心的群体认同感使然。

二、服装风格特征

风格是指某一类事物具有主导地位的共性特

征。只要某一类事物在外观、状态或行为方式等方面具有特定的共性特征，就会被认为同属一种风格。"风格"一词经常被应用，是为了便于感知、识别和描述事物的某种状态特点，如文学、绘画、影视及设计作品的不同风格，也包括人的行为方式的不同表现等。

服装风格并不像服装款式那般清晰明确，在服装款式分类中，上衣就是上衣，裙子就是裙子，大多不会混淆。但服装风格则不然，它具有"多元化""相对性"和"不确定性"三方面特性。多元化，是指不同的服装风格常常存在于同一类款式当中。如同为西装，就有较为宽松的休闲风格、较为严谨的古典风格和较为瘦紧的修身风格等差异。相对性，是指服装风格需要通过相互比较才能识别。只看中国的军装一般很难界定它的风格，但如果与其他国家的军装进行比对就会发现它的不同。不确定性，是指服装风格常常具有相互交叉的特性，同一件上衣，既会具有较强的都市风格特征，又会具有现代风格的诸多特点。对于这样有两三种风格特征交叉的服装，一定要分清主次，根据最主要的特征确定其风格。

服装风格的三种特性，既为服装风格的识别增加了难度和神秘感，也常常会让普通消费者感到捉摸不定。其实，风格只是款式之外可以辨识服装不同特征的另外一种分类方式而已。对于普通消费者并无关紧要，但对于设计师却事关重大。风格是对款式进行更加细致的辨识和分析的重要依据，也是设计师必须细微把握的设计内容。服装风格的确定，重在服装的总体感觉和设计师的内心感悟，并需要一定的经验积累才能更加准确地识别和把握。

服装风格有很多种类和不同的分类方式，但最常见、最主要的女装风格主要有八种类型。（见图7-11）

八种女装风格由两两相对的四组服装风格构成，是按照时间前后、地域差异、着装状态和性别趋向进行分组归类的。其中，女性化风格和中性化风格，是女装风格的两个极端，分别朝着浪漫、柔美和简洁、硬朗两个方面发展，并带动了优雅、田园、都市、休闲四种风格的款式特征趋向。就女装

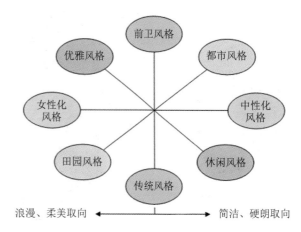

图7-11　女装最常见、最主要的八种风格类型

流行的规律而言，这八种女装风格，也常常代表女装风格流行的八个极端。当某一种女装风格流行一段时间之后，便会向着它的另一个极端逆转，发展到了一定程度又会出现反复，总体呈现螺旋上升的发展态势。

（一）前卫风格与传统风格

1. 前卫风格

前卫风格服装，是指款式新潮奇特、色彩对比强烈、图案大胆张扬，能给人以新潮前卫或是放荡不羁感受的服装。前卫风格服装，也称潮人装或潮服，女装、男装均有此类风格的存在。在设计上，设计元素大多与街舞、爵士、摇滚、嘻哈、涂鸦、卡通、文身等情境密切相关，服装款式有时较为简单，但图案装饰和新潮的服饰配件必不可少。穿着前卫风格服装的人，往往是个性极强的年轻人。大多具有叛逆心理或超前意识，喜欢以自己为中心和标新立异。代表品牌：玛玛绨（maxmartin）、嘿秀（heyshow）、闪唇（SLLLCUN）、淘宝店铺"流行依点"、淘宝店铺"13生肖多福猫"等。（见图7-12）

2. 传统风格

传统风格服装，是指款式庄重保守、色彩古朴沉稳、图案民族化或传统化，能给人以古香古色、带有怀旧情结或民族风情浓郁的服装。传统风格服装，也称复古风格、古典风格或民族风，是一个内

图7-12 涂鸦图案的"闪唇"产品、唇形装饰的"玛玛绨"产品

涵宽泛的风格类型。既包括中西方传统元素的古为今用，也包括东西方民族特色的时尚演绎。在设计上，图案、色彩、面料、款式细节等设计元素虽然来自传统或是民族，但不失服装整体的现代感，符合现代人的精神气质和生活节奏。穿着传统风格服装的人，以怀旧的中老年为主，也包括一些具有好奇心或带有艺术气质的中青年。代表品牌：如意风、筱姿（xiaozi）、生姜（GJIANGER）、迷阵（Aporia.As）、两人故事等。（见图7-13）

图7-13 古香古色的"如意风"产品、印第安风情的"迷阵"产品

（二）都市风格与田园风格

1. 都市风格

都市风格服装，是指造型简洁、洗练，装饰素雅、富于情趣，色彩清淡、恬静、沉着，能给人以端庄、秀丽或时尚感受的服装。都市风格服装常常涵盖了现代、简约、时尚等风格倾向，十分注重服装的内涵、气质和品位，非常强调服装的合体、档次和时尚感。在设计上，常常推崇服装的品牌效应、新鲜感和时尚感，注重穿着者的身份和地位等因素的表现。穿着都市风格服装的人，各阶层的男女青年都有，也包括一些中年人和乡村青年。代表品牌：歌莉娅（GOELIA）、雪歌（XUEGE）、浪漫一身、妖精的口袋（ELFSACK）、七格格等。（见图7-14）

图7-14 庄重典雅的"浪漫一身"产品、简洁时尚的"妖精的口袋"产品

2. 田园风格

田园风格服装，是指面料多用棉、麻等天然纤维，色彩多以白、黄、褐、绿等自然色为主，造型松散、随意、自然，能给人以纯真、质朴或悠闲感受的服装。田园风格服装，推崇人与自然的和谐统一，倡导回归自然和环境保护等理念。一心想给心灵放个假的城市人，对田园风情或乡野情趣情有独钟。在设计上，十分注重手工制作的别样感受，强调质地朴素、形态天然的服饰品搭配。穿着田园风格服装的人，主要以中青年知识女性为主。代表品牌：玫瑰黛薇（ROSE）、贝蒂（BETTYBOOP）、谜底（miidii）、彼德潘大叔（Uncle Peterpen）、飞鸟与新酒（avvn）等。（见图7-15）

图7-15 纯真质朴的"彼德潘大叔"产品、轻松怡情的
"飞鸟与新酒"产品

（三）优雅风格与休闲风格

1. 优雅风格

优雅风格服装，是指造型简约、洗练并极富韵致，款式精致、细腻且不失浪漫，色彩单纯、沉静、格调高雅，能给人以高贵、成熟、含蓄感受的服装。优雅风格服装大多以品质上乘的高档服装为主，中低档服装较为少见。优雅是服装穿着的一种高贵品质，是穿着者气质与服装内涵高度完美的统一，是不加修饰的自然流露。在设计上，是设计、面料、制作、工艺等方面均达到一定完美境界的产物。穿着优雅风格服装的人，以经济条件、身体条件和内在气质俱佳的中青年女性为主。代表品牌：朗黛（MYMO）、摩兰度（molandu）、子苞米（M.TSUBOMI）、COS、海青蓝等。（见图7-16）

图7-16 简约高贵的"朗黛"产品、沉静高雅的
"COS"产品

2. 休闲风格

休闲风格服装，是指造型宽松、简洁、舒适，款式多加装饰且不失功效，色彩沉稳、自然、含蓄，能给人以亲切、随性、活泼感受的服装。休闲风格服装是一个宽泛的概念，包括了休闲状态下的运动便装、家居服装、户外服装等。向往休闲、舒适和随性，是现代社会人们普遍的衣着取向和潜在追求。在设计上，首先是造型的宽松适度和舒适自然，其次是款式细节的适当分割和恰当装饰，要努力营造轻松愉悦的情境、情趣和感受，才会迎合穿着者期盼悠闲的心态。穿着休闲风格服装的人不分男女老幼，不限城市乡村，不管何种职业。代表品牌：江南布衣（JNBY）、艾格（Etam）、艾夫斯（ITISF4）、ONLY、有瘾（UYEN）等。（见图7-17）

图7-17 轻松愉悦的"有瘾"产品、造型别致的
"江南布衣"产品

（四）女性化风格与中性化风格

1. 女性化风格

女性化风格服装，是指造型柔和、细腻、流畅，款式多以褶边、丝带、蕾丝装饰，色彩多用粉红、桃红、淡黄等，能给人以恬美、清纯、浪漫或梦幻感受的服装。女性化风格的服装十分注重装饰和情趣，以强调和突出服装的女性特征为特点。在设计上，推崇服装的柔美、可爱和性感的表现。无论是服装还是服饰品，都非常具有女人味或是具有小女人风情。穿着女性化风格服装的人，常常是富于柔情并具有浪漫情怀的人，以青春期少女、女

青年为主。代表品牌：淑女屋（Fairyfair）、4英寸（4INCH）、花儿开了（FLOWERSCOMING）、艾丽丝童话（ALS）、恋上鱼（LOVEFISH）等。（见图7-18）

图7-18　清纯恬静的"花儿开了"产品、甜美浪漫的"淑女屋"产品

2. 中性化风格

中性化风格服装，是指造型明快、帅气、洒脱，款式简洁、单纯、现代感强烈，色彩中性、沉着、冷静，能给人以英气十足或是女强人感受的服装。中性化风格服装，主要隐藏在休闲服装、运动便装或职业女装当中。体现的是刚柔相济、柔中有刚的外观效果。在设计上，经常采用男装简洁利落的设计手法，包括硬性的金属装饰、有动感的条带装饰和有力度感的图案装饰等，常常在温和恬静之中透露些许硬朗与锋芒。穿着中性化服装的人，以职场里工薪阶层中青年女性为主，也有一些习惯了裙裾飘飘、环佩叮当，偶尔帅气一下的年轻女性。代表品牌：La pargay（纳帕佳）、odbo（欧宝）、Vans（范斯）、a02（阿桑娜）等。（见图7-19）

服装风格与服装产品设计的关系密切，与服装作品设计关系不大。服装作品设计突显的是设计师个人的设计风格，有人偏爱简洁，有人喜欢装饰，有人性情豪爽奔放，有人性格含蓄委婉等。设计师设计风格的形成，与设计师的性格、阅历以及设计经验息息相关，是经过多年设计实践逐步形成的设计偏好。

图7-19　洒脱帅气的"纳帕佳"产品、简洁单纯的"欧宝"产品

在服装产品设计中，男装风格与女装风格略有不同，最常见、最主要的男装风格，有前卫风格与传统风格、休闲风格与商务风格、运动风格与正装风格三组共六种风格类型。是按照时间前后、着装状态和行为方式进行分组归类的。其中，前卫风格和传统风格，是男装风格的两个极端，分别朝着年轻化和中年化两个方面发展，并带动了运动、休闲、商务、正装四种风格的年龄分化及发展趋向。（见图7-20）

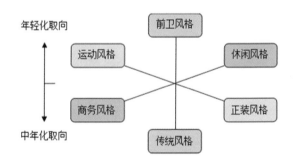

图7-20　男装最常见、最主要的六种风格类型

三、服装款式设计

（一）裙装设计

1. 裙子设计

裙子是人类历史上最早出现的服装样式，将一块兽皮围裹在腰间，是古人在当时条件下最简便易行的保暖或遮盖的方法，也成为现今裙子的雏形。

经过人类历史的漫长演变，现今的裙子款式已经是千姿百态、变幻无穷，并成为极具魅力的女性专有服装。

裙子的优点是，通风散热、穿着便利、行动自如，是夏季女性优先选择的服装款式。除此之外，裙子还有不受穿着者年龄限制（从儿童到中老年都可穿着），不受穿着季节限制（春夏用薄料、秋冬用厚料制作，一年四季均可），不受穿着场合限制（户内户外、工作游玩皆可）等特点，深受女性的喜爱。

就设计而言，短裙可以充分显现女性腰、臀和大腿的曲线美；长裙能增添女性的婀娜多姿和浪漫情怀。裙子的设计构思，先要找到一个设计主题或是一个切入点，再以此为线索将思维逐步展开，并逐渐深入和完善。在表现方面，要努力突出裙子的某一方面特征，将其作为亮点加以强化才会引人入胜。裙子的设计要点有以下五个方面。

（1）裙子造型及分割。造型是裙子设计首先考虑的内容，有H型、大A字型、小A字型、灯笼型、喇叭型等，还有众多不对称的造型可供选择。裙子的分割可以充实款式细节，使设计更具个性。裙子分割以横线分割和竖线分割为主，也有斜线分割或曲线分割的运用。其中，横线分割又有偏高、偏低和居中的不同。多条分割线又有等距排列、渐变排列、放射排列、交叉排列等差别。（见图7-21）

图7-21　松散造型、灯笼造型和放射排列分割的裙子设计

（2）裙腰形态及开衩。裙腰的形态有宽腰头、窄腰头、无腰头、连腰、高腰之分。裙腰开口有前开、侧开和后开三种类型。主要有扣子和拉链两种扣合方式。凡是合体的裙腰大都需要设置多个腰省，以达到收腰的效果；凡是利用松紧带、抽带或是腰带收紧的腰部，则不需要设置省缝。而比较合体的裙摆，大多要在裙摆设置开衩，以方便穿着者的行动，开衩的部位分为前开、侧开和后开三种类型。开衩既有实用功能，也有装饰作用，可以灵活利用。（见图7-22）

图7-22　有腰带的裙腰、侧面开衩和前面开衩的裙子设计

（3）口袋形态及装饰。裙子的口袋有贴袋、挖袋和插袋三种类型，又有袋口的平口、竖口、斜口、曲口的分别，还有另加兜盖、连折兜盖、板牙袋口、双牙袋口、扣袢袋口的不同。裙子的口袋，大多以装饰作用为主，实用功能为辅，与男装的口袋有本质区别。裙子的装饰十分多样，有缉丝带、加褶边、夹花边、贴补绣、电脑绣花、印花、镂空、起筋、抽褶、抽带、附加立体装饰等。（见图7-23）

图7-23　夸张的插袋、倾斜的贴袋和附加立体装饰的设计

（4）裙摆形态及层次。裙摆是最适合进行装饰的部位，裙摆形态变化也是设计的重点。裙摆既可以平齐，也可以倾斜或是上下起伏，还可以再拼接或是附加多层面料使其变得轻松浪漫。增加裙子的层次，是使裙子外观变得更加活泼和更加多样化的有效手段，既可以在裙腰处增加，也可以在裙子中部增加，还可以通过裙片的翻折或是附加吊挂装饰等增加裙子的层次感。（见图7-24）

（5）色彩搭配及面料。裙子的色彩选择适应面较广，很多不适合制作外衣的色彩或花色，都可

图7-24 不规则裙摆、上下起伏裙摆和多层次的裙子设计

以用来制作裙子。从裙子与上装搭配的角度看，沉稳的单一颜色或单一花色应用较多，并不排斥几种素色面料的拼接或是花色与花色的组合。各种颜色的点状、条纹、方格、碎花和大花面料等都适合裙子的配色，但过于跳跃、艳丽、硬朗的花色或图案则应用较少。常用的面料有丝绸、印花布、人造棉、麻棉、麻纱、乔其纱、蕾丝、毛涤、牛仔布、灯芯绒、法兰绒、花呢、粗纺呢等。（见图7-25）

图7-25 素色与花色搭配、蕾丝面料和方格图案的运用

2. 连衣裙设计

连衣裙的最大特点就是裙子和衣身相连并能贴身穿着。与连衣裙外形相像的服装有晚礼服、婚纱、睡裙、旗袍、女式风衣等，但它们只是具有衣裙相连的款式特征，却不能称为连衣裙。原因是，晚礼服、婚纱、睡裙都是穿着在特定场合的特殊服装；旗袍属于日常着装，但其传统文化内涵制约了应用的范围；女式风衣是春秋季穿着的外衣，有连衣裙所不具备的遮风挡雨的功效。

连衣裙款式尽管连带了上衣部分，但其结构仍然非常简约和明快。连衣裙的上衣部分，可以有衣领、有衣袖，也可以没有衣领、没有衣袖。在腰身部位，可以收腰，也可以不收腰；可以是断腰，也可以是连腰。款式造型方面非常灵活、自由、多变，既可以非常合体，尽显女性曲线美；也可以非常宽松，突出随性休闲的生活情趣。连衣裙具有凉

爽轻便、舒适实用、女性魅力鲜明等优点，是最受女性青睐的夏季服装款式。

连衣裙具有很强的适应性，可以适合多种环境、场合和用途的需要。既可以作为居家服装，也可以作为旅行服装，还可以在工作或社交场所穿着。穿着连衣裙的女性，在年龄和体型方面没有限制，各种年龄和不同体态的女性都可以找到适合自己的连衣裙。连衣裙的设计要点有以下五个方面。

（1）整体造型及穿脱。连衣裙的造型十分丰富，基本分为收腰、不收腰和松紧两用三种类型。其中，大A字型、小A字型和H型，是不收腰的造型，也可以利用腰带进行束紧，使其变成松紧两用的形式。X型、瓶型和吊钟型，都是收腰的造型。在穿脱方式上，主要有贯头式和前开式两种类型。贯头式，是指需要将服装从头上穿过的穿脱方式。如果领围小于头围，就要在衣领设置开口。如果衣身合体，还要在腰间安装拉链，以方便服装的穿脱。前开式，是指依靠服装前面的扣子进行开合的穿脱方式。前开式的门襟设计非常重要，扣子大多采用小扣，排列也比外衣扣子更密集。（见图7-26）

图7-26 连衣裙的H造型、小A字造型和松紧两用状态

（2）结构变化及分割。连衣裙的结构分为断腰式和连腰式两大类。断腰式，是指在腰节将裙子与上衣断开，用一条接缝连接上下部分的结构形式。通过断腰接缝可以更加灵活地变化裙子和上衣的结构，相互之间不受牵连和影响。连腰式，是指将裙子与上衣进行连带裁剪缝制的结构形式。常常借助于腰省、公主线省和多种形式的纵向分割，将裙腰收紧使之合体。连衣裙的分割，既有收紧衣身的作用，也能增加某一部分衣片的形态变化，使裙子变得婀娜多姿。在分割方式上，有横线分割、竖

线分割、斜线分割和曲线分割多种类型可供选择。（见图7-27）

图7-27 断腰式结构、连腰式结构和利用分割进行的拼色

（3）衣领形态及衣袖。衣领是连衣裙设计的重点，常用的衣领有无领、一字领、V字领、方领、趴领、领带领、海军领等。连衣裙的衣领设计，几乎没有限制，各种衣领都可以使用。连衣裙的衣袖，分为无袖、短袖、中袖、七分袖和长袖五种。衣袖的结构主要以无袖和圆袖为主，插肩袖和连肩袖较少。袖口形态是袖子设计的重点，常常汇聚了整个连衣裙形态特征的精华，并别具特色。（见图7-28）

图7-28 有纹样袖头、带刺绣袖中和用花边装饰袖口的设计

（4）衣袋形态及装饰。连衣裙衣袋以贴袋或是装饰袋（假袋）居多，起到充实内容、修饰美化或是增加功能的作用。在衣袋形态上，基本以长方形为主，但下角大多为圆角或斜角，以求大气、稳重而不失活泼。在连衣裙装饰上，有加花边、加褶边、缉丝带、加条带、加花结、抽带、印花、刺绣等。装饰的使用，要根据穿着者的年龄、穿着场合进行增减。穿着者年龄越大，穿着场合越正式，装饰就会越少。（见图7-29）

（5）色彩搭配及面料。连衣裙的色彩，一般以清淡、素雅和纯正的颜色为主，沉闷、花哨和灰暗的颜色使用较少。青年女性以纯正的素色或大

图7-29 衣袋装饰、印花图案装饰和加条带的装饰

花面料为主，中年女性以沉稳的素色、条纹、方格面料为主，老年女性以碎花面料为主。在色彩搭配上，大多追求清新、明快或是含蓄的配色效果。两种色彩搭配，非常注重中间色的衔接过渡，或是强调色彩搭配的精致感和含蓄美。常用的面料有丝绸、棉布、印花布、泡泡纱、乔其纱、麻棉、涤棉、人造棉、涤卡、的确良、灯芯绒、牛仔布等。（见图7-30）

图7-30 黑白灰搭配、相互穿插的色彩和利用点缀色的配色

（二）上衣设计

1. 女上衣设计

上衣是一年四季不可或缺的常用服装款式。夏季大多采用偏薄或中等厚度的单层面料制作，衣身以短小精悍为主；春秋季大多采用中等厚度的面料和偏薄的里料制作，衣身多在中等长度；冬季大多采用皮革、花呢、呢绒等厚面料或是在薄料当中填充腈纶棉、羽绒等材料来制作，衣身的长度也会适当加长。

女上衣的款式变化非常丰富，设计的难度也比其他款式有所增加，是女装设计的重中之重。女上衣在造型、风格、结构、细节、外观感受、色彩搭配、面料材质等方面差异较大，再加上不同形式

的装饰、不同长短的款式等变化，都使女上衣设计变得更加复杂。女上衣设计，最重要的是找到思维构想的切入点，如从款式细节切入、从实用功能切入、从风格或主题切入、从结构或解构切入、从面料材质或装饰切入等。同时还要找到与其他上衣设计的不同点。找到了这两个"点"，也就找到了设计构思的线索，再经过逐渐深化、拓展和完善的设计过程，完成自己的设计。女上衣的设计要点有以下五个方面。

（1）服装造型及长短。常见的造型，有不收腰的H型（多为短衣型）、收腰的X型（多为中长型）、宽摆的A字型（多为长衣型）三种。女上衣基本分为短、中、长三种长度。短衣型，长度至腰节上下；中长型，长度与臀围线平齐或高于臀围线；长衣型，长度低于臀围线，最长达到大腿中部。同样长度的女上衣，也会有不同风格、不同状态、不同结构的设计，会给人以完全不同的外观感受，有的简约，有的繁复，有的硬朗，有的浪漫等。（见图7-31）

图7-31　有腰头的H型、重装饰的H型和小A字型的上衣

（2）衣领形态及门襟。常用的衣领，有无领、趴领、翻驳领、连衣领、青果领、不对称领等。衣领设计，要在开领的宽度、深度和状态，形状、角度和大小，以及衣领与门襟的连接等方面进行全新的构想。门襟设计，有直线形、曲线形、折线形及多层门襟等变化。在扣合方式上，有扣子、卡子、拉链、系带等不同。在扣子的运用上，有明扣、暗扣、无扣、一粒扣、多粒扣等分别。（见图7-32）

（3）风格定位及结构。女装风格多种多样，如休闲风格、前卫风格、女性化风格等，每一种风格都有自己独特的款式特征。将女上衣确定为某种

图7-32　解构后的衣领、立翻两用衣领和不对称的衣领

风格，就要努力突出这一风格款式的独特性。在结构设计上，既要弘扬传统结构的严谨、简洁和巧妙的优势，又要吸纳现代解构的反叛、创新和无拘无束的长处。在收腰方式、省位处理、袖窿连接、结构移位、分割穿插等方面，都能进行各种尝试和变化。尤其在结构细节方面，要小题大做，在细微之处见精神。（见图7-33）

图7-33　休闲风格、优雅风格和女性化风格的运用

（4）衣袋形态及装饰。女上衣的衣袋设计，注重的是衣袋的装饰作用。简洁、活泼的贴袋最为多见，也有少量的挖袋、插袋或半立体袋的灵活应用。女上衣的装饰设计，是运用最多的设计手段，如刺绣、贴补绣、丝网印花、电脑印花、丝带盘花、加花边、加蕾丝、加金属钉等，以及各种形式的条带装饰、图案装饰和色彩装饰等。在装饰效果上，有女性的柔美、田园的温情、都市的素雅、前卫的叛逆等不同情调追求。（见图7-34）

图7-34　夸张的衣袋、淡雅的印花和柔美的装饰情调

（5）色彩搭配及面料。女上衣的色彩没有严格的限制，各种颜色都可以使用，主要以清淡、素雅、沉稳的素色为主，也经常使用一些纯正鲜明的彩色或是黑白灰中性色。花色面料也经常被采用，主要以碎花、条纹和方格图案为主。在配色上，大多是大面积主色与小面积点缀色的组合搭配，突出一种秀外慧中、明快含蓄的色彩效果。常用的面料有卡其、斜纹布、哔叽、棉麻、涤麻、乔其纱、双绉、牛仔布、华达呢、花呢、女士呢、法兰绒等。（见图7-35）

图 7-35　沉稳的彩色、有条理的拼色和点缀色的运用

2. 男夹克设计

夹克，是英文jacket的译音，是源自第二次世界大战的一种军装款式。因美国将军艾森豪威尔穿用过而闻名，曾经风靡欧美，很受当时欧美青年人的喜爱。这种夹克最初的款式特征是衣身短小至腰，领型为翻驳领，门襟用扣子，胸前是一对带有袋盖的贴袋，肩部内有垫肩外有肩襻，袖口用扣子扣合。服装选用华达呢面料制作，具有良好的机能性和装饰感。

夹克以其短小、精悍、活泼而富有朝气的精神风貌，成为最为常见的男女老少共同喜爱的生活必备服装款式。尤其是男夹克，已经成为仅次于西装和便装的用于春秋和夏季穿着的最具特色的男装款式。男夹克原有的紧袖口、紧下摆和衣身宽松的款式造型特征被延续和保留下来。但在衣领、门襟、面料、分割、装饰、扣合方式等方面已经发生了很多变化。男夹克的设计要点有以下五个方面。

（1）衣领形态及门襟。男夹克的衣领款式十分丰富，常用的有翻领、翻驳领、立领、罗纹领、双层领、立翻两用领以及各种不对称状态的衣领等。衣领设计要根据风格而定，翻领和翻驳领多体现正装或商务风格，立领多体现前卫或传统风格，罗纹领多体现运动风格，其他领款多体现休闲风格。男夹克的门襟，有中襟、偏襟、对襟和双层门襟等不同。门襟的扣合方式也十分多样，有扣子、工字扣、四合扣、尼龙搭扣、拉链、扣襻、卡子等，还有在拉链外面附加具有遮风和装饰作用的风挡的门襟组合方式。（见图7-36）

图 7-36　偏襟的夹克、翻驳领夹克和门襟附加装饰的夹克

（2）衣袖结构及分割。男夹克常用的衣袖结构，主要有平袖、落肩袖和插肩袖三种类型。平袖的袖窿大多位于肩头，肩部外观略有棱角，具有庄重、干练和利落感，多用于较为合体的夹克造型；落肩袖的袖窿大多位于肩头外侧，可以增加肩膀和衣身的宽度，使夹克变得宽松舒适，具有洒脱、休闲和轻松感，多用于户外或休闲穿着；插肩袖的肩部外观圆润，具有流畅、自然和刚柔相济之感，多用于运动风格或商务风格的夹克设计。分割是夹克常见的设计手段，既能充实细节内容，又能增加外观的活泼。有横线、竖线、斜线、曲线四种分割形式，可以在分割线中增加各种装饰或是进行拼色组合。（见图7-37）

图 7-37　用插肩做装饰、用结构做插袋和用结构做拼色

（3）袖口状态及衣摆。袖口和衣摆处于收紧状态，是夹克款式的基本特征。袖口和衣摆，分为

有袖头有腰头和没有袖头没有腰头两种类型。不管是哪一种类型，都要具有可以收紧袖口和衣摆的功能，即便这些部位并不需要收紧，也会把收紧状态作为装饰来运用。常见的收紧方式有松紧带、加罗纹、加扣襻、加拉链、加扣子、加条带、抽带、系带、收褶等。（见图7-38）

图7-38　可扣合的腰头、敞开的袖头和与门襟相呼应的袖头

（4）衣袋形态及装饰。衣袋是男夹克不可或缺的重要部件，贴袋、挖袋、插袋、半立体袋以及重叠袋、袋中袋等一应俱全。男夹克的衣袋，既有实用功能，又有装饰作用，还能充实款式细节内容。因此，衣袋的构成形式非常重要，要依据夹克的风格、形式和状态，进行整体设计和布局。在装饰上，各种装饰工艺、各种面料再造手段都可运用，常见的装饰工艺，有缉明线、金属钉、电脑绣花、丝网印花、多色镶拼等，都可以丰富夹克款式效果和增加设计的表现力。（见图7-39）

图7-39　角状的贴袋、夸张的挖袋和热压工艺珠钉装饰

（5）色彩搭配及面料。男夹克的色彩，基本以低纯度的彩色或中性色为主，外加一些沉稳色彩的小方格或细条纹面料。常用的色彩有深蓝、蓝灰、灰绿、土绿、米色、棕灰色、铁锈红、深灰、浅灰、白色、黑色等。色彩搭配也多以同类色、邻近色或中性色调节搭配为主。常用的面料有TC布、水洗布、牛仔布、尼龙绸、棉麻、涤卡、涤棉混纺、毛棉混纺、帆布、皮革、仿麂皮、法兰绒、花

呢等。（见图7-40）

图7-40　沉稳的同类色、鲜明的邻近色和皮革与TPU
　　　　　面料组合

（三）裤装设计

裤子是现代生活中最常见的服装款式，无论男女老少着装都不能缺少裤子。尤其是男性，裤子更是一年四季不可或缺的服装。对女性而言，随着现代生活节奏的加快，穿着随意、行动便利的裤子，越来越多地替代了连衣裙、旗袍或裙子，成为女性日常生活必备、穿着频率最高的服装款式。

在服装款式当中，裤子是一个种类繁多的款式大类，称为裤装更为准确。从长度上分，有热裤（比短裤更短的女装），短裤（长度位于大腿中部偏上），中长裤（也称五分裤，长度位于膝盖偏上），七分裤（长度位于小腿中部，与小腿肚子平齐），长裤（长度位于脚踝或至脚底）；从造型上分，有筒裤、口袋裤、喇叭裤、萝卜裤、锥形裤、掉裆裤（哈伦裤）等；从用途上分，有衬裤、泳裤、马裤、休闲裤、健美裤等；从款式上分，有背带裤、连衣裤、裙裤等；从材料上分，有牛仔裤、弹力裤、皮革裤、羽绒裤、棉裤等。以上所有分类，又都具有男裤和女裤性别上的差异性。男裤常常具有宽松、大气和稳健的特性，女裤大多具有修身、雅致和柔美的特征，男女因体态和心理特征方面的不同，各自的审美取向也明显不同。但也有一些趋于中性化的裤装，无论男女都喜爱有加。

牛仔裤就是一种常见的中性化裤装，最早出现在美国西部，受到当地矿工和牛仔的欢迎，故而得名牛仔裤。1850年，牛仔裤的发明者李维·斯特劳斯（Levi Strauss）创立了专业生产牛仔裤的李

维公司（Levi's）。牛仔裤之所以全世界流行并能久盛不衰，并不是因为它的牢固耐用，而是它与时俱进的不断变化和美国文化的传播推动。传统的牛仔裤用靛蓝色粗斜纹布裁制，沿衣缝边缘缉缝双条橘红色的缝线，并缀以铜钉和铜牌商标。后来，橘红色的缝线变成了绿色；再后来，靛蓝色变成了各种彩色和水洗效果。发展到现在，薄的、厚的、压皱的、有磨痕的、有弹力的、有花色的各种面料一应俱全。在文化传播方面，20世纪50年代好莱坞影片中的主角都穿牛仔裤，这些大牌明星带动了牛仔裤的国际流行。20世纪60年代摇滚乐和嬉皮士生活方式的兴起，更使牛仔装大行其道，外加美国前总统卡特穿着牛仔装参加总统竞选，都促使出身卑微的牛仔裤得以风靡。由此得知，任何服装款式的流行，都不是一种服装款式的简单盛行，在其背后都有一种文化的传播或是一种全新生活方式的推波助澜。裤装的设计要点有以下五个方面。

（1）造型与长短。造型是裤子设计的基础，决定着裤子的整体形象特征。在考虑裤子造型时，既要把握住某一造型的基本特征，又要在整体状态或是局部细节进行调整，使其既符合潮流，又具有鲜明的个性。男裤设计，多以宽松、挺括和大气的造型为主，如筒型、口袋型、喇叭型、萝卜型、修身型等。在长度上，短裤、七分裤和长裤最为常见。女裤设计，在造型上有更加丰富的选择和变化，如筒型、锥型、口袋型、A字型、喇叭型、萝卜型、灯笼型、紧口型、修身型、阔裆型等。在长度上，短裤、五分裤、七分裤、吊腿裤和长裤最为常见。（见图7-41）

图 7-41　可折叠的锥型、低腰的修身型和低裆的萝卜裤造型

（2）裤腰与结构。裤腰处于裤子的最上端，与穿着者的腰部和臀部紧密相连，因而它的形态及状态就格外重要。正常的腰位，一般处于穿着者腰围的最窄处偏下位置。将腰位向上或是向下移动，就能变化出与正常腰位不同的高腰和低腰两种裤装状态。高腰裤，可以包裹腰节以上部分的躯体，彰显女性的亭亭玉立；低腰裤，可以通过腰位的降低，拉长显露的腰部和腹部形态，突显女性的细腰肥臀。受低腰女裤的影响，男裤也出现了向低腰发展的趋向。

裤腰的结构，有上腰和连腰两种类型。上腰，就是在裤子的上边外加腰头，利用腰头收腰；连腰，则是裤子上边没有腰头，利用省缝来收腰。裤腰收紧的方式有多种，如松紧带收紧、抽带收紧、腰带收紧、扣袢收紧等。裤腰上的裤袢形态有宽袢、窄袢、单袢、双袢、交叉袢、上宽下窄袢等不同。男裤大多运用腰带来束腰；女裤则有更多的束腰方式，如腰带、拉链、抽带、扣子、扣袢等。（见图7-42）

图 7-42　可开合的双层结构、连腰的结构和有腰头的腰带束腰

（3）裤袋与细节。裤袋是裤子设计的重中之重，主要由斜插袋（前袋）、后袋和侧袋三个部位的衣袋构成。裤袋有挖袋、贴袋和插袋三种结构形式，有直线、曲线和折线等多种袋口状态；有板牙、双牙、加兜盖、半立体、装饰袋等不同形态，外加纽扣、拉链、扣袢、四合扣、尼龙搭扣、腰带卡等不同扣合方式的变化。男裤裤袋一般是宜大不宜小，宜灵活不宜呆板。女裤以斜插袋和后袋为主，侧袋的应用较少。女裤裤袋大多强调精致和含蓄，不宜过于夸张和夸大。

细节是裤子设计的关键，细节的与众不同往往成为裤子的特色和个性所在。裤子细节主要包括裤腰形态、立裆与开口形态、裤袋与袋口形态、裤角形态等内容。裤子的细节设计,可以从裤子风格、部件功能和装饰作用三个方面去寻找突破口和获得灵感。(见图7-43)

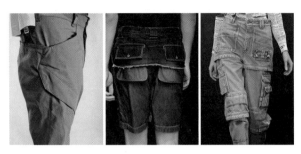

图7-43 连接巧妙的袋口、外露兜布的细节和休闲状态的裤袋

(4)分割及装饰。趋于传统和正装风格的裤子,分割和装饰都很少;趋于休闲和前卫风格的裤子,分割和装饰都很多。横线、竖线、斜线、曲线四种分割形式均可使用,但要用得精致、流畅和独具趣味,过于零散的分割,效果往往较差。裤子的分割,一方面是为了装饰,以增加活泼而富于变化的视觉效果;另一方面是为了整体感,将裤袋的袋口、袋盖或袋的侧边夹缝在分割缝线里,构成相互间的连接、借形,使裤袋与其他部分巧妙地融为一体。

男裤的装饰使用较多,常常追求明快大气;女裤的装饰相对偏少,往往追求精致细腻。常用的装饰工艺有嵌条、拼色、抽带、缉明线、夹牙条、金属钉、加拉链、加扣襻、吊挂条带、电脑绣花、丝网印花、面料再造、染色工艺、半立体口袋等。外加附着在腰部的裤襻装饰、腰带装饰和各种吊挂装

饰等,都能充实裤子的设计内容、增加裤子的生活情趣和装饰美感。(见图7-44)

图7-44 曲线分割装饰、多层半立体装饰和分割拼色效果

(5)色彩及面料。裤子的色彩以素色面料为主,花色面料相对较少。但条纹面料、方格面料以及两三种颜色拼接的裤子色彩还是比较常见的。裤子常用的色彩大多是一些偏沉稳、明快、素雅的颜色。因为在服装整体配色中,裤子色彩常常起到稳定、衬托和调节上衣色彩的作用,使用过于花哨、轻飘的色彩,会有头重脚轻的视觉感受。尽管女裤的色彩比较丰富,但也要尽量追求沉稳和素雅。常用的面料有纯棉精纺、毛涤混纺、涤棉混纺、棉麻、卡其、水洗布、牛仔布、华达呢、法兰绒等。(见图7-45)

图7-45 偏厚的呢绒面料、拼色的卡其面料和再造后的牛仔面料

关键词: 设计定位　市场细分　服装品类　生活方式　服装风格

设计定位: 是指在设计前期的市场调研、信息收集、整理和分析的基础上,综合一个具体产品的使用功能、材料、工艺、结构、造型、风格而形成的设计目标或设计方向。

市场细分: 是美国市场学家温德尔·史密斯于1956年提出的市场营销学的一个非常重要的概念。是指营销者通过市场调研,依据消费者的需要和欲望、购买行为和购习惯等方面的差异,把某一产品的市场整体划分为若干消费者群的市场分类过程。

服装品类: 是指服装商品的种类。一个品类在消费者眼中,往往就是一组相关联的或是可以相互替代的商品。

生活方式： 指在现实生活中不同群体的生活样式或状态。生活方式不是针对个人，而是针对某一群体而言的，侧重于群体的生活观念、生活主张、行为习惯等内容。

服装风格： 指某些服装所具有的共性特征。包括形态、状态、外观感受、设计理念、生活趣味等方面的共性表现。

课题名称： 款式构成训练

训练项目： （1）服装风格分析
　　　　　　（2）裙装创意设计
　　　　　　（3）上衣创意设计
　　　　　　（4）裤装创意设计

教学要求：

（1）**服装风格分析**（课后作业）

根据八种不同的服装风格特征，借助于网络收集不同风格的服装图片。

方法： 根据自己对不同服装风格的理解，借助于网络收集不同风格的服装图片。每种服装风格图片收集3～5张。收集的服装图片款式种类不限，服装作品或产品不限，但只限于女装，要选择女装当中有特色、有创意的服装款式。八种服装风格，可以按照两两相对的方式分出4组，将每一组两种风格的服装放在一个文件夹里，并在文件名上注明是哪一种服装风格和自己的姓名。以JPEG格式储存，不需打印，用电子文档形式上交。

（2）**裙装创意设计**（课堂训练）

任选一种服装风格进行裙装创意设计，构想和绘制一个系列3套裙装的创意设计手稿。

方法： 先自拟一个设计主题，并确定与之相适应的服装风格，再进行系列裙装的创意构想。裙子、连衣裙、背带裙、裤裙等款式不限，服装要有创新性、时尚感和系列感，要注重服装创意和功能的双重表现。要将设计主题写在画面空白处。采用钢笔淡彩的表现形式，表现手法和形式不限。纸张规格：A3纸。（图7-46～图7-55）

（3）**上衣创意设计**（课堂训练）

女上衣或男上衣任选一种，构想和绘制一个系列3套上衣的创意设计手稿。

方法： 具体要求同上。（图7-56～图7-64）

（4）**裤装创意设计**（课后作业）

根据自己对裤装创意设计的理解，构想和绘制一个系列3套裤装的创意设计手稿。

方法： 男装、女装不限，可以在长裤、短裤或七分裤中任选，要注意三种裤装款式或造型各不相同。其他要求同上。（图7-65～图7-73）

《流年》

图7-46　裙装创意设计　刘佳悦

《魅影》

图 7-47　裙装创意设计　胡问渠

《异色铃兰》

图 7-48　裙装创意设计　杨雪平

《樱之舞》

图 7-49　裙装创意设计　杨诗怡

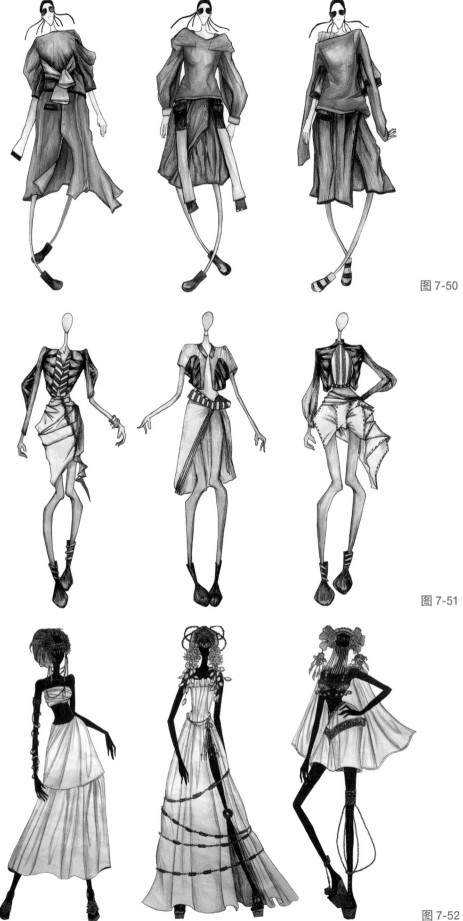

《串灯笼》

图7-50 裙装创意设计 石忠琪

《梦回马德里》

图7-51 裙装创意设计 韩慧敏

《环佩琳琅》

图7-52 裙装创意设计 李科铭

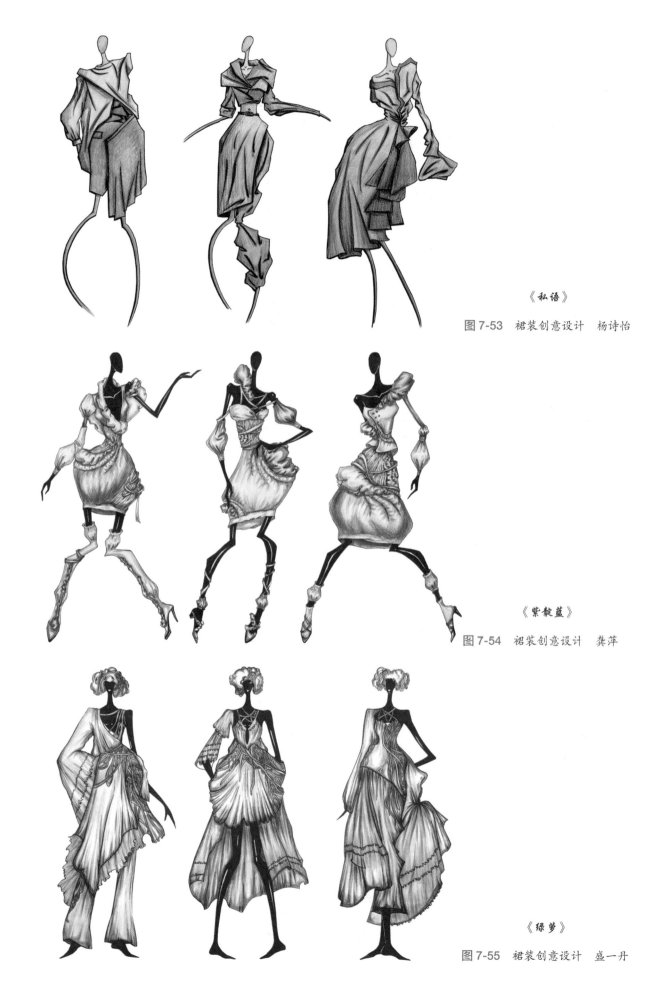

《私语》

图 7-53　裙装创意设计　杨诗怡

《紫靛蓝》

图 7-54　裙装创意设计　龚萍

《绿萝》

图 7-55　裙装创意设计　盛一丹

《冰川》

图 7-56 上衣创意设计 肖霞

《暗香》

图 7-57 上衣创意设计 肖霞

《青行灯》

图 7-58 上衣创意设计 严贝

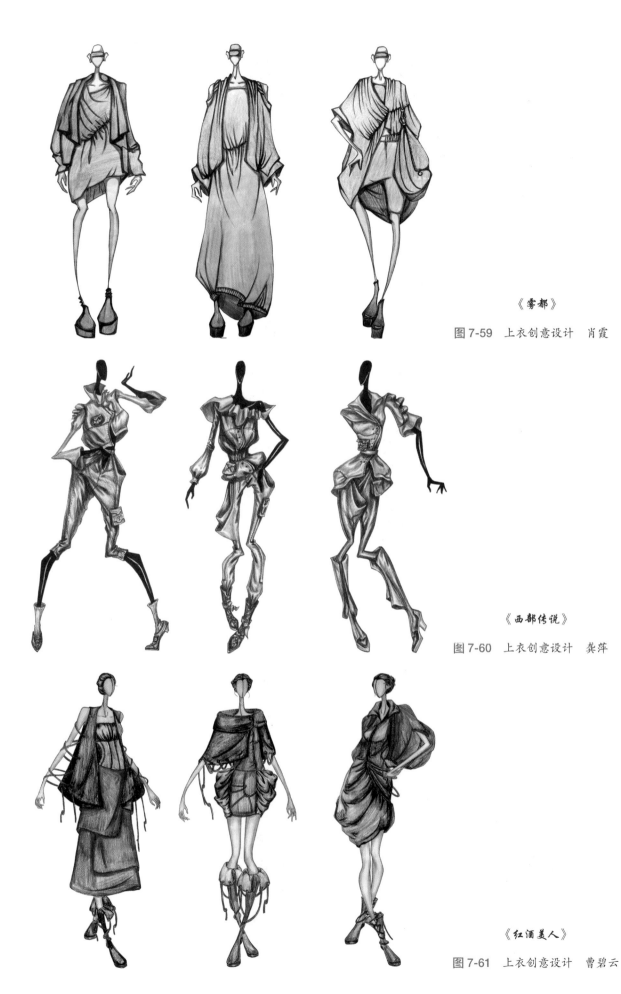

《雾都》

图 7-59　上衣创意设计　肖霞

《西部传说》

图 7-60　上衣创意设计　龚萍

《红酒美人》

图 7-61　上衣创意设计　曹碧云

《粉墨人生》

图7-62 上衣创意设计 肖霞

《红色激情》

图7-63 上衣创意设计 徐晓宇

《异想色》

图7-64 上衣创意设计 杨建

《花花世界》

图 7-65　裤装创意设计　童佳艳

《漢上尘烟》

图 7-66　裤装创意设计　杨美玲

《火枪手》

图 7-67　裤装创意设计　陶元玲

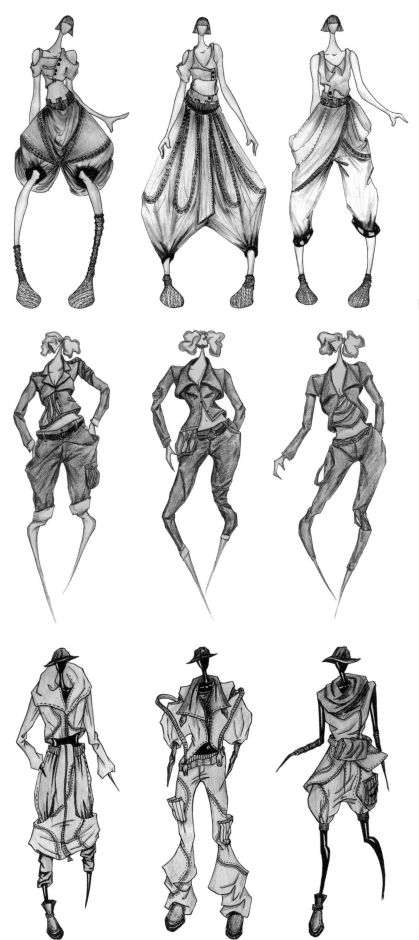

《破茧化蝶》

图 7-68　裤装创意设计　杨雪平

《寂静密林》

图 7-69　裤装创意设计　杨建

《休闲迷离》

图 7-70　裤装创意设计　王凤天

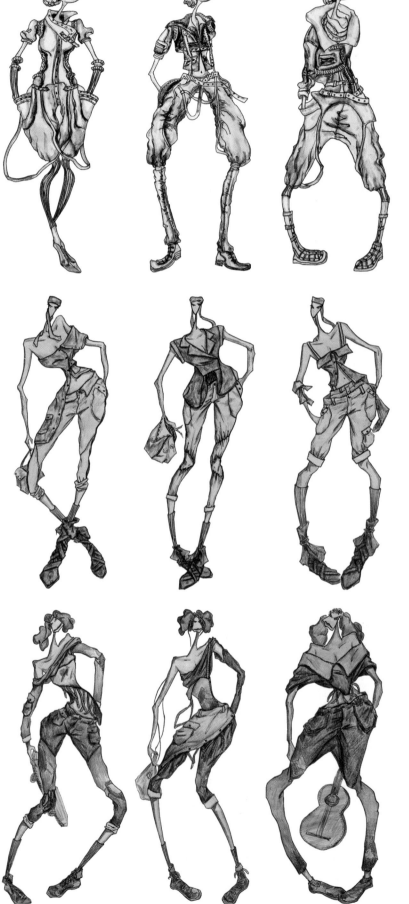

《摩登时代》

图 7-71　裤装创意设计　杜斌斌

《琉璃心》

图 7-72　裤装创意设计　杨建

《小夜曲》

图 7-73　裤装创意设计　杨建

流行色彩应用

1666年，英国物理学家牛顿（Isaac Newton）做了一个非常著名的实验，由此揭示了光与色彩的奥秘，为人类建立了"物体的色彩是光"的科学概念。这一实验内容是：将太阳光引入暗室，使太阳光通过三棱镜再投射到白色屏幕上。结果白色的光被分解成了红、橙、黄、绿、青、蓝、紫七色彩带。牛顿据此推论：太阳白光是由这七种颜色的光混合而成的。

一、服装色彩与搭配

（一）色彩认知与组合

1.色彩的产生

物体色彩的产生，是由于物体都能够有选择地吸收、反射或是折射色光。当光线照射到物体之后，一部分光线被物体表面所吸收；另一部分光线被反射，还有一部分光线穿过物体被透射出来。也就是说物体表现了什么颜色就是反射了什么颜色的光。色彩，也就是在可见光的作用下产生的视觉现象。（见图8-1）

光，在物理学上是一种客观存在的物质，是一种电磁波，具有许多不同的波长和振动频率。并不是所有的电磁波都有色彩，只有波长为380~780nm的电磁波才有色彩，称为可见光。其余波长的电磁

图 8-1　色彩是在可见光的作用下产生的视觉现象

波都是人的眼睛看不到的光，统称为不可见光。波长长于780nm的电磁波叫红外线，短于380nm的电磁波叫紫外线。据研究发现，普通人可以识别的可见光颜色一般在160种左右。但经专业训练的油漆工人，在特定的样板色做对比的前提下，可辨别50种不同的黑色，要远远多于普通人。（见图8-2）

图 8-2　经过专业训练，可以提升对色彩的识别能力

可见光刺激人的眼睛后能引起视觉反应，使

人感觉到色彩和知觉到环境。人们看到色彩要经过"光—物体—眼睛—大脑"的过程，即物体受光照射后，其信息通过视网膜经过神经细胞的分析转化为神经冲动，再由神经传达到大脑的视觉中枢，才产生了色彩感觉。

物体本身并不发光，物体色是光源色经过物体的有选择地吸收和反射，反映到人的视觉中的光色感觉。一个物体，如果能反射阳光中的所有色光，它就是白色的；如果能吸收阳光中的所有色光，它就是黑色的；如果能反射阳光中的红色色光，吸收其他色光，它就是红色的。也就是说，物体把与本色不相同的色光吸收，把与本色相同的色光反射或透射出去。反射出的色光刺激人的眼睛，眼睛所看到的就是该物体的色彩，其他被吸收的色光都变成了该物体的热能。

2. 色彩三原色

原色，也就是最基本的色彩，是指不能用其他色混合而成的颜色，或是不能再分解的色光。但运用原色却可以混合出很多其他色彩或色光。

（1）色料三原色。在水粉、油画、丙烯等颜料中，三原色是指品红（大红）、柠檬黄和湖蓝三种颜色。将色料三原色中的两种原色相混得到的是间色。如红色+黄色=橙色；黄色+蓝色=绿色；红色+蓝色=紫色。三种原色按一定的比例相混时，所得的色是复色，即红色+黄色+蓝色=黑灰色（暗浊色）（见图8-3）。复色也包括各种彩色之间的多次混合，属于第三次色，纯度较低，均含有不同程度的灰色成分（见图8-3）。在设计中，复色占有的比重最大，这是因为复色色彩既丰富又含蓄，并具有很强的稳定性，更符合人们对色彩的多重需要。同时，复色也包括原色与黑、白、灰色相混所得到的各种灰色。

（2）色光三原色。1802年，英国生理学家汤玛斯·杨（Thomas Yong），根据人眼的视觉生理特征提出了新的三原色理论。他认为色光三原色并非红、黄、蓝，而是红、绿、紫。此后，人们才开始认识到色光与颜料的原色及其混合规律是有区别的两个系统。

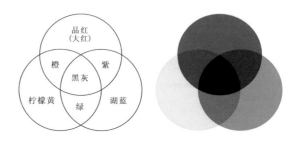

图8-3　色料的原色、间色和复色

色光三原色是由朱红光、翠绿光和蓝紫光三种色光组成的。这三种色光都不能用其他色光相混生成，却可以互混出其他任何色光。如朱红光+翠绿光=黄光；翠绿光+蓝紫光=蓝光；朱红光+蓝紫光=紫红光。如果将这三种色光混合在一起，就可以得到与色料三原色相混正相反的结果，即朱红光+翠绿光+蓝紫光=白光（见图8-4）。我们所看到的显示器和电视屏幕中的图像色彩，都是运用色光三原色混合构成的。

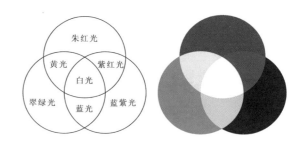

图8-4　色光的原色、间色和复色

3. 色系与色立体

尽管大自然中的色彩千变万化、丰富多彩，但归纳起来只有两大色系：彩色系和无彩色系。

（1）彩色系。彩色系是指包括在可见光中的所有彩色，它以红、橙、黄、绿、青、蓝、紫为基本色。基本色之间不同量的混合，基本色与无彩色不同量的混合等，所产生的众多色彩都属于彩色系。

彩色系中的任何一种颜色都具有色相、明度和纯度三种基本属性。色相，是指色彩的名称、相貌。明度，是指色彩的明亮程度（明暗程度）。纯度，也称鲜艳度、含灰度，是指色彩的纯净程度。

（2）无彩色系。无彩色系是指黑色、白色及由黑白两色相混而成的各种深浅不同的灰色。其中黑色和白色是单纯的色彩，而灰色，却有着各种深浅的不同。按照一定的变化规律，由白色渐变到浅灰、中灰、深灰直到黑色构成的系列，色彩学称为黑白系列。黑白系列中由白到黑的变化，可以用一条垂直轴表示，上端为白，下端为黑，中间有多个渐变过渡的灰色。

无彩色尽管没有彩色那般鲜艳亮丽，却有着彩色无法替代和无法比拟的重要作用。生活中的色彩，纯正的颜色毕竟只占少数，而更多的彩色都在不同程度上或多或少地包含了黑白灰色的成分。设计中的色彩，也因彩色系和无彩色系的共同存在变得更加丰富多彩。

（3）互补色。两种色光相混合，其结果为白光，这两种色光就称为互补色光。两种颜色按一定比例相混合，其结果是无彩色的黑灰色时，这两种颜色就称为互补色。

在三原色当中，一个原色与另外两种原色相混得出的间色之间的色彩关系，称为互补关系。这个原色与这个间色之间，就是互为补色。这样的互补色共有三对：红—绿、黄—紫、蓝—橙。互补色在运用中具有两方面特性：①互补色并置时，色彩的对比效果最为强烈，可提高彩色的鲜明度；②互补色相混时，就会出现彩色的沉稳或是脏灰的趋向，纯度也会随之降低。在设计中，学会利用互补色的这一特性，有目的地控制色彩的鲜艳度，对突出和调整色彩的对比效果具有重要意义。因为，互补色的色彩互补关系，还包括许多带有互补色成分的其他色彩，它们同样具有一定的互补特性。

（4）色立体。为了更加系统地研究、把握和运用色彩，就需要将众多散乱的色彩按照一定的规律和秩序组合排列起来，构成一个较为直观、科学、系统的色彩体系，这样才能提高色彩认知与应用的效率。经过300多年来的探索和不断发展完善，形成了现在的色彩表示的三维空间形式——色立体。

色立体，是指借助于三维立体的空间形式同时体现色彩的色相、明度、纯度之间关系的色彩表示方法。色立体的空间立体模型的形状有多种，

但其共同点是：类似于地球仪的球体状态，由贯穿球心的垂直中心轴支撑站立，并由垂直状的明度、环状的色相和水平状的纯度三个序列构成。中心垂直轴为明度的标尺，由最上端的白色、最下端的黑色，外加由浅到深的9个灰色组成明度序列。整个球体上部分的颜色都是高明度色，并越往上越浅，最后接近白色；球体下部分的颜色都是低明度色，并越往下越深，最后接近黑色。球体中间赤道线为各种标准色相构成的色相序列。球体表面的任何一个点到中心轴的水平线，是纯度序列。越接近球体表面，颜色纯度越高；越接近球心，混合同一明度的灰色越多，颜色纯度也就越低。（见图8-5）

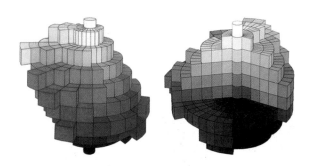

图8-5　蒙赛尔色立体模型与色立体剖面

4. 色彩的组合

服装产品设计，由于服装大多是单件或是成套销售的，设计师只要完成了单件或是一套成衣的设计，工作也就完成了。就服装成衣的色彩组合而言，主要有以下三种方式。

（1）单色构成。单色构成是指一件或一套成衣都采用一种色彩构成，具有整体、单纯、简洁等特点。单色构成大多选择纯净、柔和的颜色，较少使用纯度偏低、老气横秋的色彩。单色构成只用一种颜色，并不存在色彩搭配的问题，设计重在选择哪一种颜色。各种色彩联想产生的视觉心理效应、流行色提供的流行信息、目标消费群体的习惯用色等，是设计师单一色彩选择的主要依据。（见图8-6）

（2）两色组合。两色组合是指单件成衣或是上下装由两种颜色构成的色彩组合，具有清新、明快、干练等特点。两色组合多以一种颜色为主色，

图8-6 单色构成，具有整体、单纯、简洁的特点

图8-8 多色组合，具有轻松、活泼、丰富的特点

另一种颜色为搭配色。主色所占面积明显大于搭配色，起到主导作用，搭配色与主色的关系和谐是配色的重中之重。两色组合有多种表现形式，如在单件成衣上搭配另一种颜色的牙条、滚条、扣子或是某种装饰，一件风衣或是连衣裙由两种颜色拼接构成，上衣是一种颜色而裙子或裤子是另一种颜色等。（见图8-7）

（二）服装色彩的搭配

服装色彩搭配，不管是流行色还是常用色，基本的配色方法都是相同的。即根据不同设计效果的需要，按照同类色搭配、对比色搭配、中性色搭配、中性色与彩色搭配四种最为常用和最易见效的配色方式，确定具体的服装配色方案。（见图8-9）

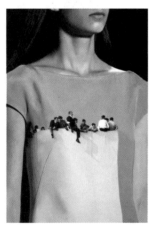

图8-7 两色组合，具有清新、明快、干练的特点

（3）多色组合。多色组合是指单件成衣或是上下装由三种以上颜色构成的色彩组合，具有轻松、活泼、丰富等特点。多色组合也要强调以一种颜色为主色，其他为搭配色。主色与搭配色的色彩关系仍然非常重要，要注意色彩的黑白灰层次感，缺少了层次色彩就不会厚重、含蓄。多色组合有更多样的表现形式，如单件成衣由多种颜色构成，上装是两三种颜色而下装是另一种颜色，成衣由三件套三种以上颜色构成等。（见图8-8）

方案	名 称	分 类	说 明
1	同类色搭配	红色系列	朱红、大红、粉红、深红等
		黄色系列	柠檬黄、浅黄、中黄、土黄等
		蓝色系列	湖蓝、群青、深蓝、普蓝等
		绿色系列	淡绿、粉绿、中绿、深绿、墨绿等
		咖啡色系列	米色、驼色、土红、赭石、熟褐等
		紫色系列	青莲、紫罗兰、玫瑰红等
2	对比色搭配	弱对比	高明度色搭配、低明度色搭配、低纯度色搭配等
		中对比	两种间色搭配、两种原色搭配、三原色搭配等
		强对比	花色与绿色、红色与紫色、蓝色与橙色
3	中性色搭配	黑色与白色	黑色为主色搭配、白色为主色搭配
		黑色与灰色	黑色为主色搭配、灰色为主色搭配
		灰色与白色	灰色为主色搭配、白色为主色搭配
		灰色与灰色	深灰与浅灰、浅灰与浅灰等
		黑白灰组合	任一色为主色，另两色为搭配色
		黑色与金色	黑色为主色，金色为装饰色
		黑色与银色	黑色为主色，银色为装饰色
		白色与银色	白色为主色，金色为装饰色
4	中性色与彩色搭配	彩色与黑色	中黄与黑、中绿与黑、湖蓝与黑等
		彩色与白色	粉红与白、淡黄与白、淡绿与白等
		彩色与灰色	粉绿与灰、湖蓝与灰、淡紫与灰等

图8-9 最为常用和最易见效的四种服装配色方式

1. 同类色搭配

同类色搭配，是指色相相同，而明度、纯度、冷暖等方面不同的色彩之间的搭配。由红、橙、

黄、绿、蓝、紫6个色相构成的色相环，也就形成了6个基本的同类色相系列，即红色系列、橙色（咖啡色）系列、黄色系列、绿色系列、蓝色系列和紫色系列。如选用红色系列，就可以在深红、土红、大红、朱红、浅红、粉红、酒红、玫瑰红等颜色中选择搭配。由于同类色的色相属性相同，色彩之间具有很强的共性，搭配组合容易获得和谐的配色效果。同类色搭配是一种较为常见、最为简便和易于掌握的服装配色方法。

同类色搭配由于色彩的共性较强，就需要强调色彩之间的差异和对比，才能获得最佳的视觉效果。在面积上大小结合、在明度上深浅组合、在纯度上灰艳对比、在冷暖上保持统一（冷色与冷色搭配、暖色与暖色组合），才会体现色彩美感。（见图8-10和图8-11）

图 8-10　粉色系列、黄色系列和蓝色系列的同类色搭配

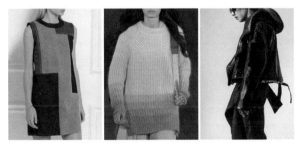

图 8-11　面积不同、纯度不同和色泽不同的同类色搭配

2. 对比色搭配

对比色搭配，是指色相、明度、纯度或冷暖等方面各不相同的色彩之间的搭配。对比色搭配由于色彩的各个方面都存在差异，搭配的色彩效果要比同类色搭配更加生动活泼，色彩的魅力也会更加充分地显现出来。在生活中，对比色搭配的配色方法经常被使用，尤其是在女装配色中。对比色搭配更受年轻女性的青睐，具有丰富、活跃、艳丽等特点。

对比色搭配，是一种最能展现着装人的个性，最能突出服装色彩美的配色手段，也是最需要色彩搭配技巧的配色方法。在运用时，注意把握色彩的弱、中、强三种对比强度，才能够获得理想的服装配色效果。值得注意的是，色彩对比的强与弱，主要是指色相之间的差异大小，强调的并不是色彩的明度和纯度。因为色彩搭配是将彩色系和无彩色系的色彩分开论述的，由于黑白灰隶属于无彩色系构成的黑白灰系列，通常要另当别论。因此，色彩对比最强的并不是黄色与黑色或是白色与黑色的组合，而是互补色之间的搭配。但色彩明度、纯度、面积及冷暖等因素对色彩对比效果的影响较大，同样是不可忽视的方面。需要积累一定的配色经验，才能更好地调控色彩。

（1）色彩弱对比。色彩弱对比是指红、橙、黄、绿、蓝、紫6个基本色相之间的邻近色相的组合，即色相超越了同类色范畴的邻近色相之间的色彩搭配。如红色与橙色、橙色与黄色、黄色与绿色等，以及其他具有相同色彩关系的各种彩色。由于弱对比在色相、明度和纯度等方面的差异较小，配色效果大多具有温和、自然、雅致的特点。

色彩弱对比还有明度相近、色相不同的弱对比，纯度相近、色相不同的弱对比，明度及纯度都相近、色相不同的弱对比等形式。如都是浅色的邻近色相搭配，都是深色的邻近色相搭配，都是低纯度的邻近色相搭配等。（见图8-12和图8-13）

图 8-12　色相超越了同类色范畴的邻近色相之间的
色彩弱对比

（2）色彩中对比。色彩中对比是指在红、橙、黄、绿、蓝、紫6个基本色相中间隔一个色相的色彩组合，即色相超越了邻近色相范畴的差异更大的色相之间的色彩搭配，如红色与黄色、黄色与蓝色、橙色与绿色等。色彩中对比的最大强度，是两

图 8-13　中明度弱对比、高明度低纯度弱对比和
低明度弱对比

种原色或两种间色之间的对比。但绝大多数处于中对比关系的色彩，都是强度大于弱对比又小于两种原色或两种间色之间的对比。而且，其中的彩色不只是红、橙、黄、绿、蓝、紫6种基本色，可以包括所有不同明度和不同纯度的具有相同关系的各种彩色。因此，色彩中对比的配色效果大多具有鲜明、活泼、饱满的特点。

在色彩中对比应用中，由于色彩大多鲜明醒目，就需要强调色彩面积的大小差异，以加强色彩的稳定性。改变其中一种或是两种色彩的明度及纯度，也能调节色彩对比的强度。同时，还要注意色彩冷暖倾向的一致性，即偏冷就都偏冷，偏暖就都偏暖，才可以获得生动和谐的配色效果。（见图8-14）

图 8-14　超越了邻近色的差异更大的色相之间的色彩中对比

（3）色彩强对比。色彩强对比是指在红、橙、黄、绿、蓝、紫6个基本色相中间隔两个色相的组合，即互补色之间的色彩搭配。互补色只有红色与绿色、蓝色与橙色、黄色与紫色三组。在色相环当中，互补色是色彩之间距离最远、色彩差异最大的色彩关系。色彩强对比的配色效果最为鲜明，具有热烈、响亮、刺激等特点。

色彩强对比的色彩对比效果过于强烈，因此在生活装上应用较少，大多用于舞台表演装。即便是在生活中或是设计中使用，也大多需要将一方或双

方的纯度适当降低，并加强面积差异，以增加色彩的沉稳性，避免出现火爆、生硬的配色效果。（见图8-15）

图 8-15　色彩强对比的应用需要降低纯度或加强面积对比

3.　中性色搭配

中性色搭配，是指黑、白、灰、金、银等中性色之间的色彩搭配。无彩色系是彩色系之外的另一个色彩系列，无彩色系中的黑白灰色和较为特殊的金色与银色，在色彩当中的色彩感觉处于中性，都没有明显的冷暖倾向，因此被称为"中性色"。中性色具有沉稳、平和、中庸的色彩趋向和良好的亲和力。既可用于女装，也可用于男装；既可以相互组合，也可以与彩色相互搭配。而且，非常容易获得和谐而稳定的配色效果。中性色之间的搭配主要有以下几种形式。

（1）黑色与白色搭配。黑色与白色搭配，无论是以黑色为主还是以白色为主，都被称为"永恒的黑与白"，具有庄重、高雅、简明的配色效果。但要注意黑色和白色的纯正，不能出现偏黄或偏灰等色差。若将黑白当中的黑色或白色换成黑白花色，如碎花、大花、条格、圆点等，或是增加一些鲜亮的富于情趣的装饰，就会突显高雅和俏丽的情调。（见图8-16）

图 8-16　黑色与白色搭配，效果庄重、高雅、简明

（2）黑色与灰色搭配。黑色与灰色搭配，大多以黑色为主色，灰色为搭配色，因为灰色面积过大效果易沉闷。如果两者搭配得当，就会获得稳重、低调、肃穆的配色效果。要注意黑色和灰色的纯正，尤其是灰色，要尽量避免出现偏黄或偏红等色差造成不洁净的观感。黑色与灰色搭配，若将灰色换成花色，或是让灰色出现色彩渐变，或是增加一些装饰等都是调节配色效果的可用手段。（见图8-17）

图 8-17　黑色与灰色搭配，效果稳重、低调、肃穆

（3）灰色与白色搭配。灰色与白色搭配尽管存有一些苍凉感，但毕竟要比黑色与灰色的搭配轻快许多。灰色最好选择与白色明度接近的浅灰或中灰，并要强调灰色的纯净感，灰而不脏才会获得冷静、素雅、淳朴的配色效果。虽然中性色本身并不存在冷暖倾向，但面料颜色很难做到纯正，经常会带有偏红、偏蓝、偏黄等色差。尽量选择偏蓝的灰色，才会具有洁净清爽的感受。（见图8-18）

图 8-18　灰色与白色搭配，效果冷静、素雅、淳朴

（4）灰色与灰色搭配。灰色与灰色搭配通常是指深灰、中灰和浅灰之间的组合，由于同属于灰色，很容易获得沉静、含蓄、厚重的配色效果。但要尽量将灰色明度拉开，让其存在一定程度的明度对比，才能具有清爽的视觉感受。在冷暖方面，也

可以增加一些变化，如将偏红、偏蓝或是偏绿的灰色进行搭配，创造一些轻微的冷暖对比，有助于增加配色效果的丰富和内涵。（见图8-19）

图 8-19　灰色与灰色搭配，效果沉静、含蓄、厚重

（5）黑、白、灰搭配。黑色与白色处于明度的两个极端，灰色在其中起到了很好的衔接和充实色彩的作用。因此，黑、白、灰搭配是无彩色系最为丰富和最具表现力的色彩组合，具有丰富、明快、鲜明的配色效果。灰色一般有两种选择：一是直接选用灰色，大多采用中灰色，有利于与黑色和白色的衔接；二是由黑白构成的花色，起到与中灰色相同的衔接作用。无论是灰色还是黑白花色，都是黑、白、灰搭配的重点，对服装配色效果影响巨大。（见图8-20）

图 8-20　黑、白、灰搭配，效果丰富、明快、鲜明

（6）黑色与金色搭配。黑色与金色搭配在生活着装中应用较少，但在礼服、表演装、古典服装和服装作品中应用较多。大多会以黑色为主色，金色为装饰色，具有高贵、华丽的配色效果。若想突出黑色的沉稳和金色的艳丽，就要把金色用在服装的关键部位，并要讲究装饰工艺的精致入微，才能获得理想的配色效果。（见图8-21）

图8-21　黑色与金色搭配，配色效果高贵、华丽

（7）黑色与银色搭配。黑色与银色搭配在生活着装中也不常见，原因是银色过于耀眼夺目，与普通的生活环境不相适应。但在前卫、摇滚、表演装或是服装作品中应用广泛，具有典雅、明快的配色效果。银色与金色相比，比金色多了一些质朴，少了一些高贵。应用起来，可以更加随意自由一些。（见图8-22）

图8-22　黑色与银色搭配，配色效果典雅、明快

（8）白色与金色搭配。白色配金色与白色配黄色的色彩搭配效果较为接近，但会比后者平添一些韵味，具有质朴、轻快的配色效果。如果将金色只是当作一种颜色来使用，其效果就与一般的黄色相差无几；如果将金色作为一种传统文化来对待，采用传统的装饰纹样和精致的装饰工艺，金色就会焕发出异样的光彩。（见图8-23）

图8-23　白色与金色搭配，配色效果质朴、轻快

4.　中性色与彩色搭配

中性色与彩色搭配，是指黑白灰中性色与一种或多种彩色之间的搭配。中性色中的黑、白、灰色都具有稳定彩色的作用，无论彩色多么鲜艳亮丽，只要黑色、白色或是灰色与之搭配，就能获得沉静明朗的视觉感受。因此，中性色与彩色搭配是一种常见的极易见效的色彩搭配方法，具有稳定、清晰、大方的配色特点。中性色与彩色搭配主要有以下三种形式。

（1）黑色与彩色搭配。黑色与彩色搭配可以最大限度地表现彩色的鲜艳度和黑色的稳重感。在黑色的衬映下，彩色会变得更加鲜明而又不失沉静。在应用时，可以根据彩色的不同明度选择所需要的配色效果。黑色与高明度彩色的搭配，色彩效果鲜明响亮，但容易出现单薄的感觉；黑色与低明度彩色的搭配，色彩效果含蓄神秘，但容易出现沉闷的感觉；黑色与中等明度彩色的搭配，色彩效果明快大方，色彩的魅力会交相辉映地展现出来。（见图8-24）

图8-24　不同明度彩色与黑色的搭配效果

（2）白色与彩色搭配。白色是明度最高的颜色，对彩色的衬托效果明显不如黑色，对彩色的作用主要是缓解色彩。在应用时，要根据彩色的不同明度确定配色效果。白色与高明度彩色搭配，白色与彩色明度接近，色彩效果清澈流畅，容易得到轻松愉悦的感觉；白色与低明度彩色搭配，白色与彩色明度差异较大，色彩效果清晰硬朗，但容易出现色彩脱节的现象；白色与中等明度彩色搭配，白色与彩色明度层次清楚，色彩效果清亮爽快。（见图8-25）

图8-25 不同明度彩色与白色的搭配效果

（3）灰色与彩色搭配。灰色原本纯度就偏低，印染在面料上还会出现偏红、偏蓝或偏黄等色差，呈现纯度更低的灰色。要控制好灰色与彩色的纯度及明度的差异对比，才会获得较好的配色效果。一般来说，灰色与低纯度彩色的搭配较少，倘若需要应将双方的明度拉开，变成深浅不同才好；灰色与高纯度彩色的搭配较为常见，可以获得沉稳厚重的配色效果；浅灰色与高明度彩色的搭配也较为理想，可以获得高雅成熟的视觉感受。（见图8-26）

图8-26 明度接近、差异中等和差异较大的彩色与
灰色的搭配

（三）花色面料的色彩

1. 花色面料的概念

花色面料，是指带有多种花纹和色彩的面料，也包括带有点状、条纹、方格或其他图案的面料。花色是与素色相对的面料概念，花色大多是在面料投放市场之前，由面料设计师设计和面料厂家印染好的，是丰富面料品类、方便面料使用和促进面料销售的重要举措。花色面料在服装面料中占有很大比例，是服装经常使用的面料，不仅大量用于女装，在男装和童装上也经常出现。

在过去，服装设计师对于花色面料的选购大多是爱恨交加，因为面料中的花色风情万种，具有能让设计师神魂颠倒的魔力和魅力。但在现实当中，若想找到准确表达自己设计情感的花色面料却是难上加难。要么面料对了花色不对，要么花型对了色彩不对。无奈之余，只能修改自己的设计或是改用图案装饰来替代。服装的图案装饰与花色面料是两个完全不同的概念。图案装饰，是由服装设计师设计制作的服装图案，大多在服装的关键部位集中使用。花色面料，是由面料设计师设计印制的面料图案，大多遍布在面料的各个部分，通常需要整块使用。

时光进入21世纪，随着电脑数码印花机的问世，花色面料的产销方式悄然发生了历史性的变革。面料厂家在继续生产热销的花色面料的同时，看样订货、来样加工等个性化定制服务逐渐成为面料营销的常态。只要客户能够提供所需要的面料花色样稿，面料厂家就可以提供所需要的面料花色，不管是单件服装的特殊需要还是大批量的花色面料需求都会得到最大的满足。（见图8-27）

图8-27 花色面料、图案装饰和电脑印花的不同花色效果

2. 花色面料的色彩

传统花色面料的色彩大都由一种底色和一种或多种花色构成。底色大多是显露面积较大的颜色，以沉稳的彩色或是黑白灰色居多。在明度上，基本分为深、中、浅三种类型。花色的面积大多较小，多为活泼、鲜明的颜色，通常以一色、两色、三色居多，四色以上较少。在花型方面，有碎花、大花、点状、条纹、方格等不同；在排列方面，有横向排列、纵向排列、斜向排列、交错排列等不同；

在形状方面，有规则花型、不规则花型的不同。现代的花色面料，出于印染技术和设备的差异性，花色表现进入影像时代。在显示器上可以显现的影像都可以印制在面料上，既包括传统的花色效果，也包括各种图形和图像。在花色内容、表现形式和设计理念等方面，都远远超越了传统意义上的花色面料的范畴。

花色面料由于花型各异、色彩繁杂，具有一定的迷惑性。其色彩归属较难界定，成为服装配色的一个难题，常常需要具体问题具体分析。

（1）碎花面料。花型和花色都很碎小、零散，不管花型形状如何、排列规则与否、色彩总共有多少，都视其为一种中间灰色，并以远看时的总体色彩倾向确定其色相，如红灰色、绿灰色、紫灰色等。

（2）大花面料。花型和花色都较大，花色鲜明醒目。因此，就不能将其归为灰色，而是要先确定其中面积最大、色彩最鲜明的主色是什么，再根据主色的色彩特征确定其色彩倾向。倘若底色和花色都很鲜明，就属于两色或三色组合，要按照两色或是三色的色彩搭配来对待。（见图8-28）

图8-28　自由排列碎花、规则排列碎花和大花面料的花色效果

（3）圆点和条纹面料。一般以一种底色和一种花色构成居多，如蓝底白点、黑红相间等。如果其中的圆点偏小或条纹细密，就按照碎花面料色彩来看待；如果圆点偏大或条纹偏宽，则按照两色组合的色彩搭配来对待。

（4）格子面料。以中小方格居多，大多是底色所占的面积最大、色彩最鲜明。因而，一般以底色为主确定其色彩。如果底色与花色的面积相当，难以分辨底色和花色，就用远看比较鲜明的颜色来确定其色彩。（见图8-29）

图8-29　白底灰条面料、黑底白点面料和白底红格面料的花色效果

（5）电脑印花面料。电脑印花具有强大的色彩分辨率和影像识别功能，适合印制色泽艳丽的彩色图案或是黑白明晰的影像图片。借助电脑印花技术，服装设计所需要的各种特殊的花色效果都能得到充分的表现，服装设计真正可以做到与印花技术完美结合。电脑印花面料的色彩，可以分为花色面料与图案装饰两种效果类型。如果花色遍布服装全身，就按照花色面料色彩来识别；如果图案只是集中在服装局部，就按照图案装饰的色彩来认定。（见图8-30）

图8-30　肩部装饰、袖头装饰和花色图案的电脑印花色彩效果

3. 花色面料的应用

花色面料与素色面料相比，更为活泼亮丽，会使服装的穿着效果更显年轻而富于朝气，尤其是一些大花和不规则花型的花色面料，更能增添服装的青春活力。花色面料的应用要注意以下几方面。

（1）花色与素色搭配。尽管采用花色面料制作的服装外观活泼俏丽，但如果服装只用花色面料来制作，缺少了其他色彩的映衬和缓冲，在视觉上也会出现飘浮迷离之感。因此，花色面料

与素色面料的组合就成为花色面料色彩搭配的首选。在单纯沉稳的素色面料色彩的衬托下，花色面料的色彩会更加妩媚艳丽又不失矜持冷静，是一种最为简便和最易见效的花色面料配色方法。（见图8-31）

图 8-31　花色与绿色、花色与蓝色和花色与黑白搭配的配色效果

（2）花色的套色搭配。与花色面料搭配的素色面料色彩，要尽量在花色面料中选取那些色彩鲜明的颜色，这样就构成了套色搭配效果。套色搭配又分为一套色和双套色，"一套色"是只选一种颜色与之搭配；"双套色"是同时选取两种颜色与之搭配。如一件湖蓝、中绿和深灰色构成的花色面料衬衫，搭配中绿色裤子，便是一套色组合；倘若再添加湖蓝色的外衣，便属于双套色搭配。套色是基于色彩共性基础之上的搭配，其色彩效果更具协调性和整体感，尤其是双套色搭配，会使色彩更加丰富明快且不失稳定感。（见图8-32）

图 8-32　粉绿一套色，黄红双套色和黄蓝双套色搭配的配色效果

（3）不同花色的搭配。花色面料的搭配，也时常会有花色与花色的组合，这样可以避免单一花色的单调，增加花色面料的层次感。花色与花色面料的组合，不管是同色之间或是不同色之间搭配，都要努力加大花型之间的差异性，才能获得不同花色搭配的美感。常见的搭配方式有：①碎花与条纹搭配；②宽条纹与细条纹搭配；③大花与碎花搭配；④稀疏花型与密集花型搭配；⑤正负花型搭配等。（见图8-33）

图 8-33　碎花与条纹、宽条纹与细条纹和正负花型搭配的搭配效果

二、服装色彩与流行色

俗话说："远看色彩，近看花。"因为色彩最容易被人感知，从远处首先看到的是服装的色彩。色彩是服装构成的基本要素，也是服装设计必须重视的内容。在服装销售中，不管服装款式多么新颖，只要色彩不被人们喜欢，人们就会毫不犹豫地放弃它。在服装色彩中，流行色是最具有活力和最有时尚感的色彩。因此，了解、掌握和应用流行色是服装设计不可或缺的内容。

（一）流行色的产生

色彩的流行，原本是一种客观的自然存在的社会现象。在社会发展的某一阶段，人们会不约而同地对某些色彩感兴趣，这与人们的心理状态、社会变革、经济状况等关系密切。后来经过相关企业和流行色机构的开发利用，逐渐演变为一种产品研发和促销的手段，变成了较为主观的人为创造的色彩。（见图8-34）

图 8-34　流行色是服装产品促销的手段，是人为创造的色彩

1. 流行色的预测

对色彩流行的关注，起始于国外一些工商企业。在产品促销过程中人们发现，每个季节都有一些色彩受欢迎，也有一些色彩不受欢迎。于是，就自发地开始了有目的的研究。随着科技的发展，这些研究越来越普及，逐渐发展到一个国家或几个国家互通流行色信息和情报，共同研讨和开发流行色。1963年，在法国、德国、日本的共同发起下，成立了"国际流行色委员会"，总会设在巴黎。它是一个最具权威性的研究和发布流行色的国际团体。

我国第一个流行色组织是1982年2月在上海成立的中国丝绸流行色协会，1985年10月更名为"中国流行色协会"，总部设在北京。中国流行色协会是全国性的色彩学术研究团体，每年召开两次年会，任务是研究、预测和发布中国一年以后的春夏或秋冬的流行色。

流行色的预测方法主要有两种：一是欧洲式，即法国、德国、意大利、英国、荷兰等国的色彩专家凭借直觉判断来选择下一年度流行色的预测方法。这些色彩专家常年参与流行色预测，掌握着多种情报和信息，对欧洲市场和艺术发展有着丰富的感受，有较高的色彩修养和较强的直觉判断力。以他们个人的才华、经验与创造力，就能设计出代表国际潮流的色彩构图。二是日本式，即在广泛调查市场的基础上，通过科学统计、分析预测来把握未来的预测方法。日本色彩专家的调查研究工作非常细致而科学，往往要以几万人次的色彩数据为依据进行综合判断。尽管调查和统计的数据所反映的是过去的情况，却具有一定的客观性和真实性，是直觉预测方法的最好补充。

无论流行色预测来源何种方法，都不是毫无依据地随意拼凑出来的，而是根据社会发展的状态以及人们生活的心态，按照延续性的渐进规律，从一个季度演变到另一个季度的较为科学的预测。流行色预测的依据主要有社会调查、生活体验和演变规律三个方面。

（1）社会调查。通过社会调查研究，分析社会各阶层人的喜好、心理状态、文化意识、生活方式和发展趋向等，都会使流行色的预测变得更加科学、更加具有内涵和更加贴近消费者。通过社会调查研究也可以总结经验，了解过去流行色预测的准确性，为未来的预测提供参考依据。（见图8-35）

图8-35 流行色与人的心态、生活方式及社会变革等密切相关

（2）生活体验。流行色的预测离不开生活的体验和生活的启迪，否则就是无源之水、无本之木。即便是凭借直觉判断进行预测的欧洲色彩专家，在提出个人见解时，也一定会把消费者的爱好和欲求考虑其中。同时，生活也是流行色的灵感源泉，如自然景色、传统文化、异域色彩、民族风情、生活情趣、理想梦幻、人性思潮等。在色彩专家眼中，人们的生活是由色彩构成的，人们就生活在色彩当中，生活中的一切都充满了色彩，既包括直接的、真实的色彩，也包括间接的、意象中的色彩。（见图8-36）

图8-36 流行色源自生活的方方面面，人们就生活在色彩当中

（3）演变规律。流行色的演变规律有三种趋向：一是延续性，即流行色在一种色相的基调上或在同类色的范围中发生明度、纯度的变化（见图8-37）。二是突变性，即一种流行的色彩向反方

向的补色或对比色发展。三是周期性，即某种色彩每隔一定时期又会重新流行。流行色的变化周期一般包括四个阶段：始发期、上升期、高潮期、消退期。整个周期过程大致为7年，一个色彩的流行过程为3年，过后取代它的流行色（往往是它的补色）的流行过程也是3年，两个起伏为6年，再加上中间交替过渡期1年，所以一般7年为一个周期。

图 8-37　流行色的每次流行，相同色相会发生明度或纯度变化

2. 流行色的发布

国际流行色委员会每年召开两次会议，一次是在2月，另一次是在7月。会议具体议程为：先由各个会员国代表提交本国预测的18个月后的流行色提案并展示色卡，经过全体讨论选出一个大家都认可的某国提案为蓝本，再经各代表讨论予以补充和调整，推荐的色彩表决需要半数以上代表的通过方可入选。最后再对色彩进行分组、排列，再经反复研究和磋商，确定新的国际流行色定案。

新的国际流行色产生之后，会员国享有获得第一手资料的优先权，会议组委会向各会员国分发新的标准色卡，供各会员国回国复制和使用，但在半年之内将限制该色卡在书籍、杂志上公开发表，以保证各个会员国发布流行色信息的同步，维护各个会员国的利益。

新的国际流行色发布后，从纤维、纱线、面料厂家、服装厂家到销售商等都会马上行动起来，以安排下一季度产品的研发和生产。因为流行色可以为产品带来丰厚的经济效益。在国际市场，同样规格、质地、质量的服装，采用流行色的要比采用过时色彩的价格相差几倍。由此也形成了以流行色预测为核心的产业链条，不仅流行色专门机构在研究

和预测流行色，一些行业机构、纺织或服装企业也都在预测或是进行色彩应用拓展研究。如国际羊毛局、国际棉业研究所、美国的IM公司、日本的钟纺公司等。

（二）流行色的表述

1. 流行色主题

国际流行色委员会和中国流行色协会，每年都要发布春夏季和秋冬季两次流行色信息。每次流行色的发布都不是只有一种色彩，而是按照主题分出若干个色组，每个色组又由很多种颜色（色卡）构成。流行色的分类方式，并不是固定不变的，是随着流行色主题内容和社会发展的变化进行调整的。但无论流行色如何变化，流行色色组的颜色常常是按照色彩的色相、明度、纯度、冷暖等倾向进行组合或是构成色调，以便于区分其特点和适应色彩搭配的多种需要。

流行色的魅力，主要在于它的新鲜感。要想把握流行色的新鲜感，就要了解流行色的主题。在国际或国内所发布的流行色定案中，都会拥有一个总的或是若干个具体的主题，以及一些简要的文字说明。这些主题常常阐述了每年每季流行色的总体思想和精神风貌，可以帮助人们理解本届流行色的概念、成因和灵感来源。如2017年春夏季国际流行色定案的主题之一是"文化冲浪"，配备的关键词是"身份新定义、流动文化、寻根、抽象韵律、更新非洲遗产、跨文化交融"，这就指明了流行色形象感受的大趋势及形象源。

流行色主题除了文字说明以外，还常常配以主题图片（也称灵感图）以直观地诠释主题内涵。主题图片大多以摄影作品为主，一个主题由一幅或多幅图片组成。图片要求色彩清晰，有较高的艺术美感，内容丰富但不能过于杂乱，主题表达要明确，色调要统一。图片题材选择不受限制，如建筑、绘画、人文景观、自然景观、民族风格等，图片的色彩与所提炼的色卡色彩要相互对应。（见图8-38）

图 8-38 2017 年春夏国际流行色定案之一 "文化冲浪"
主题图片

2. 流行色色卡

流行色色卡，是指在流行色主题图片当中提取的作为流行色样本的颜色。利用色卡标注流行色，是国内外色彩研究预测机构发布流行色的主要形式，具有直观、简洁和便于应用等特点。

流行色色卡通常以色组的方式进行组合，每个色组由多种颜色构成，每种颜色上面还会注明编号，以避免传播误差。流行色色卡每次都不会相同，每次色卡都有特定的内涵和精神，受到当时国际社会的政治、经济、科学、文化、艺术、消费心理和人的心态等方面的影响，有时集中反映一个方面或几个方面，从而体现时代特征。

流行色色卡一般是按照一种主题色调，采取大小相同、并列排列的方式，由色块（有时也会用小块面料色彩表示）构成色组，一个色组的色卡数量也不固定，少则四五个，多则十几个。其目的都是传达主题色调的色彩氛围和便于应用的理念。（见图8-39）

图 8-39 2017 年春夏国际流行色定案之一 "文化冲浪"
主题色卡

3. 流行色理解

对设计师而言，流行色是重要的，但不是万

能的。并不是说运用了流行色，就可以解决服装色彩的一切问题。流行色的真正作用和意义有时并不在色彩本身，而是它所蕴含的信息资源。这些信息并非是浮于色彩表面的，而是蕴藏在色彩之外的多个方面，需要设计师去领悟和发现。作为一名设计师若想引领时尚潮流，就必须具有超前意识和时尚敏感，并以时尚信息为先导开发设计全新的服装产品。流行色就如同具有国际视野的色彩专家为服装设计打开了一个信息窗口，它既反映了人的情感诉求，又表现了人的社会心态；既是产品设计的风向标，也是国际贸易流通的讯号。流行色所包含的信息，主要有以下四个方面。

（1）色彩流行信息。色彩流行信息是流行色最基本、最直接的作用，流行色发布的色卡为服装设计提供了便利，设计师不再需要搜肠刮肚地"创造"色彩，就可以直接进入如何选择色彩和怎样搭配色彩的阶段，这样可以节省大量的时间和精力。同时，设计师也可以学习流行色的色彩采集方法，在生活当中发现色彩和捕捉色彩。

（2）情感诉求信息。流行色主题尽管只是若干个关键词或简要的文字说明，却是高度浓缩的时尚信息，通过对色彩主题深入细致地分析和研究，可以捕捉到关键词背后的潜台词，以把握消费者真正的情感诉求。如2017年春夏国际流行色定案的另一个主题是"自由基"，主题关键词是"颠覆、反叛、破坏、多级、提升"，揭示了解构主义思潮对这一季度服装产品的冲击和影响（见图8-40）。

图 8-40 2017 年春夏国际流行色定案之一 "自由基"
主题图片

（3）灵感发源信息。流行色主题图片即灵感图，不仅可以直观地诠释主题内涵，还能让设计师直观地感知流行色灵感的源头。如果追溯和还原那些能让色彩专家心旷神怡的生活情境，这些流行色的灵感或许会变成服装设计的灵感。

（4）社会心态信息。服装设计最难把握的就是消费者的心态。在全球经济一体化和信息网络化的今天，了解和掌握世界近期发生了哪些对人们生活有重大影响的事件并不难，难在不知道它们会对人们的生活方式产生哪些影响。流行色信息的发布是色彩专家呕心沥血的结晶，也是社会心态的折射。设计师可以根据流行色预测的结果，判断社会变革对消费者心态及生活方式的改变，从而确定自己的设计方向。

（三）流行色的应用

1. 常用色与流行色

常用色是与流行色相对的概念，是指人们常年习惯使用的色彩。常用色之所以能够被人们"常用"，是因为它们都是经过时间的检验，被人们普遍接受和认可的色彩。常用色的基本特征：色彩纯度偏低、外观柔和稳定、适合与各种色彩搭配、方便在多种场合中穿着使用等。常用色虽然不及流行色那般引人注目，却是符合人们普遍审美标准和大众容易接受的色彩。

常用色的形成往往带有一定的地域性，与当地的民俗、文化、环境、宗教、种族等因素密切相关。如欧洲的常用色多以乳白、米色、咖啡、棕色等为主，这与他们的白皮肤、金发、碧眼，以及古典建筑的生活环境相和谐，并与欧洲人崇尚秩序的心境吻合；中国的常用色以纯白、藏蓝、灰色、黑色等为主，这与我们的黄皮肤、黑头发、黑眼睛，以及白墙黑瓦的生活环境相协调，也与中国人含蓄平和的心态相关。

常用色也是随着时代的发展而变化的，在现今的中国，传统的灰蓝黑色已经被蕴藏在人的灵魂深处，由此演变出了更加丰富多彩的带有强烈现代感的常用色。常用色在服装色彩中所占比重很大，约占服装色彩总数的80%，而流行色所占比重很小，约占20%。这样的色彩比例是正常的色彩配比，符

合流行色的"新鲜"特性。如果满城都是流行色，那么流行色也就不复存在了。（见图8-41）

图8-41　随着时代的发展，常用色也会更加丰富并带有现代感

常用色与流行色之间，也存在一种动态的相互依存和相互转化的关系。每年都有新的流行色的产生，其中部分色彩会被人们接受而得以流行，部分色彩会被人们拒之门外而自动消失。得以流行的色彩在度过了辉煌的一两年后，也会逐渐消退，最终或者是慢慢消失，或者是转化为常用色而沉积下来。久而久之，常用色就会在流行色的带动下不断更新，部分常用色会逐渐退出历史，部分常用色则会重焕异彩成为新的流行色。

2. 流行色与服装

流行色尽管所占比例较少，却是最有活力、最具新鲜感和充满时尚气息的色彩，是现代社会的一道亮丽的风景线。尽管由一种流行色一统天下的时代早已过去，服装色彩进入多元化、人性化和个性化的时代，但流行色的魔力和魅力依在。21世纪，随着服装市场的不断细分，尤其是网络购物和电子商业的快速发展，除少数常规款式还在大批量生产之外，所有与时尚流行相关的服装都转为小批量、多样化或是看样订货的生产模式。在这样的情形下，流行色的作用非但没有减弱，反而越发显得重要。因为服装批量越小、样式越多，就越加需要流行色的新鲜感来吸引消费者的眼球，而且需要的不是一两种，而是更多的、更加丰富的流行色，才能够满足人们的个性需求。（见图8-42）

一般而言，年轻消费者对时尚最为敏感，乐于接受新事物，敢于尝试新色彩，是流行色最需要关注的消费群体。年轻人服装的价格定位相对较

图8-42　流行色的新鲜感，可以吸引人的眼球和诱发购买欲望

饰品的色彩往往起到至关重要的点缀作用，服饰品更应该首选流行色，如丝巾、帽子、手套、挎包等。（见图8-43）

图8-43　单色选择具有方法简单、效果鲜明和容易见效等特点

低，也能接受今年流行明年过时的事实，因而可以适度增加流行色的分量；中老年消费者的流行色应用则要谨慎，不单是因为中老年人的消费和审美习惯比较固定，对自己适合什么色彩的服装有了固有认知，尝试新色彩的可能性较小，而且中老年人对服装的面料和做工都很讲究，价位相对较高，如果一时冲动购买了流行色服装，第二年就过时了也是一种浪费。由此可见，流行色更适合用于价格相对低廉和更换频率较高的服装或服饰品，如衬衣、裙装、外套、丝巾、手套等。而高档服装由于价格昂贵，人们都希望穿着的时间更加长久，不会选择很快就会过时的流行色。

（2）色组组合。色组组合是指在同一个色组的色卡中选择两三种颜色进行服装配色。具体做法是：先选择主色，再根据主色的色相明度、纯度及冷暖选择相应的搭配色或点缀色。由于这些颜色都出自同一个色组，很容易体现流行色特定的色彩情调和气氛。具有主题明确、色彩丰富和容易协调等特点，多用于单件服装的色彩组合，上下装或内外衣的色彩搭配以及服装与服饰品的整体配色等。（见图8-44）

3. 流行色的应用

当季的流行色信息，通常是纺织服装企业的商业秘密，需要通过与流行色预测机构合作的内部渠道获得。一旦过了保密期，就可以在国内外公开发行的刊物上检索到。如国外的《国际色彩权威》《巴黎纺织之声》、Chelon等；国内的《流行色》《国际纺织品流行趋势VIEW》，还有由中国流行色协会定期推出的《国际流行色委员会色彩报告》《世界十大女装品牌色彩解析》等。也可以通过相关网站查询前几年的流行信息，作为资料收集。流行色在服装中的应用，主要有以下四种配色方法。

（1）单色选择。单色选择是指在流行色色卡中只选一种适合的颜色作为服装色彩。多用于单色构成的服装色彩或是服饰品色彩的选择，具有方法简便、效果鲜明和容易见效等特点，如用于连衣裙、套装、毛衣、风衣等。在服饰整体配色中，服

图8-44　色组组合具有主题明确、色彩丰富和容易协调等特点

（3）穿插组合。穿插组合是指跳出流行色色组的限制，进行不同色组色彩的服装自由配色。具体做法是：先在某一色组中确定主色，再根据主色的色彩特征及配色效果的需要，从其他色组中选择相应的搭配色或点缀色，进行自由的色彩组合。由于穿插组合不受流行色色组的局限，用色较为灵活多变，但要注意把握好色彩的整体效果，要有一个统一明确的色调，才能取得良好的配色效果。具有用色灵活、色彩多变和难度偏大等特点，适用于多种形式的服装配色。（见图8-45）

图 8-45　穿插组合具有用色灵活、色彩多变和难度
偏大等特点

（4）与常用色组合。与常用色组合是指把流行色与常用色进行组合的服装配色。流行色与常用色组合是一种折中的兼收并蓄和易于见效的方法。具体有两种做法：一是以流行色为主色，常用色作为搭配色或点缀色进行组合搭配，可以取得秀外慧中、动中求稳的服装色彩效果，适合于比较保守的年轻消费者；二是以常用色为主色，流行色作为搭配色或点缀色进行组合搭配，可以获得稳中求变、传统与时尚兼具的服装色彩效果，适合于比较时尚的中老年消费者。（见图8-46）

图 8-46　与常用色组合具有稳中求变、秀外慧中和兼收
并蓄等特点

三、服装色彩与设计

初学服装设计大多喜欢先想款式，后定色彩，再找面料，并逐渐形成一种惯性思维。其实，服装设计的构思方式多种多样，如从面料切入、从色彩切入、从结构细节切入、从设计主题切入、从表现手法切入、从面料再造切入等。其中，由色彩引发设计创意的构思方式，更便于抒发自己的内心情感和营造服装的主题氛围，而色彩灵感的灵动又离不开对生活色彩的细心观察和采集。

（一）生活色彩的采集

1. 色彩观察与采集

流行色虽然为服装配色提供了便利，但色彩专家的感受并不能替代设计师对生活和色彩的切身体验，对生活色彩的观察和感悟更是服装设计创造的本源。色彩采集最重要的是有目的地细心观察，既要观察色彩对象的总体感觉，更要留心色彩对象的细节。如果戴着这种"有色"眼镜去观察生活中的色彩，那些破旧的断砖碎瓦、生锈的废铜烂铁、褪色的油漆、飘落的秋叶、夜幕的灯光等，就有可能成为色彩采集的对象。

色彩采集要么亲力亲为深入生活去拍摄图片，要么借助于网络收集相关的图片。图片收集后，再利用Photoshop软件的吸管工具的吸色功能，对图片当中的色彩进行提取并转化为色彩样卡，才能应用于服装设计。色彩样卡的提取，要尊重客观对象，要提取色彩对象中最为感人、最具美感和最有代表性的色彩，以准确传达对象的色彩情调和美感。在每幅图片当中都有数不清的色彩，并不是所有色彩都能使用，要舍去那些次要的、过于跳跃的和纯度过低的色彩。（见图8-47）

图 8-47　要把色彩对象中最为感人、最具美感的色彩
提取出来

2. 色彩采集的类别

色彩采集的对象遍布生活的方方面面，但归纳起来主要有自然色彩、生活色彩和人文色彩三个方面（见图8-48）。

3. 色彩重构的方法

色彩重构，是指色彩元素的重新组合和构成。那些生活中具有美感和新鲜感的色彩被采集提取之

方案	名称	分 类	说 明
1	自然色彩	植物色	花卉、蔬菜、瓜果、草叶、树皮等
		土石色	岩石、矿石、泥土、洞穴、沙漠等
		海洋色	珊瑚、贝壳、鱼鳞、水母、海藻等
		动物色	昆虫、蝴蝶、鸟羽、兽毛、蛇皮等
		四季色	春苗、夏日、秋叶、冬雪
2	生活色彩	食品色	糖果、糕点、菜肴、饮料、烟酒等
		服饰品色	服装、鞋帽、首饰、眼镜、纽扣等
		日用品色	餐具、茶具、化妆品、办公用品等
		家居环境色	家具、灯具、窗帘、床上用品等
		城市环境色	建筑、雕塑、橱窗、街道、霓虹灯等
		交通工具色	自行车、摩托车、汽车、公共汽车等
3	人文色彩	传统色	古币、彩陶、漆器、青铜器、古建筑等
		民间色	泥塑、剪纸、风筝、年画、民族服饰等
		绘画色	壁画、涂鸦、彩绘、水墨、油画等
		异域色	非洲、欧洲、日本、印度、阿拉伯等

图 8-48　自然色彩、生活色彩和人文色彩的三个采集
方案内容

后，就会变成服装设计的色彩元素和原材料，色彩从采集到应用是一个色彩重构的过程。但它们能否发挥应有的效能，还在于设计师如何把握和使用，这就如同厨师拿到了上好的食材，但能否做出上等的美味佳肴还取决于厨师的厨艺水平。

色彩采集是为色彩重构服务的，重构的过程也是色彩再创造的过程。在这个过程中，设计师的主观能动性最为重要，色彩的运用只要按照色标中的色彩比例进行配色，就基本能够保持色彩对象原有情调的美感，但这些色彩如何具体使用，还要根据服装创意的主题需要来决定。此时，设计师的直觉非常重要，要注重自己的主观感受，服装配色才能取得成效。色彩重构的方法有以下几种。

（1）按照比例重构。在图片中提取几种最具代表性的色彩，按照原有的色彩比例关系制作出色标，并按照原有比例重新组合和应用色彩。色标也被称为色彩向导或色彩控制条。色标与色卡的最大区别在于，色卡是用于色彩选择、比对和沟通的工具，色块常常是同等大小。而色标更加注重色彩的应用，色块大小常常根据需要而定。按照比例重构这一方法的最大特点，是能保持和体现原有色彩的特定面貌，能反映对象原有的情调和氛围。（见图8-49）

（2）不按比例重构。将图片色彩提取出来之后，不按原有的色彩关系和色彩比例制作色标，而是根据自己的配色需要自由组合和应用色彩。按照

图 8-49　按比例重构，要按照原有色彩比例制作色标和
应用色彩

这种方法制作的色标，色彩比例大多是根据服装创意主题的需要确定的。不按比例重构这一方法的特点是，色彩运用灵活自由，可以不受对象原有色彩比例的限制，提取的色彩可以多次利用，并能进行多种色调的变化。缺点是会缺失原有色彩情调的参照，需要重新立意和组合色彩。

（3）色彩情调重构。根据图片中的色彩情境，对原有色彩进行升华和改造，追求神似而不求形似的色彩组合和应用色彩。色彩情调重构这一方法的特点是，色彩源于生活而高于生活，强调色彩的神似性而非色彩的一致性。只要能够传达对象原有色彩的意境和情趣，原有的色彩、色彩比例和色彩关系等方面都可以改变。缺点是容易失真和过于主观，需要更加深刻地感受和理解色彩。

（二）主色、搭配色和点缀色

服装配色的一般过程是，先选定主色，再选择搭配色，然后根据主色和搭配色关系和配色效果决定点缀色。服装主色一经确定，就为服装色彩设定了一个基调或是明确了一个配色方向，进而就比较容易对服装配色最终效果产生一个预期设想。这个预期设想，对进一步的色彩搭配具有重要的引导作用。

1. 主色

主色，是指在服装配色中能够起到主导作用的色彩。主色常常是服装中所占面积最大的色彩，可以决定服装色彩的基本情调。主色有时是集中的一块色彩，有时则是分散的多块相同的色彩。无论集

中设置还是分散构成，在服装配色当中都在发挥着主色的作用，并以一种色彩居多（花色面料另当别论）。

主色通常是根据服装设计的主题、风格和情调来确定的，也会根据流行色、面料等方面信息进行综合考虑。如环保主题，大多从大自然的树木色、花草色、田野色当中选择；休闲风格，大多从具有轻松、随意、自然感受的色彩当中选择；浪漫情调，大多从带有浪漫气息的蓝色、紫色、粉红色当中选择。如果是服装产品设计，当季的流行色色卡和流行面料信息都是必不可少的参考资料。

2. 搭配色

搭配色，是指在服装配色中能够起到辅助和充实作用的色彩。搭配色与主色相比所占面积小，与点缀色相比所占面积大，色彩也没有点缀色那般突出。搭配色可以是一种色彩，也可以是两三种或是更多的色彩，色彩数量没有严格限制。

搭配色的选择，通常是根据设计师所要追求的配色效果以及与主色之间关系的需要来决定的。如果想要追求简洁的色彩效果，搭配色的选择自然就会少；如果想要追求丰富的色彩效果，搭配色的选择自然就会多；如果想要追求强烈的色彩效果，搭配色的选择就会考虑与主色对比偏强的色彩；如果想要追求柔和的色彩效果，搭配色就应该选择与主色相接近或是对比偏弱的色彩。（见图8-50）

图 8-50　色彩中对比、色彩弱对比和色彩强对比的搭配色组合

3. 点缀色

点缀色，是指在服装配色中能够起到画龙点睛作用的色彩。点缀色是所占面积最小、色彩最为醒目且多处于显要位置的色彩。点缀色大多以一种色彩居多，多种色彩并存的情形较少。点缀色与搭配色之间并没有严格的限定，如果运用搭配色的配色效果就很好，就不再需要点缀色。点缀色常常是在只用搭配色不足以奏效的情形下或是服装色彩的效果过于单调时才会使用。而且，利用服饰品色彩进行点缀的情况更为多见，服装配色一定要考虑到服装的整体形象效果，服装配色常常会为服饰品留有余地，这才是更为合理的配色状态。

点缀色的选择，一般是根据主色与搭配色的配色效果来确定的。如果主色与搭配色关系比较接近，如都是低纯度搭配、都是中性色搭配、都是高明度（浅色）搭配、都是低明度（深色）搭配等，就需要与之有差异的点缀色组合，以起到画龙点睛、增添神采的作用。当然，点缀色的差异对比也不能用之过度，要在两者之间保持一些内在联系，效果才会浑然天成。如同为冷色或同为暖色、两者之间不是强对比或互补色关系等。（见图8-51）

图 8-51　朱红与深灰、橙色与铁锈红和浅橘红与蓝灰的点缀色组合

（三）服装配色原则

服装配色的最终目的，就是要寻求一种和谐的服装配色效果。服装色彩的和谐，就是通过服装色彩的合理搭配使人产生视觉心理上的愉悦感。

1. 配色基本原则

德国化学家威廉·奥斯特瓦尔德（Wilhelm Ostwald）在他的《色彩入门》一书中写道："经验教会我们，不同色彩的某些结合是使人愉快的，另外一些则使人不舒服或使人无感觉。于是就产生了这样的问题：什么东西决定效果？回答是：在那些能使人愉快的色彩中间可以获得某些规律，那就是规则和关系，缺少了这个，其效果就会使人不舒服或使人无感觉。效果使人愉快的色彩组合我们就称之为和谐。"这段论述，不仅解释了什么是和谐，还介绍了获得和谐的方法。也就是在服装配色中，要注重色彩组合的"规则"和色彩之间的"关系"。

规则即原则，服装配色的基本原则是，要在色彩的统一和对比中寻求和谐、创造和谐，并用和谐的标准去选择和搭配色彩。就是说，色彩的和谐来自色彩的统一和对比，两者缺一不可。统一就是色彩的一致性和类似性，对比就是色彩的不一致和差异性。在服装配色中，常常要把一些相类似的色彩或是带有一些共性的色彩组合在一起，利用统一所具有的亲和力达到色彩和谐的目的。然而，服装色彩又不是简单地把红色与红色、绿色与绿色摆放在一起就和谐了，事实恰好相反，要有适当的对比在其中。因为几种过于一致或过于接近的色彩组合，常常会造成一团和气而失去色彩的光辉，变得单调或乏味。服装色彩的真正魅力，常常体现在不同色彩组合当中的相互衬映和相互影响，是不同色彩相互碰撞生成的灵光显现，进而让人眼睛一亮、心旷神怡。

色彩之间的关系，是指服装配色的色彩之间差异的大小。色彩差异小，关系就亲近，色彩之间就容易统一，配色效果就柔和；色彩差异大，关系就疏远，色彩之间的对比就强烈，配色效果就响亮。服装配色，就需要把握好色彩之间的这种关系，懂得如何根据服装设计主题和情调的需要，进行选择、搭配和调整色彩。一些清新舒缓的情调，色彩的关系就要亲近一些，对比弱一些；一些热闹欢快的主题，色彩的关系就要疏远一些，对比强一些。一般说来，在统一与对比方面，色彩过于统一或是对比过于强烈，都不会让人感到愉悦；在色彩关系方面，关系处在既不过于亲近又不过于疏远时，才更容易获得和谐。

2. 系列服装配色

系列服装设计，是以某一单套服装设计为原型的思维延伸和拓展，其他服装都是原型的变体和衍生品，无论变化成为几套甚至是十几套服装，都离不开原有的设计主题、情调和所营造的氛围。因此，系列服装无论是由多少件套服装构成，仍然要把它视为一件服装设计作品。就服装配色而言，系列服装色彩的延展，也是以原型的原有色彩为依据的。原型服装选用了哪几种色彩，衍生出来的服装就用哪几种色彩搭配，要以原型色彩基因作为系列构成的"共性"要素，同时一定要在使用面积、上下位置、内外搭配、排列状态等方面寻求变异，以形成单套服装的"个性"，充实系列服装的内涵和强化系列服装整体的效果。常用的系列服装的配色方法有以下几种。

（1）相同色彩组合，是指采用相同色彩、相同面料而表现形式不同的系列服装配色方法。采用这种方法时，系列服装都使用与原型服装色彩相同的面料制作，也就是这套服装上有什么色彩，在那套服装上也用什么色彩，只是配色的比例各有不同而已。这样既可以强化各套服装的共性，又可以减少选购面料的麻烦，提高面料的利用率。在服装配色效果上，很容易获得统一、协调和充满色彩张力的视觉观感。具有简单、方便和容易见效等特点，但也容易出现单调保守和缺乏灵活等不足。（见图8-52）

图8-52 相同色彩组合（主题：时光菲林，作者：胡问渠）

（2）不同色彩组合，是指让服装色彩部分相同、部分色彩不同的系列服装配色方法。采用这种方法时，系列服装的某些部分采用与原型服装色彩并不相同的配色，也就是这套服装的色彩，与那套服装的部分色彩并不完全一样，但面料质地还是相同的，不同的色彩之间也会存在一些内在关联性。如采用红色、黄色和蓝色与中性色进行组合构成一个系列的服装配色。由于红黄蓝是三原色，外加明度接近的选择，就构成了相互间的共性和内在联系，服装配色的系列感仍然明显。诸如此类的配色还有很多，如都是糖果色的邻近色组合、都是植物色的同类色组合等。

不同色彩组合可以使系列服装色彩变得更加灵活多样和丰富多彩，但在明度、纯度、冷暖和面积等方面，要注意色彩之间的内在联系和增加稳定的因素，才会获得良好的视觉效果。具有丰富、灵活和不受束缚等特点，但也容易出现杂乱无章和缺乏系列感等不足。（见图8-53）

图8-53　不同色彩组合（主题：拼图游戏，作者：赵凌云）

（3）色彩渐变组合，是指让色彩从左至右或从上到下逐渐变化的系列服装配色方法。这种方法是利用系列服装配色来讲故事，一个系列服装要完整地阐述故事的发生、经过和结果。最左边这套服装是故事的开始，最右边那套服装是故事的结束，中间的几套服装所表现的是故事的过程。有了这样的思维线索，那么左边这套服装，就会是鲜明的色彩偏少，中间的服装色彩逐渐递增，右边那套服装就会被鲜明的色彩铺满。还有一种色彩从上到下的

渐变形式，大多是在服装成型之后利用挂染工艺染出由浅变深的色彩。色彩渐变应用在每套服装上，有上深下浅、下深上浅、左深右浅等多种表现形式。具有细腻、温情和表现力丰富等特点，但也容易出现信息传达不畅和工艺效果粗糙等不足。（见图8-54）

图8-54　色彩渐变组合（主题：层叠石记，作者：王禹涵）

（4）色彩突变组合，是指让某一套服装的色彩突出，让其余服装的色彩退后的系列服装配色方法。这种方法大多用在以奇数构成的系列服装当中，如3套、5套和7套等。在整个服装系列当中，要将最鲜艳夺目的色彩用在其中的一套主要服装上，形成系列服装的主体形象，其余服装都以中性色或是纯度较低的色彩为主，起到衬托主体的作用。如主体服装都用红色，其余的服装都以黑色为主略微点缀一些红色，以便与主体服装的红色相呼应。具有艳丽夺目、主次分明等特点，但也容易出现主次脱节或喧宾夺主等不足。（见图8-55）

图8-55　色彩突变组合（主题：心理治疗，作者：赵赫）

3. 服饰品配色法

在服装整体配色和系列服装配色中，还有一个色彩搭配的重要内容就是服装色彩与服饰品色彩之间的配色。常用的服饰品主要包括帽子、头巾、背包、手包、鞋靴、腰带、手套、眼镜、项链、手镯等。较为常见的服装色彩与服饰品色彩之间的配色方法主要有以下五种。

（1）同色法，是指选择与服装色彩相同的服饰品色与之组合的配色方法。同色法主要用于素色面料服装与服饰品的组合，以单色服装色彩为主，两色搭配的服装色彩也可以使用，是一种最为简便和最易见效的服饰品配色方法。采用与服装相同色彩的服饰品组合，可以扩大和延展服装色彩的面积，使服装色彩产生一种向外扩张力，从而获得统一、纯净、浑然一体的视觉效果。如衣裙是白色或上下装是白色，就选择白色皮鞋、白色帽子、白色手套、白色拎包、白色耳环和白色项链等。（见图8-56）

图8-56　手包与服装同色、背包与服装同色、手套与服装同色

（2）套色法，是指选取花色服装中较为鲜明的色彩作为服饰品色与之组合的配色方法。服饰品套色法与服装套色搭配一样，分为一套色和双套色两种形式。套色法由于服饰品色与服装花色之间具有鲜明的共性，服饰品与服装之间便拥有了亲和关系，配色效果自然是和谐而稳定的。如黑底红花的裙装，搭配红包、红腰带、红手套，便构成了一套色效果；倘若再搭配黑帽、黑鞋、黑耳环，或是帽子和拎包采用黑红两色构成，就构成了双套色效果。（见图8-57）

（3）补缺法，是指利用服饰品色填补服装配色所缺失的那部分色彩的配色方法。服饰品补缺

图8-57　拎包与服装套色、手套与内衣套色、项链与花色套色

法的应用比较宽泛，如在黑白色之间补缺中间灰色、彩色之间补缺过渡色、沉寂的深色搭配补缺浅色、质朴的面料组合添加光泽感等。作为补缺的服饰品，既可以与单色服装组合，也可以与两三种以上色彩服装组合；既可以与素色面料服装搭配，也可以与花色面料服装搭配。通过服饰品色的填空补缺，服装配色效果会更加具有整体感和完整感。或许，服饰品填补的恰好就是设计师预留给服饰品的表现空间，让服饰品成为补足服装最完美的一色，远比直接把服装色彩用足更加巧妙。（见图8-58）

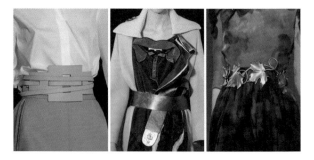

图8-58　补缺中间灰色、补缺应有的彩色和补缺硬朗的金属感

（4）点缀法，是指将鲜艳的服饰品色作为点缀色与低纯度的服装色彩组合的配色方法。服饰品点缀法多用于素色面料或同类色搭配的服装中，尤其是略显单调或低纯度的服装配色，常常需要用鲜艳的服饰品色进行点缀和调节，以获得轻松、明快的整体配色效果。点缀法与补缺法具有一定的近亲关系，但点缀法更强调对服装色彩画龙点睛的作用，如浅米色或是浅灰色上下装，用红帽、红手套来搭配。点缀法应用的一般规律是深色点缀浅色或浅色点缀深色、高纯度彩色点缀低纯度彩色、彩色点缀黑白灰中性色等。（见图8-59）

图8-59 土黄点缀白色、中黄点缀黑色和酒红点缀灰色

（5）衬托法，是指选取较为沉稳的服饰品色对活跃的服装色彩进行衬托的配色方法。服饰品衬托法与点缀法的作用恰好相反，点缀法是将过于沉闷的服装色彩变得清新；衬托法则是将过于跳跃的服装色彩变得沉静。因而，衬托法多用于较为鲜艳的花色服装和色彩活跃的多色服装，借助于色彩沉稳

的服饰品色的衬托、调节和缓冲，便可增加服装整体形象的稳定感，减弱或缓解服装色彩的活跃感。如蓝底白花的连衣裙，搭配灰色的鞋、袜和腰带，便可起到色彩的衬托作用。衬托法应用的一般规律是素色衬托花色、深色衬托浅色、低纯度彩色衬托高纯度彩色、黑白灰中性色衬托彩色等。（见图8-60）

图8-60 深灰衬托浅灰、褐色衬托黄色和黑色衬托彩色

关键词：套色搭配　流行色　色调　常用色　色彩关系　色彩感觉

套色搭配： 是指在花色面料中选取一种或两种颜色作为素色面料色彩与之搭配的配色方法。由于搭配的素色面料色彩与花色面料中的部分颜色相同，就构成了类似于丝网印刷的套色效果。套色搭配又有一套色和双套色之分。"一套色"是在花色当中只选一种颜色与之搭配；"双套色"是在花色当中同时选取两种颜色，用这两种颜色的素色面料与之组合。

流行色： 英文fashion colour，是指时髦的、新鲜的、合乎时代风尚的色彩。

色调： 是指色彩组合的总体色彩倾向。色调可以根据色彩的性质进行分类，如从冷暖上可分为冷色调、暖色调或中性色调；从色相上分为红色调、绿色调、黄色调等；从明度上分为亮色调、暗色调、灰色调等。

常用色： 是与流行色相对应的概念，是指人们常年习惯穿着使用的色彩。具有时间性、民族性、地域性特点，各个时期、各个民族、各个国家、各个地区各有不同。

色彩关系： 是指色彩与色彩之间既有区别又有联系的存在方式。

色彩感觉： 是指色彩的某种性质作用于人的感官所引起的直接反应。

课题名称： 流行色应用训练
训练项目：（1）流行色信息收集
　　　　　　（2）流行色应用设计
　　　　　　（3）色彩主题设计
教学要求：

（1）*流行色信息收集（课堂训练）*

通过网络收集流行色色彩信息，每人收集两套流行色图片及文字资料。

方法： 在服装色彩搭配方法和流行色知识学习的基础上，借助于网络收集流行色信息资料，以加深对服装色彩及流行色的认识和理解。流行色发表的年份、季节、机构不限，男装、女装信息不限，每人最少收集两套流行色图片及文字资料。流行色信息的收集，要包括色卡和色彩灵感图片，还要有流行色主题等文字介绍，以便探究流行色流行的奥秘。以电子文档形式上交。

（2）流行色应用设计（课堂训练）

根据某一季节的女装流行色信息，构想和绘制一个系列3套女装的流行色应用设计的电脑画稿。

方法：先根据自己的设计灵感，进行服装的设计构想，勾画一个系列3套女装的设计草图。再运用电脑软件绘制电脑效果图线稿。在着色之前，要在流行色色卡当中挑选出1种主色和2~3种搭配色或点缀色，按照不同的应用比例制作出色标。最后，按照色标中的色彩比例填充效果图的色彩。服装要有新鲜感、时尚感和系列感，服装款式不限，表现手法不限。运用电脑软件绘制设计稿，要比手绘难度大。现代服装企业都要求无纸化办公，能够使用电脑软件画图是设计师必须具备的职业技能。画面规格：A3纸大小。作业不需打印，用JPEG格式保存，电子文档形式上交。（图8-61～图8-73）

（3）色彩主题设计（课后作业）

根据自己收集到的生活色彩图片，构想和绘制一个系列3套女装的色彩主题设计的电脑画稿。

方法：挑选一张自己最感兴趣的生活色彩图片，自己拍摄采集或是在网络中收集均可。根据色彩图片的情调拟定一个设计主题，并按照主色、搭配色和点缀色的不同比例制作出色标，再把色标与图片一起放置在电脑画面上。按照设计主题和色彩情境进行系列服装的设计构想，勾画一个系列3套女装的设计草图。再用电脑软件绘制完成效果图线稿，并按照不同色标搭配服装色彩。画面规格：A3纸大小。画面要包括主题名称、灵感图片、色标和3套女装设计四部分内容。服装要有新鲜感、时尚感和系列感。服装款式、季节不限，表现手法、形式不限。作业不需打印，用JPEG格式保存，电子文档形式上交。（图8-74～图8-85）

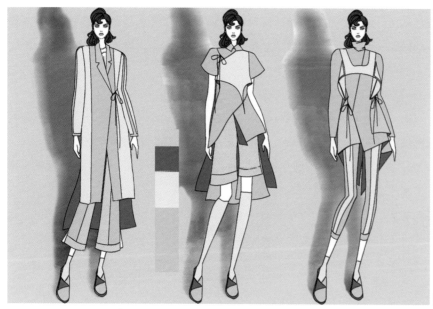

图 8-61　流行色应用设计　赵赫

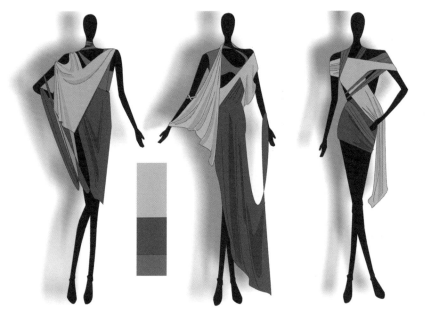

图 8-62　流行色应用设计　刘静

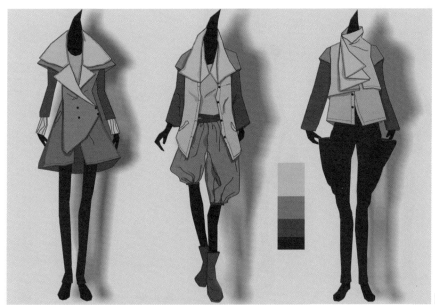

图 8-63　流行色应用设计　杨建

图 8-64　流行色应用设计　刘亚芸

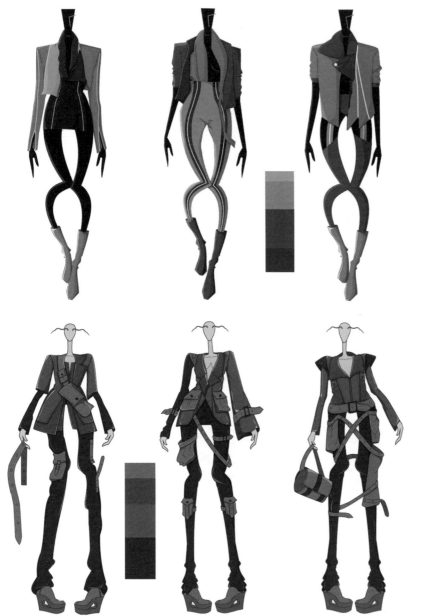

图 8-65　流行色应用设计　丁艺

图 8-66　流行色应用设计　龚丽

图 8-67　流行色应用设计　方笑锐

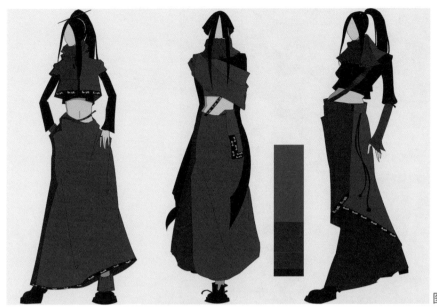

图 8-68　流行色应用设计　廖婧

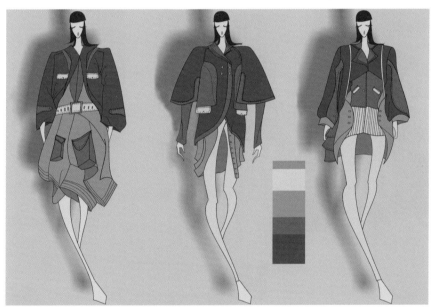

图 8-69　流行色应用设计　孙莉

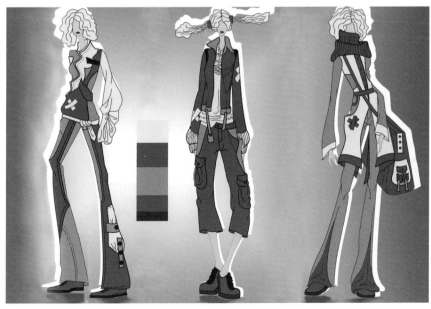

图 8-70　流行色应用设计　龚萍萍

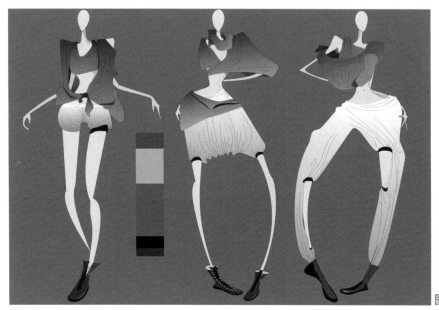

图 8-71　流行色应用设计　桂妤

图 8-72　流行色应用设计　吴思霏

图 8-73　流行色应用设计　王茜

《秋天的印象》

图 8-74　色彩主题设计　徐光景

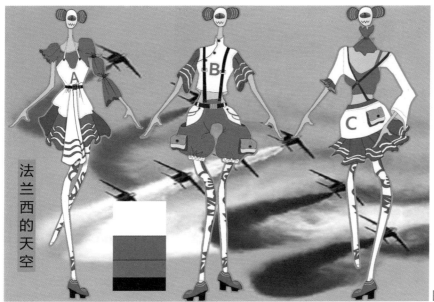

《法兰西的天空》

图 8-75　色彩主题设计　喻马

《古镇情缘》

图 8-76　色彩主题设计　崔春兰

《冬旅》

图 8-77 色彩主题设计 丁艺

《星境》

图 8-78 色彩主题设计 胡问渠

《自由时光》

图 8-79 色彩主题设计 杨美玲

彩霞英姿

《彩霞英姿》

图 8-80　色彩主题设计　龚萍萍

窗影

《窗影》

图 8-81　色彩主题设计　桂妤

Blues

《Blues》

图 8-82　色彩主题设计　童佳艳

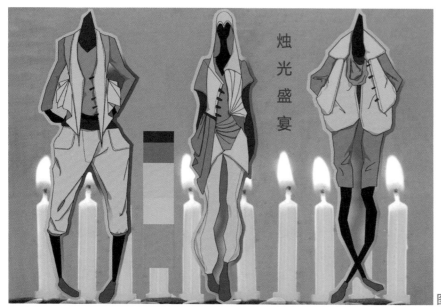

《烛光盛宴》

图 8-83 色彩主题设计 杨建

《魑魅游离》

图 8-84 色彩主题设计 左晓宝

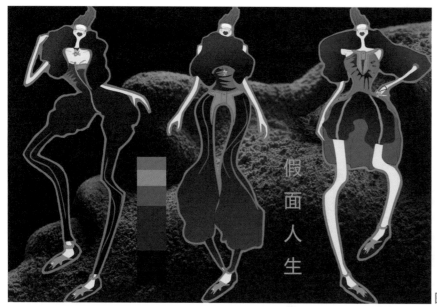

《假面人生》

图 8-85 色彩主题设计 桂妤

参 考 文 献

[1] 于国瑞. 时装创意原理与方法［M］. 北京：中国轻工业出版社，2001.

[2] 于国瑞. 服装产品设计——从企划出发的设计训练［M］. 北京：中国纺织出版社，2011.

[3] 谷彦彬. 设计思维与造型［M］. 长沙：湖南大学出版社，2006.

[4] 辛华泉. 形态构成学［M］. 杭州：中国美术学院出版社，1999.

[5] 俞国良. 创造力心理学［M］. 杭州：浙江人民出版社，1996.

[6] 郑巨欣. 世界服装史［M］. 杭州：浙江摄影出版社，2000.

[7] 崔勇，杜静芬. 艺术设计创意思维［M］. 北京：清华大学出版社，2013.

[8] 袁仄，胡月. 世界时装大师［M］. 北京：人民美术出版社，1990.6.

[9] 冯泽民，等. 倾听大师……世界100位时装设计师语录［M］. 北京：化学工业出版社，2008.

[10] 包铭新，曹喆. 国外后现代服饰［M］. 南京：江苏美术出版社，2001.

[11] 梁梅. 信息时代的设计［M］. 南京：东南大学出版社，2003.

[12] 贾京生. 服装色彩设计学［M］. 北京：高等教育出版社，1993.

[13] 陈燕琳，刘君. 时装材质设计［M］. 天津：天津人民美术出版社，2002.

[14] [英]托尼·巴赞. 思维导图——放射性思维［M］. 李斯，译. 北京：作家出版社，1999.

[15] [英]弗兰克·惠特福特. 包豪斯［M］. 林鹤，译. 北京：生活·读书·新知三联书店，2001.

[16] [美]鲁道夫·阿恩海姆. 艺术与视知觉［M］. 腾守尧，等译. 北京：中国社会科学出版社，1984.

[17] [美]鲁道夫·阿恩海姆. 视觉思维——审美直觉心理学［M］. 腾守尧，等译. 成都：四川人民出版社，1998.

[18] [美]唐纳德·A.诺曼. 情感化设计［M］. 付秋芳，等译. 北京：电子工业出版社，2007.

服装设计的三种境界

我国唐代高僧青原惟信曾说："老僧三十年前未参禅时，见山是山，见水是水。及至后来，亲见知识，有个入处，见山不是山，见水不是水。而今得个休歇处，依前见山只是山，见水只是水。大众，这三般见解，是同是别？有人缁素得出，许汝亲见老僧。"（《五灯会元》卷17所载）

青原惟信所言，是指佛教修行的三种体验，即未参禅时，见山是山，见水是水；参禅中，见山不是山，见水不是水；禅悟后，见山只是山，见水只是水。倘若把其中的"山水"看作服装，亦可形象地诠释学习服装设计的三种境界。

"见山是山，见水是水"。这是普通人的生活认识和认知体验，是从生活常识出发和理智地去看待世间万物。此时，山就是山，水就是水，是寻常的没有生命的山和水。在普通人眼里，服装也是一样，就是用来穿着的衣服。服装就是服装，不会是其他事物，更不会带有生命和情感。这是认识服装的第一层境界，初学服装设计的学生，对服装的认知与普通人相差无几。

"见山不是山，见水不是水"。这是超乎于普通人的认识和体验，即所谓"一花一世界，一树一菩提"。已经不把山和水，看作自己面前的自然物，无论善恶是非，均隐藏于万物之中，山和水也就皆有灵性。此时，山便不再是山，水也不再是水，它们可以幻化为世间的万事万物。在设计师眼中，服装已经不是简单的一件衣服，而是可以借以抒情达意的艺术品，就如同诗人心中的诗化世界，处处有生命，物物有情感。这是认识服装的第二层境界，是学习服装设计必须经历的洗礼，由此才能萌生不同于普通人的创意和思想。

"见山只是山，见水只是水。"这是更加理性、更加深刻的认识和体验，超越了普通人的理智，也超脱了诗化的情感。此时，山依然是山，水依然是水，但人已具有了禅心和慧眼，可以清清楚楚地觉察世界的本来面目。在设计师心里，服装只是一件衣物，离开了穿着它的人和功能，也就失去了灵魂和意义。服装既可以传情达意，也可以只为保暖护体而存在。这是认识服装的第三层境界，是一种透过现象看到本质的淡定和从容。

由此可见，第三层境界才是设计师应该具有的认知境界，也是从事服装设计师这一职业的人所要努力的目标。然而，第三层境界的形成，必须经过第二层境界的脱胎换骨。不经过第二层境界深刻体验的学习，不可能由第一层境界直接进入第三层境界，这也是人认识事物的由浅入深的三个阶段。

从服装设计师到服装设计专业教师，从设计的第一套服装、讲授的第一节课，到完成的每一篇论文和每一部专著，都是我对服装设计不断领悟、不断明心见性的过程。本教材的写作，也是这一过程的延续。期望借助于本教材向更多的同行和学生介绍我的思考，展示我的实践，从而启迪智慧，领悟服装设计的真谛。

在此，感谢宁波大学昂热大学联合学院服装与服饰设计专业学生提供的所有作业。这些作业不仅丰富和充实了本教材内容，也会对使用本教材的学生发挥抛砖引玉的作用。同时，感谢本教材涉及的所有服装品牌和设计师的作品。是这些作品图片，使本教材的教学内容变得更加直观、鲜活而生动。

2018年1月于甬岸小屋